本书得到国家自然科学基金（项目编号 21307045、21206064）的资助

Eco-environment Effect and Ecological Risk of Coastal Engineering Construction on the Typical Gulf of China

中国典型海湾海岸工程建设生态环境效应与风险

周然　覃雪波　张建峰　彭士涛　著

科学出版社
北京

图书在版编目(CIP)数据

中国典型海湾海岸工程建设生态环境效应与风险 / 周然等著. —北京：科学出版社，2017.4

ISBN 978-7-03-051799-9

Ⅰ. ①中… Ⅱ. ①周… Ⅲ. ①海岸工程-生态环境-环境影响-研究-中国 Ⅳ. ①X21②X820. 3

中国版本图书馆 CIP 数据核字（2017）第029902号

责任编辑：牛 玲 张翠霞 / 责任校对：杜子昂
责任印制：赵 博 / 封面设计：楠竹文化
编辑部电话：010-64035853
E-mail:houjunlin@mail. sciencep.com

科学出版社出版
北京东黄城根北街 16 号
邮政编码：100717
http://www.sciencep.com
北京建宏印刷有限公司印刷

科学出版社发行 各地新华书店经销

*

2017 年 4 月第 一 版 开本：720 × 1000 1/16
2024 年 8 月第三次印刷 印张：21 1/4
字数：380 000

定价：98.00元

（如有印装质量问题，我社负责调换）

前　言

海岸工程是位于海岸或者与海岸连接、工程主体位于海岸线向陆一侧、对海洋环境产生影响的工程项目，主要包括围海工程、海港工程、河口治理工程、海上疏浚工程和海岸防护工程沿海潮汐发电工程、海上农牧场、环境保护工程渔业工程等。这些工程占用大量近海海域，改变近海岸线结构，同时还向近海排放污染物，对海洋的水动力、环境容量、营养物质及各种化学元素的地球化学循环等产生影响，尤其对近海的生态系统影响较大。渤海湾是我国经济发展的重要地区，经济发展带动了大量海岸工程的建设，渤海湾三面环陆，东面以渤海海峡与黄海相连，是个瓶颈式的半封闭内海，自身水体交换异常缓慢。据估计，整个渤海海水的循环周期大约需要 40 ～ 200 年，其自身的纳污净化能力非常有限。在此背景下，很有必要针对海岸工程建设对该海域的生态环境影响开展系统长期的研究。

笔者通过系统长期的研究，揭示了渤海湾区域海岸工程建设产生的生态环境效应与风险，系统论述了渤海湾海岸工程建设现状和生态资产变化，同时揭示了渤海湾岸线变化对生态的影响，包括渤海湾水环境化学要素和沉积物环境化学要素的长期变化及生态影响，浮游生态系统和底栖动物生态系统的长期变化及原因，还包括赤潮、外来入侵种、溢油和有毒化学品风险事故及应急与港口工程建设生态风险等。总体来看，研究综合考虑了海岸工程建设引发的各种生态效应，涵盖了海岸工程对近海水体的环境效应、对海洋地质的生态效应与对岸上陆地的生态效应，并进一步考虑了溢油和危险化学品事故的生态风险和相应预警措施，能够为渤海湾的生态环境保护和生态修复提供科学借鉴。

本书研究得到国家自然科学基金（项目编号：21307045、21206064）的资助，特此致谢！

本书涉及专业较多，由于时间关系及作者研究认识水平有限，书中仍有很多不足，敬请各界人士批评指正！

作　者

2016年10月

目　　录

第一章　我国海岸资源及工程建设

海岸带是地球表面两大自然生态系统的汇合地带，由潮上带陆地、潮间带滩涂和潮下带浅海三个分带组成，具有非常明显的陆海过渡基本特征。海岸带也是各种资源的集中分布区，不仅包括自然资源，如动植物、矿产、水等，也有其他资源，如旅游资源、空间资源等。海岸带由于是海陆的过渡区，分布有许多海湾和入海口，是各种港口码头的集中地，是内陆与外海联系的纽带。随着经济的飞速发展，越来越多的海岸工程在海岸带上建设，使得海岸带成为重要的经济区。

第一节　我国海岸资源及其空间分布

海岸带是个自然综合体，蕴藏着多种丰富的自然资源，包括空间资源、物质资源和环境资源。空间资源通常是指陆域和潮间带的土地资源、水域空间资源和港口水运资源；物质资源包括海水资源、淡水资源、滩涂和浅海水产资源、近岸陆域生物资源、森林资源和矿产资源等；环境资源则包括滨海旅游资源和海岸带自然保护区等（图 1-1）。

随着科学技术的发展，以及人们对海岸带和海洋认识的扩展，还将有更多的新资源被发现和利用。海岸带作为一个自然资源复合区，无论从社会学、经济学还是生物学的角度而言，对一个国家的经济社会发展都具有举足轻重的作用。

一、土地资源

土地资源是海岸带最重要的资源之一，它是沿海城市经济快速发展的重要保证。我国海岸带土地主要分布在我国四大海的沿岸（表 1-1）。

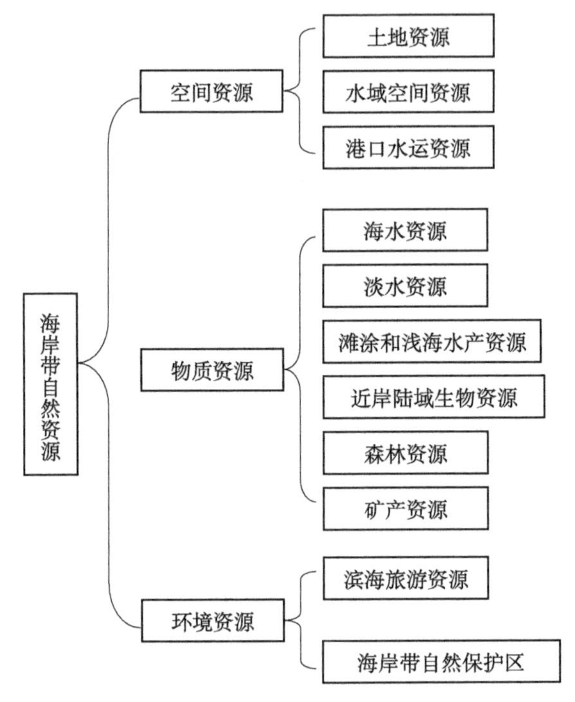

图1-1　海岸带自然资源构成

从表 1-1 中可以看出，中国海岸带土地面积以东海沿岸最多，其次是南海，渤海最少，这与各海的海岸线长度相关。与此同时也可以看出，各个海区的海岸带的土地资源所属区域也不相同，但大多主要分布在潮下带和潮上带。

表1-1　中国海岸带土地资源构成　（单位：万hm^2）

海洋	总面积	潮上带面积	潮间带面积	潮下带面积
渤海	36 879	14 567	4 020	18 292
黄海	49 781	13 590	5 824	30 366
东海	72 099	27 542	5 552	39 006
南海	64 112	37 249	3 526	23 337

各省（自治区、直辖市）的海岸土地资源也分布不均（图 1-2）。从图 1-2 中可以看出，广东、浙江、江苏和山东在我国沿海各省（自治区、直辖市）中海岸土地面积最多。上海和天津虽然全市面积较少，但其海岸土地面积所占比例较高。可以看出，海岸土地面积较大的省（自治区、直辖市）也是我国经济

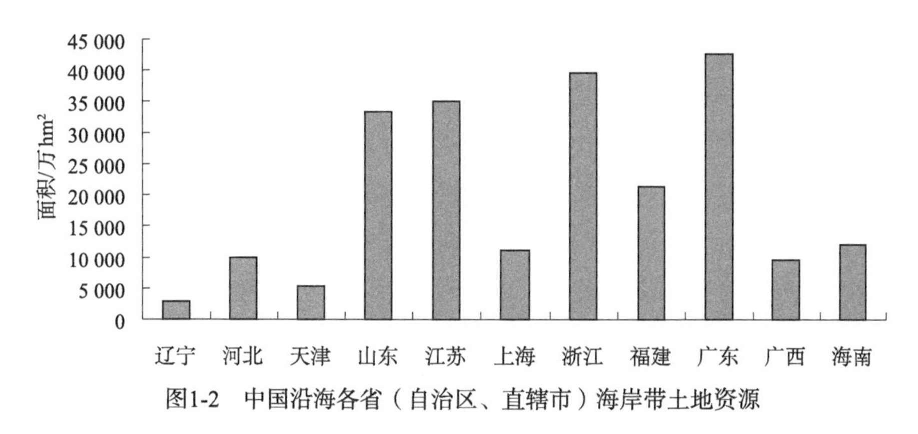

图1-2　中国沿海各省（自治区、直辖市）海岸带土地资源

较发达的地区。

二、水资源

水域是海岸带的重要资源之一。我国海岸带现有水域面积达 78.05 万 hm^2，占潮上带土地总面积的 7.6%，但各岸段水域用地比例差别较大，尤以天津、上海和江苏岸段相当突出。天津和上海岸段分别位于海河与长江的入海口，为新中国成立后重点江河整治岸段之一，水域用地比例很高，皆居该段潮上带各类土地用地的第 2 位。例如，天津岸段水域用地比例高达 27.8%，仅次于城乡工矿用地（35.2%），略高于耕地比例（27.7%）；上海岸段水域用地比例占 18.5%，低于耕地比例（62.2%）。江苏岸段与苏北内地大规模的水利发展建设相结合，水域用地比例占 14.5%，居第 3 位，低于耕地和城乡工矿用地比例。福建和海南岸段的水域用地比例最低，分别占 3.3%和 2.6%，居该岸段土地利用的第 3 位。

海岸带的水资源分海水和淡水两种，两种水资源有不同的利用方式。通常，海水资源以直接利用为主。目前，我国许多城市和企业直接利用海水，如青岛、大连、上海、宁波、厦门、深圳在不同领域不同程度地直接利用海水。直接利用海水总体有两方面。一是工业冷却用水。在我国直接用海水作工业冷却水的城市有青岛、大连、天津等，直接利用海水的主要有电力、石油、化工等部门。此外，沿海地区的热电站、核电站也直接利用海水冷却。例如，大亚湾核电站年用冷却水高达 28 亿 m^3。二是环境工程用水，主要是利用天然海水作为烟气中的 SO_2 的吸收剂，使烟气脱硫率可达 98%，从而净化大气。例如，我国深圳西部电厂、福建后石电厂等，均用海水脱硫技术净化烟气。另外，还可进行污水处理和废水处理。

海岸带的淡水资源主要包括堵港蓄淡与滩涂水库，主要为城市用水、农业用水及淡水养殖提供大量淡水。首先是堵港蓄淡，是指拦堵自然港汊，建设淡水水库；其次是滩涂水库，主要建在潮滩上或退滩湿地上。目前，我国的滩涂湿地水库以莱州湾和杭州湾最多。在莱州湾西岸黄河三角洲东南侧建有数十座滩涂水库；其中以广南水库为最大，总库容达 1.14 亿 m^3，1986 年建成；广北水库兴建于 1990 年，总库容 3150 万 m^3。胶州湾北侧的棘洪滩水库，1989 年建成，总库区面积 14.42km^2，总库容 1.46 亿 m^3，兴利库容 1.10 亿 m^3，每年可向青岛市供水 1.46 亿 m^3，该水库建在胶州湾退滩湿地上。杭州湾南岸的慈溪和余姚，在滩涂围垦过程中，建有多座滩涂水库，如慈溪的长河水库、西一水库、东一水库等。余姚的临山海涂水库、西门大水库、西门小水库等三座水库总库容达 1200 万 m^3。

三、滩涂资源

我国海岸带的滩涂资源约 2 万 km^2，目前已利用 20%左右，还有很大潜力。海岸带不仅现有土地资源丰富，而且是唯一的自然造陆地区。我国的辽河、黄河、长江、珠江等河流入海，每年携带的泥沙有 26 亿 t 以上，大量泥沙在沿海地区淤积成陆，形成大面积的三角洲和深厚的海底沉积，面积达 3 万～4 万 hm^2，为解决沿海地区的用地紧张提供了重要保障。

我国滩涂资源的利用主要包括围涂造地、滩涂养殖、建库蓄淡等。据统计，我国海湾滩涂利用的最大一部分是围涂造地。各省（自治区、直辖市）的围涂造地面积见表 1-2。

由表 1-2 可以计算，我国在海湾内围垦的滩涂数量是相当可观的，已占全国海湾滩涂面积的 39.93%，占全国滩涂围垦面积 1.2 万 km^2 的 26.31%，在海湾围涂的土地中，农业用地占 45.14%，水产养殖用地占 25.64%，盐田占 22.03%，其他占 7.19%。从表 1-2 还可以看出，滩涂围垦的农业用地主要分布在浙江、福建、广东、广西等几个省（自治区、直辖市），这与这几省（自治区、直辖市）降水充沛，以及围垦的土地容易洗盐、进行农耕相关。在长江以北仅辽宁省有部分围垦地用于农耕，如青堆子湾，这同样与该地方淡水比较丰富相关。

表1-2　我国沿海围垦海湾滩涂面积　　（单位：km^2）

省（自治区、直辖市）	海湾滩涂面积	围区滩涂面积				
		总数	农业用地	水产养殖	盐田	其他
辽宁	610.90	108.44	43.00	38.36	27.08	0.00
河北	0.00	0.00	0.00	0.00	0.00	0.00
天津	0.00	0.00	0.00	0.00	0.00	0.00
山东	1315.69	701.74	0.00	332.68	350.87	18.19
江苏	188.49	69.47	0.00	69.47	0.00	0.00
上海	0.00	0.00	0.00	0.00	0.00	0.00
浙江	2365.52	1217.14	970.69	37.86	173.71	34.88
福建	1440.91	366.36	198.46	26.00	51.94	89.96
广东	892.74	546.92	155.00	280.46	67.95	43.51
海南	225.20	17.17	0.00	8.80	3.40	4.97
广西	866.97	130.04	58.20	15.90	20.45	35.49
总计	7906.42	3157.28	1425.35	809.53	695.40	227.00

滩涂中还有丰富的生物资源。据统计，全国潮间带生物共计1500多种，以软体动物居首位（500多种），其次为甲壳动物（300多种）和藻类（350多种）。不同的滩涂类型中分布有不同的生物，如牡蛎广泛分布在我国沿海的岩礁。文蛤、四角蛤蜊、菲律宾蛤仔、日本镜蛤、青蛤广泛分布在沙滩和拟沙滩；渤海鸭嘴蛤、中国绿螂、光滑河蓝蛤、泥螺广泛分布在全国沿海的泥滩。

四、油气资源

我国近海蕴藏着丰富的油气资源。普查勘探发现，在海岸带和沿海大陆架上有十几个大型沉积盆地，沉积层厚度从数千米到一万多米，如渤海盆地、南黄海盆地、东海盆地、珠江口盆地、琼东南盆地、莺歌海盆地、北部湾盆地等。预计油气资源量可达数百亿吨，是环太平洋巨大含油气带西部的主要分布区之一。

五、旅游资源

随着旅游业的蓬勃发展，海洋娱乐和旅游所利用的海洋资源（包括海滩、浴场、游钓场、潜水场等）的开发，已成为海洋开发的一个重要领域。我国沿海旅游资源丰富，海岸线绵延曲折、滨海地貌类型繁多、气候多样、自然景观和名胜古迹等丰富多彩，适宜发展不同季节、不同类型、不同方式的滨海旅游活动。从南到北，从沿海到海岛，到处都有可开发的景区和景点。

六、港湾资源

海湾被称为国家的“咽喉”，是港口建设、沿海城市发展、水产养殖、滩涂利用及盐场开发等的重要基地。我国共有105个海湾，绝大多数常年不冻，除河口地区外，大部分不淤或很少淤积，具有良好的建港自然条件，可供选择的中级泊位以上的港址有160多个，其中可建万吨级以上码头的港址约有40处，可建10万吨级泊位的有十几处。我国港口资源条件良好，完全能够满足海上交通发展的需要。然而，我国港口资源在地理分布上不够均衡，资源主要集中在基岩港湾和大、中河口。

七、海水化学资源

海水中的化学资源极为丰富，主要为各种化学元素。根据元素含量及其对生物活动的影响情况，可将海水中的化学资源分为常量元素（主要成分）资源、营养元素（生源要素）资源、微量元素资源、溶解气体资源和有机质五大类（吴桑云等，2011）。

（1）海水中的常量元素。海水中的常量元素是指在海水中浓度大于10mg/kg的元素，包括Na、Mg、Cl、B、C、O、F、S、K、Ca、Br、Sr共12种元素。这些元素在海水中的总量占海水总盐分的99.9%。部分元素具有浓度高、性质稳定、易于开发等特点，所以成为人类重点开发利用的对象，如Na、Mg、Cl、K、Br等。

（2）海水中的营养元素。海水中的营养元素是指在功能上与海洋生物过程有关的元素，它们在海水中的分布状况受海洋生物活动的控制，主要包括C、N、P、Si等。海水中营养元素的资源属性，主要体现在它们可以为海洋生物所利用并转化为生物资源。在自然条件下，各种营养元素在不同存在形式可以在海洋生物参与下，形成一个动态的循环过程，为海洋生物资源的可持续发展提供物质条件。如果上述循环受到人为破坏，导致某些元素浓度过多或过少，则会造成营养过剩或贫乏，即富营养化或海水贫瘠，这都会对海洋生物造成危害。目前富营养化是危害海洋生物生存的主要问题，解决此类营养元素过剩又成为解决环境污染的主要方面。

（3）海水中的微量元素。海水中除常量元素和营养元素以外的其他元素都可以归为微量元素，这些元素在海水中的浓度一般都低于 1mg/kg。微量元素在海水中的存在形式和形态与其在海洋中的地球化学、生物及化学过程有密切联系。

（4）溶解气体资源。海水溶解气体资源主要是溶解在海水中的一些气体，包括甲烷、氢、碘甲烷等气体。

（5）海水有机质资源。海水有机质资源包括糖类（主要成分为单糖、多糖等）、胶体有机质、生物有机质和聚合有机质等。

八、水产资源

海岸附近水域营养丰富，所以成为许多水产资源的重要聚集地。海岸带水产资源也是人类开发利用最早的海洋资源。这些水产资源对改善当地人民生活水平、提高经济发展发挥着重要的作用。根据国家统计局的统计数据，自 2001 年开始，我国的海洋水产品总量逐年增加（图 1-3）。

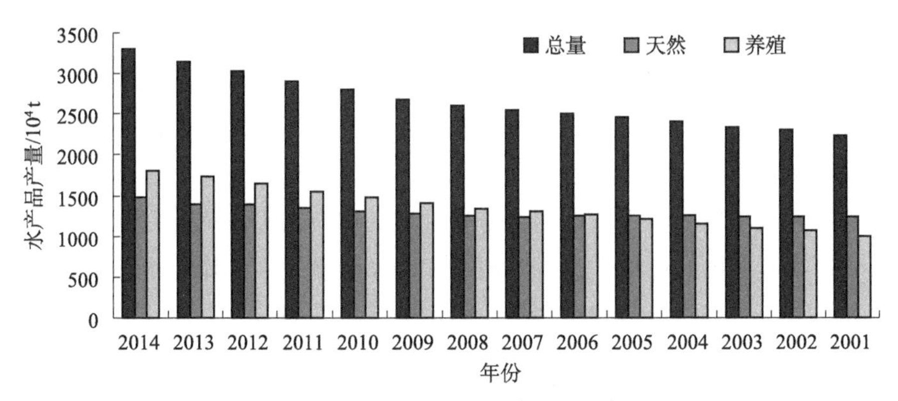

图1-3　中国海洋渔业历年产量及其组成

从图 1-3 中也可以看出，天然生产海水产品产量总体上较为稳定，略有增加。但人工养殖海水产品产量则呈上升趋势，一方面越来越多的近岸水域被用于海水养殖，另一方面也得益于养殖技术水平的提高。

第二节　海岸工程定义及发展

海岸工程建设项目，是指位于海岸或者与海岸连接，为控制海水或者利用海洋完成部分或者全部功能，并对海洋环境有影响的基本建设项目、技术改造项目和区域开发工程建设项目。海岸工程主要包括港口、码头、造船厂、修船厂、滨海火电站、核电站，岸边油库，滨海矿山、化工、造纸和钢铁企业，固体废弃物处理处置工程，城市废水排海工程和其他向海域排放污染物的建设工程项目，入海河口处的水利、航道工程，潮汐发电工程，围海工程，渔业工程，跨海桥梁及隧道工程，海堤工程，海岸保护工程，以及其他一切改变海岸、海涂自然性状的开发工程建设项目。

一、港口工程

《中华人民共和国港口法》将港口定义为具有船舶进出、停泊、靠泊，旅客上下，货物装卸、驳运和储存等功能，有明确界限的水域和陆域构成的区域。港口工程是兴建港口所需的各项工程设施的工程技术，包括港址选择、工程规划设计及各项设施（如各种建筑物、装卸设备、系船浮筒、航标等）的修建。

港口既是一个特定的经济概念，又是一个特定的地理和区域概念。凡适合建设港口的水域，必定是水运条件良好的江河湖海。人们利用优越的水运自然条件，选择适合停泊各类船舶的深水区域，规划和建设码头，逐步形成繁忙的港口经济区域，带动整个城市的经济发展。其中有的港口成为区域、国家和国际的航运中心。由此可见，港口对地区和国家经济发展的作用是其他行业无法取代的。然而，港口也是产生多种污染物的区域，同时也是改变海岸带自然属性的区域。因此，港口的可持续发展必须注重港口的生态环境保护，以免破坏这个区域的生态环境，危及人类的生存环境（李晓燕等，2008）。

1. 港口的类型

港口因为在形成和发展中受到不同地理环境的影响，所以会产生不同规模、不同状态、不同功能、不同能量的港口。

（1）天然港。天然港是指在港口建设中利用自然条件，特别是天然的海湾与河的水深、航道、锚泊、水文、气象、避风等状况良好的条件，依据岸形，稍加整治而建成的港口。这类港口是发展大型枢纽港口的首选。

（2）河口港。河口港亦称河海港。港口位于江河入海处或是江河近海口的河段上。这类港口多位于大河下游，距河流出海口 20 ～ 100km 不等。由于该类港口多位于世界经济中心城市，且处在河流三角洲地区，地势平坦，后方有广阔的发展余地，所以当今世界大港多属这类。河口港还根据港口在河口所处的位置分为河口海岸港和河口海湾港。其中河口海湾港是建立在海湾河流出口处的港口，这类港口既弥补了河口港航道泥沙淤积的不足，也克服了海湾地区多山丘地带的短处。

（3）海岸港。它是指建立在海岸线上或海湾内的港口。海岸港是依据海湾水较深、风浪小的天然优势而建，世界上许多深水良港均为此类港口，如香港、大连、圣弗朗西斯科、里约热内卢、东京等城市的港口。这类港口依海湾而建，一般湾阔水深，湾内风平浪静，在航道水深上占有较多的优势，但因为是依山傍水而建，港口区域背负山丘，因此，陆地范围较为狭窄，后方缺乏发展余地。

2. 港口的功能

在 20 世纪 50 年代以前，港口主要功能是进行货物的集散，完成货物在海上运输与公路、铁路、航空或江河等运输方式之间的换装，港口的主要业务就是货物的装卸和储存。通俗的说法，码头就是货物装卸的地方，港口作业和活动的范围局限于码头本身。从 20 世纪 50 年代开始，世界港口的发展除了提高码头装卸效率、扩大港口规模等以外，一些传统式港口凭借自身的优势把触角伸向商贸、工业和服务行业，精明的码头经营者已不再仅仅满足于货物的装卸和储存活动，而是着眼于对到港货物进行加工增值，进而采取各种措施吸引中转货物来港，形成所谓前店后厂的一种港口与城市、装卸与加工紧密结合的模式。港口活动已不再仅限于码头本身，而是扩展到了周边地区。随着经济全球化和区域化进程的加速，世界主要现代港口总体上已开始由第三代向更高、更新层次过渡。

现代港口的主要发展趋势是：①港口的规划、建设和布局与城市逐渐一体化。以临港产业为城市产业主体的发展新模式，使整个港城效益融合在一起。②经济腹地围绕港口协调发展。港口日益成为其所辐射区域外向型经济的决策、组织与运行基地。③港口间既有合作又有竞争，并以竞争为主。④港口进一步向深水化、大型化和专门化方向发展。⑤在地理布局上，港口向网络化方向发展。以全球性或区域性国际航运中心的港口为主、以地区性枢纽港和支线港为辅的港口网络，已经或正在形成。

港口有以下主要功能。

（1）货物装卸和转运功能。这是港口最基本的功能，即货物通过各种运输工具转运到船舶或从船舶转运到其他各种运输工具，实现货物在空间位置的有效转移，开始或完成水路运输的全过程。

（2）商业功能。即在商品流通过程中，货物的集散、转运和一部分储存都发生在港口。港口介于远洋航运业与本港腹地客货的运输机构之间，便利客货的运送和交接。港口的存在既是商品交流和内外贸易存在的前提，又促进了它们的发展。

（3）工业功能。随着港口的发展，临江工业、临海工业越来越发展。通过港口，由船舶运入供应工业的原料，再由船舶输出加工制造的产品，前者使工业生产得以进行，后者使工业产品的价值得以实现。港口的存在是工业存在和发展的前提，在许多地方，港口和工业已融为一体。

此外，港口还具有其他的一些功能，如城市功能、旅游功能、信息功能、服务功能等。

二、港口建设

1. 港口建设现状

进入 21 世纪以来，我国经济一直处于快速发展时期，港口作为交通的枢纽，在经济发展的同时，港口吞吐量和港口建设规模以前所未有的速度发展。2010 年世界港口吞吐量排名前十港口中，中国内地有 5 个（上海、宁波、广州、天津、青岛）。“十一五”期间沿海港口五年建成深水泊位 661 个，达到 1774 个，新增通过能力 30 亿 t，达到 55.1 亿 t。在总量规模不断增大的同时，中国港口结构发生了重大变化。中国港口总体能力进一步适应国民经济发展要求，大型专业化的原油、铁矿石码头建设布局基本形成，集装箱干、支线和喂给港布局也已基本形成。主要港口现代化信息网络基本建成；重点港口基本实现现代化。

2. 港口建设中存在的问题及其发展前景

（1）港口功能单一。港口功能扩展仍旧滞后于国民经济发展的需求是中国港口建设面临的首要问题。沿海支线港口较多，各个小港口存在总体规模小、港口水深较浅等较大问题。为适应国际水路运输集装箱大型化以及国民经济发展的大方向趋势，应该进一步扩展港口功能，建设更为先进的国际多功能、现代化、服务水平高的枢纽港。此外，我国的跨海轮渡码头、游艇码头、单点及多点系泊设施的建设工程实例甚少。

（2）港口建设发展不够均衡。今后需加强总布局规划，按照全国沿海港口规划布局规划，全国沿海分为渤海湾地区、长江三角洲地区、东南沿海地区、珠江三角洲地区、西南沿海地区等五大港口群。由于各港口群腹地经济文化发展很不平衡，有很大差别，港口航运发展也有很大差别。各大港口群的发展与当地经济文化水平、客观需求、国家支持力度有很大关系。部分港口的运营能力未充分发挥，有的则是运营能力不足。

3. 港口发展策略

（1）加强港口工程建设，完善建设综合运输体系。每一种运输方式都有优势，各有自身独特的技术经济特性。因此，应该加强综合运输体系建设，充分利用各种运输资源，这对于更好地服务和支撑国民经济快速发展要求具有十分重要的意义。港口工程建设发展应该加强综合规划，完善布局，统筹推进，优化发展，进一步突出水运优势，给予港口工程建设更多的政策倾斜，发挥港口在综合运输体系中的重要作用，体现港口在综合运输体系中的重要地位；加快发展现代航运服务能力，提高综合服务水平，进一步缩小服务能力与世界发达国家港口之间的差距。

（2）加强重点港口建设，体现优秀港区示范作用。我国政府应加强推进调整，完善我国航运政策体系，促进提高港口国际竞争力。进一步创新发展思路，创新体制机制，坚持协调发展，借鉴发达国家的经验和惯例，拓展服务功能，提高国际国内航运综合服务水平；发挥上海等国内重要先进港口的示范带头作用，推进长江三角洲区域港口的科学布局、完善分工、合作共赢。我国主要港口，尤其是长江三角洲地区各港及大连、天津、重庆等地，将从国家战略和决策部署出发，发挥比较优势，抢抓机遇，加快发展。

三、临港工业

临港工业是指临近港口（或者依靠港口）发展的企业或者工业带。我国港口城市基本上处于改革开放的前沿，无论地理区位、交通、基础设施还是工业基础都具有发展临港工业的独特优势。我国第一批对外开放城市和部分第二批对外开放城市是港口城市，各个港口城市基本上都依托港口有了自己的经济开发区，很多港口城市还有自己的保税区，在促进城市临港工业发展方面，基本上都享有相关的优惠政策，具有很好的机遇和优势。港口城市一般都拥有海洋、铁路、公路、航空、管道运输方式中的几种运输方式，几种运输方式之间相互转换，包括陆转水、水转陆、水转水、空转水、水转空，可以便捷地进行，可以形成陆、海、空三位一体的立体交通网络和综合运输体系；重工业、化工业所需要的大型专业码头和泊位充足，可以为临港工业的发展提供良好保障，具有很好的交通优势。

由于临港工业紧靠港口这一海陆交通枢纽，可以依托港口通过海上运输把本国市场同国际市场联结起来，具有很好的地理区位优势；对生产大宗物品的钢铁、石化企业而言，原料、产品的运输成本占总成本的比重接近30%，尤其对盈利率较低的常规产品更是如此，因此，运输成本高低是影响钢铁、石化等重工业、化工业企业竞争优势的关键因素。我国港口城市基本形成了比较完整的工业体系，为发展临港工业和重工业、化工业奠定了很好的配套和协作条件，具有很好的工业基础优势。

在临港地区发展起来的产业通常有两类：一类是依靠港口深水条件并服务于航运业的产业，如造船、修船、拆船、集装箱制造和港机工业等；另一类是依靠海运低成本、需要大量运输原材料和产成品的产业，如炼油、石化、钢铁、粮油加工和汽车装配等。这些产业的建立对临港工业的发展具有十分重要的意义。结合我国具体实际及国内外产业转移的趋势和机遇，可以考虑以下产业作为临港工业的主导产业。

1. 机械装备制造业、造纸工业、船舶工程产业

在我国大多数城市，机械装备制造业的产值占工业总产值的比重通常可以达到15%左右，是支撑城市经济的主要工业部门。当前，我国机械装备制造业的主要问题是产品结构不合理，不能适应市场需求结构的变化，过剩与短缺并

存。在未来较长时期内，国家将继续推行扩大内需的经济政策，对基础设施的投资将会保持在一个较高的水平上，机械装备制造业的市场需求也将因此持续增长，我国机械设备产品进出口频繁，有的机械设备产品较笨重，在临港工业区发展机械装备业可以减少转运，节约成本，方便产品进出口。

我国机制纸及纸板的产量超过 4000 万 t，已进入世界三大纸张生产国行列，但仍不能满足市场需要，产品自给率仅为 80%左右。目前我国年人均纸及纸板消费量约为 30kg，而 1999 年世界人均消费量为 52.6kg，美国为 347kg，由此可见我国造纸工业的巨大发展潜力。我国造纸工业面临的主要问题是造纸纤维原料中木浆的比重较低，从而导致纸品质量难以提高，高档纸制品不能满足需要。利用港口优势进口国外废纸作为原料，在临港工业区具有发展造纸工业的优越条件。

临港工业的另一个重要产业是船舶工程产业，比如造船、修船等。由于港口是船舶经常进出的场所，在临港工业区发展临港工业具有很好的区位优势，近些年来，世界造船业逐渐向中国转移，而且随着我国对外贸易量的不断增大，来往我国港口的世界各国船舶越来越多，在临港工业区具有发展造船、修船业的优越条件。

2. 物流产业

在我国物流产业仍然处在起步发展阶段，但在一些领域和地区已经表现出快速发展的趋势和潜力。顺应经济全球化的发展趋势和我国经济快速发展的需要，可以预期物流产业在 21 世纪必将成为我国经济发展中的重要产业，因此要加快我国物流产业的发展。要以重要经济区域、中心城市及沿海枢纽港口城市为依托，建立起具有国际竞争能力的现代物流基础设施，基本构筑起完整的物流网络系统。在临港工业园发展物流产业具有得天独厚的条件：一方面，临港工业的发展将为物流产业提供坚实的市场需求基础；另一方面，作为国际性、区域性大型物流中心的港口又为物流产业的发展创造了良好的硬件基础设施。

3. 电力工业

电力工业在海岸带地区经济的发展方面具有重要的意义。我国目前沿海地区电力工业以火电为主，它利用煤炭作能源；水电仅分布在海南省和广西壮族自治区等少数地区，其规模不大；核电有浙江的秦山和广东的大亚湾两座核电站。

根据沿海 11 个省（自治区、直辖市）的地理位置、能源供应、经济发展特点，在布局电力工业时要采取不同的政策。我国沿海可以分为三个区域：一是北部地区，包括辽宁、河北、天津、山东沿海地区；二是中部地区，包括江苏、上海和浙江沿海地区；三是东南沿海地区，包括福建、广东、广西和海南沿海地区。按 11 个沿海省（自治区、直辖市）统计，工业产值占全国工业产值的 60%，能源消费占全国的 43%，电力消费占全国的 50%。

这三个地区能源供给和发电构成相差很大，北部地区一次能源供给量大，火力发电占绝对优势，由于大秦铁路通车，能源运输条件较好，因此能源供求之间矛盾不大。中部地区一次能源供给量少，但火力发电占 92%，说明该地区能源主要由外地输入，对铁路运输造成了很大的压力。东南沿海地区一次能源供给量较少，火力发电占一半左右，水力发电占相当比例。

根据沿海各区域经济和能源发展的不均，电力工业布局应采取的政策如下。

（1）北部地区，以火电为主，因该区离我国煤炭产地较近，运输距离较短，而且本地区能源（主要是煤炭）产量较大，故该地区应采取增加能源生产、降低能耗、力求能源自给的战略；

（2）中部地区，工业基础力量雄厚，但能源资源较少，离能源基地较远，铁路运输紧张，因此该地区应注意适量发展核电；

（3）东南沿海区，能源资源不丰富，基础工业比较落后，交通不够发达，但经济增长最快，能源供应最为紧张，该地区可采用水电、火电、核电并举。

4. 冶金工业

沿海地区冶金工业的发展主要依靠其区位优势，良好的运输条件为冶金工业运送大量原料和燃料。我国海岸带钢铁工业的发展布局要尽量布设在大型港口，如山东的石臼港、浙江的宁波港、海南的东方港、广西的北海港、福建的马尾港等。另外，由于钢铁工业是一项资金、技术密集型产业，在布局时还要考虑原有的工业和技术基础。

四、临港旅游

改革开来以来，由于思想观念的转变，人们对旅游业的认识提高，加之政府对旅游业发展的重视，旅游业尤其是沿海旅游业得到迅猛发展。我国有1.8万km的海岸线、300万km^2的海域面积、6500多个岛屿，北至辽宁大连、天津、山东青岛、山东烟台，南到上海、浙江舟山群岛、广东深圳、广西北海、海南，各种各样的海洋旅游资源开发及海洋旅游项目的开展层出不穷，沿海旅游景点1500余个，海洋旅游经济以其独有的资源特色在旅游业发展中越来越为人们所重视。这是我国极其丰富和宝贵的经济、社会、对外发展及可深入开发利用的资源，意义十分重大。

环渤海地区北起丹东市鸭绿江口，南到鲁苏交界的绣针河口，大陆海岸线5667.8km，分布有长山群岛和庙岛列岛等岛屿816个，岛屿岸线1442 km。本区涵盖辽宁、河北、天津、山东4省（自治区、直辖市）的滨海地区及周边海域，包括辽东半岛、环渤海西部和山东半岛中17个沿海城市，陆域土地面积占全国滨海旅游区的比重为40%，人口所占比重为33.4%，国民生产总值所占比重为30.68%。本区滨海旅游呈现明显的不均衡发展状态。其中，滨海旅游优化开发区发展相对成熟，旅游经济水平较高，但其辐射能力还有待进一步提升。引导开发区范围较大，所创造的旅游经济效益有限，影响了环渤海整体旅游发展水平的提升，对丹东、日照等处于旅游产业上升期的城市，应采取有效措施加快其旅游产业转型，促进其向优化开发功能类型转移。

环渤海地区滨海旅游开发重点在空间上表现为以天津、大连、青岛三个旅游中心城市为核心，秦皇岛、威海和烟台三城市为次级核心，形成由核心向外围的梯级开发格局，并由此逐步形成沿海地区旅游开发网络。重点依托天津滨海新区作为我国唯一以旅游为主导的城区的天然优势，发挥天津、大连、青岛三个中心城市的极核作用，以发展基础较好的秦皇岛、威海和烟台等次级中心城市为支撑点，以海岸线与滨海大道为沿海轴线，以京、津、冀为中心，发展以山东半岛、辽东半岛为两翼的横向交通网络和哈大、京沪、京沈纵向交通动脉。充分利用大连港、天津港、青岛港等港口的航运中心，以及当地的航空等交通干线，构建区域旅游网络化群体，使大连港、天津港、青岛港等港口航运中心及航空线等交通干线，构建区域旅游网络化群体，旅游客源市场总体为辐射环渤海，面向东北亚，形成京津冀、山东半岛、辽东半岛旅游产业集群，努力建设成为我国北方滨海旅游产业集聚群。在职能上，发挥天津、大连、青岛三市的区域经济联系枢纽的极核作用，初步形成分别以三市为核心的三个旅游亚圈。沿海旅游已经成为我国旅游的主要组成部分，但同时，在沿海旅游的发展过程中，尤其是在旅游开发过程中生态环境的问题逐渐凸现，必须引起高度重视。

五、石油开采

石油是世界工业的血液，是世界经济迅速发展的支柱能源。中国石油开采的可持续发展关系到国家能源安全，涉及整个社会的良性运转，对社会经济的可持续发展起着至关重要的作用。国内石油资源主要分布在东北、华北、江淮等地区，石油储量在松辽盆地。我国对石油能源的需求量增长迅速，然而我国石油能源的消费增长速度远远大于国内石油产出的增长速度，供需矛盾已经逐步凸显。国际形势下，我国已成为继美国之后世界第二大石油消费国，同时我国是世界产油大国，石油产量在世界排名中较靠前。2000 年时，中国石油产量为 1.63 亿 t。2008 年时，石油产量达到约 1.9 亿 t。2010 年年底，中国石油开采行业销售石油等自然资源累计收入高达近万亿元，收入较高的地区是黑龙江、新疆、天津、陕西及山东，同比增长近 35 个百分点。2011 年时已突破 2 亿 t，2011 年年底中国的炼油能力达到 5.4 亿 t，比例占世界总炼油能力的 12.2%，仅次于美国。针对中国石油行业的现实情况，巨大规模的石油产量依然解决不了国民对石油资源的需求，石油对外依存度逐渐上升，海外石油能源市场已经成为开拓国内石油市场方向的必需环节。石油的开采成为能源开采的重要方面，但同时石油开采后的环境污染事件也呈现出递增的趋势。

中国沿海蕴藏着丰富的石油、天然气资源，有的跨越海岸带，如渤海含油气沉淀盆地与黄海含油气沉积盆地，有的处于沿岸近海，如东海盆地、珠江口盆地、莺歌海盆地、北部湾盆地等沉积盆地，但这些油气田的勘探开发要以海岸带为基地，同时也对海岸带经济发展产生重大影响。

中国沿海含油气沉淀盆地自北向南主要有渤海盆地、南黄海盆地、东海盆地、珠江口盆地、北部湾盆地等六大含油气沉积盆地。

目前海上油气勘探形势甚好，1979 年以前依靠自力更生，已发现和圈定了我国浅海的油气沉淀盆地。1979 年以后，实行对外开放政策，吸收外资和外国技术进行海上油气勘探，取得较大的成果。已有 3 个油田投产，8 个油气田正进行开发建设，大多数海域仍在继续勘探，但与世界大多数海上含油区相比，我国海域勘探尚属初期阶段，发展油气工业的潜力很大。

六、其他

除了上述海岸工程建设，还有一些其他海洋工程项目，如航道工程、围海工程、渔业工程等，这些都在一定程度上带动了当地的经济发展，但是这些工程在一定程度上对海洋生态带来了影响。

1. 航道工程

航道建设的目的是消除处于天然状态下的河流对航行产生的浅、急、险等碍航现象，提高航道尺度、改善航行条件、扩大通过能力，所采取的工程措施主要包括筑坝、疏浚、护岸、炸礁、渠化等。按环境保护部颁布的《环境影响评价技术导则》的类别划分，航道上程属于非污染生态影响工程。水运航道分为以下几类。

（1）小河流航道。小河流航道以民间运输工具木帆船为主。运量小、机动灵活，密切结合田间生产和农村经济需要，属短途运输性质。航道多为自然河流或引水渠道，一般不设固定码头、水运构筑物和通信设备。

（2）中等河湖航道。在这类航道中，民间运输工具和现代化运输工具均占重要地位，拖驳运输发达。在较广阔水系内，用天然剖湖和人工运河联成地方性水运网。它把省内或地区内中小城市、工矿区联系起来，沟通城乡和工农业。目前大部分亦属自然河道，港口、码头可重点设置，并配备一定的水工建筑物，如护岸、过船闸等。

（3）大江河航道。这类航道以长江中下游干流航道为主，也包括珠江、松花江下游干流航道。航道跨越若干省（自治区、直辖市），或者联络港口同大城市、全国性农业专门化地带，经济联系规模大而多样化。长途运输（包括江海、河海联运和江海直达）占首要地位，运量大、运输集中。以现代运输工具（如机轮、拖轮）为主，需要有固定的、现代化的港口码头、装卸设备、航标和通信设施，以保证定期或不定期船班和船队行驶，对航道条件和过船建筑物如船闸、桥梁净空等要求严格。

（4）沿海航线。这类航道以上海港为中心，联系我国南北沿海各港口，是我国南北交通的动脉之一。这类航道主要是进行稳定的长途大宗货物运输，其中以“北煤南运”最为重要，散货、石油运输和旅客航班亦占一定地位。运输工具是现代化的，以 300 吨级至 10 000 吨级的货轮和客货轮为主。对港口建筑物和构筑物，如防波堤、码头线、起重设备、灯塔、仓库、集疏交通线等均有高度要求。

（5）国际远洋航线。这类航道为我国对外贸易的通道，联系五大洲三大洋，以上海、大连、秦皇岛、天津、青岛为起讫点港口，主要分作三条海洋航线：东行线连接日本、美国、加拿大和拉美诸港；南行线连接东南亚和澳大利亚诸港；西行线连接南亚、西南亚、东非、地中海沿岸和西欧诸港。各航线航行 2 万吨级至 5 万吨级的货轮，港口设施要求齐全而现代化。在有关港口，多设有专供远洋轮使用的深水泊位和重型起重机械。

2. 围海工程

围海工程是指在沿海修筑海堤围割部分海域的工程。它可挡潮防浪，并控制围区的水位。常配套建筑水闸、船闸、潮汐电站、抽水站、鱼道等。进入 21 世纪，我国的围填海活动从传统的农业围垦迅速转变为建设用围填海，主要为临海工业、城镇和基础建设提供建设空间。尤其是当前国家实行土地宏观调控，严把建设用地闸门，沿海各地把发展的目光转向海洋，“向海洋要地”，围填海活动呈现出速度快、面积大、范围广的发展态势。据初步统计，自 2005 年来，平均每年用于这方面的围填海面积达 120 ～ 150km^2，形成了几处面积较大的围填海集中区。根据目前各地提出的围填海需求，未来预计每年的数目将远远超过这一数字。围填海在支持沿海地区经济发展、缓解建设用地供给矛盾、减轻耕地保护压力等方面发挥了重要和积极的作用。在面对高人口密度港湾地区日益严峻的“土地赤字”问题上，填海造地成为全球港湾地区城市化的重要手段，人类可以从填海造地中获得很多收益，如增加食物供给、吸引更多的投资、为城市提供新的发展空间等。但是填海造地也意味着海洋与海岸带生态系统自然属性的永久性改变，使海岸海洋生态系统为人类提供的生态服务功能完全破坏；同时，填海造地还会导致港湾景观生态安全破坏、海洋泥沙淤积、海洋环境质量下降、生境退化和海岸带生物多样性减少等。人类必须在填海造地增加土地的供给与海岸海洋生态系统功能之间进行权衡、取舍，使海岸海洋生态系统效益最大化，达到海岸带地区的和谐发展。同时，在港口码头及其他海岸工程的建设和维护过程中，一般都要进行疏浚作业，在施工过程中容易因泥沙搅动、外泄而生成悬浮泥沙。在潮流等动力因素的作用下，高浓度含沙水体向周围扩散，导致以施工区为中心的附近海域海水浑浊度增加；同时，泥沙中携带的有毒、有害物质也使海水的使用质量下降。

3. 海洋渔业工程

海洋渔业工程主要包括水产苗种场、工业化养鱼设施、渔港、堤坝、拦鱼工程和半堤半网养殖设施等。这些工程的建设和运营，都不可避免地会产生污染并排放到海洋，从而造成海洋污染。

参考文献

李晓燕，陈红，胡晗 . 2008. 交通环境承载力及其定量化方法初探 . 公路交通科技，25（1）：151-154.

施雅风 . 1994. 我国海岸带灾害的加剧发展与防御方略 . 自然灾害学报，3（2）：2-15.

吴桑云，王文海，丰爱平，等 . 2011. 我国海岸开发活动及其环境效应 . 北京：海洋出版社 .

第二章　渤海湾区域概况及其海岸工程

渤海湾是我国重要的港口集中地，分布有众多港口，有我国北方最大的港口——天津港。党的十四大报告中提出要加快环渤海地区的开发、开放，将这一地区列为全国开放开发的重点区域之一，国家有关部门也正式确立了“环渤海经济区”的概念，并对其进行了单独的区域规划。而渤海湾位于环渤海的核心区，具有重要的战略意义。近年来，渤海湾开展许多海岸工程，加速推进渤海湾的经济发展。

第一节　区域概况

一、地理位置

渤海湾是一个浅水湾，位于渤海西部，面积 1.59 万 km^2，约占渤海的 1/5，海岸线约为 1098.1km（图 2-1）。渤海湾北起河北省乐亭县滦河河口，南至山东省东营市老黄河口处，是我国渤海三大海湾之一。渤海湾三面环陆，是京津的海上门户、华北海运枢纽。沿岸主要行政区有天津、河北省的沧州和唐山、山东省的滨州和东营等五市。

二、气候与气象

渤海湾为三面环陆的半封闭式海湾，离蒙古高原较近，位于中纬度季风区，具有明显的大陆性气候：四季分明、季风显著、冬寒夏热、春秋时间较短、年温差较大。年平均气温为 13.1ºC，最低气温出现在 1 月，为 −13.5ºC，最高

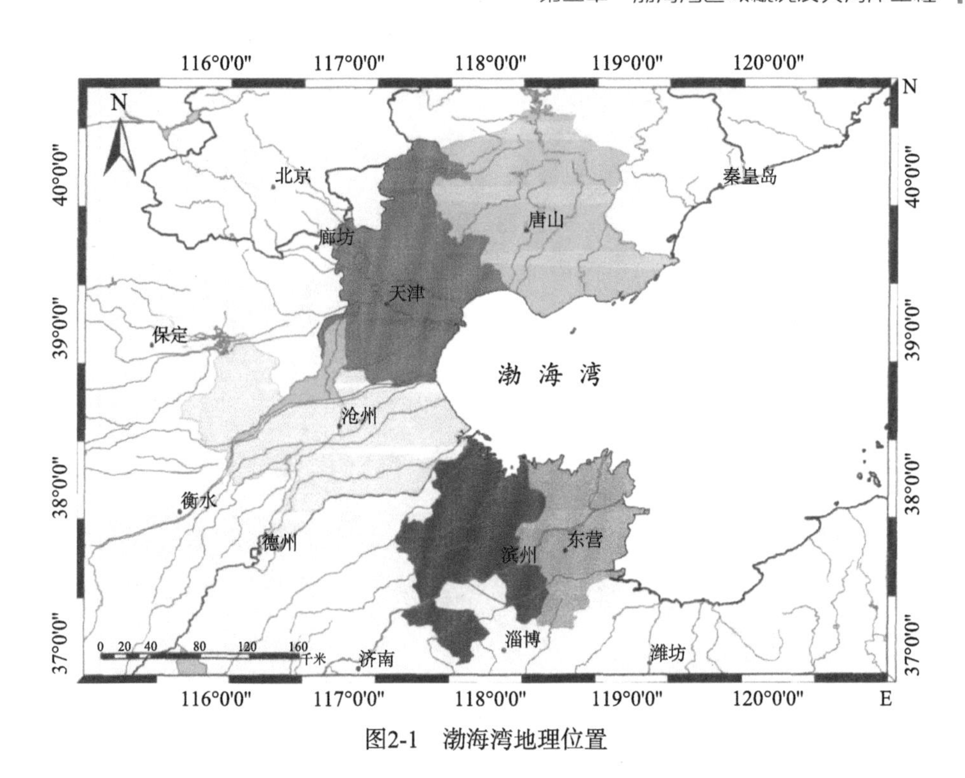

图2-1　渤海湾地理位置

气温出现在7月，为40.9℃。降水量有显著的季节变化，平均年降水量为500mm，雨量多集中于每年的7～8月份，这2个月的降水量约占全年降水量的50%。4～7月多雾，尤以7月最多，平均每年有雾天数为20～24d，且东部多于西部。

渤海湾冬季主要受亚洲大陆高压和阿留申低压活动的影响，多偏北风，平均风速6～7m/s。1月份在6级（10.8～13.8m/s）以上的大风频率超过20%。强偏北大风常伴随寒潮发生，风力可达10级（24.5～28.4m/s），同时气温剧降，间有大雪，是冬季主要灾害性天气。渤海湾春季受中国东南低压和西北太平洋高压活动的控制，多偏南风，平均风速4～5m/s。夏季的大风多伴随台风和大陆出海气旋而生，风力可达10级以上，且常有暴雨和风暴潮伴生，是夏季的主要灾害性天气。

三、地质

渤海湾海底地形平缓，水深由近岸向湾中缓慢加深，等深线基本平行于海岸线（图2-2）。水深变化不大，其最浅水深出现在曹妃甸浅滩附近，为0.60m，

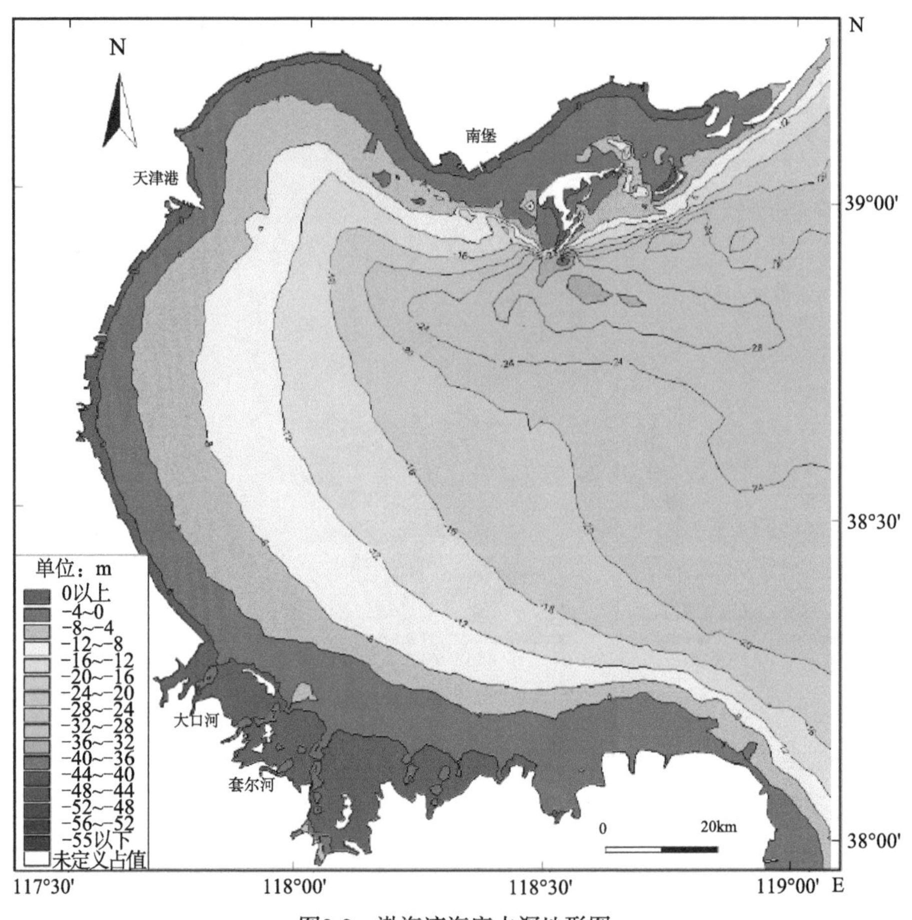

图2-2　渤海湾海底水深地形图

而海湾近岸处水深最浅处为 6.7m；最大水深出现在东北部凹槽处，为 32.4m；海湾平均水深小于 20.0m，约为 19.4m。

渤海湾主要地貌类型为海湾堆积平原和水下岸坡。海湾堆积平原区水深小于 20.0m，海底地形平坦，湾顶向湾口缓倾斜，整个海湾自西南向东北缓倾斜，等深线走向呈西北—东南向。在渤海湾东北部，滦河口至曹妃甸沿岸，东北与辽东湾水下岸坡相连，岸坡西南端内侧为曹妃甸浅滩，其端点为槽形潮流凹地，岸坡向东北方至滦河口，岸坡内侧为滦河三角洲冲积海积平原，二者间以后者的边缘沙坝为界。现代滦河口水下三角洲规模小，叠置在岸坡之上，可视为岸坡的一部分。

四、海洋水文特征

渤海的水温、盐度空间分布较均匀，时间变化显著。冬季水温为沿岸低于湾中，以 1 月份最低，略低于 0℃；夏季水温为沿岸高于湾中，8 月份最高，约为 28℃；水温年变化在 28℃以上。冬季常结冰，冰期始于 12 月，终于翌年 3 月，冰量为 5 ～ 8 级。盐度分布趋势是湾中高于近岸，分别为 29‰～ 31‰和 23‰～ 29‰。但紧邻岸滩一带，受沿岸盐田排卤的影响，盐度高达 33‰，盐度的年变差为 8‰。

渤海湾的潮汐属正规和不正规半日潮，平均潮差为 2 ～ 3m，大潮潮差约为 4m。落潮延时大于涨潮延时，分别为 7h 和 5h。海浪以风浪为主，平均波高约为 0.6m，最大波高可达 4.0 ～ 5.0m。

渤海湾的环流主要是高盐的黄海暖流，从渤海海峡北部进入渤海中央并延伸至渤海西岸，受海岸阻挡分成南北两支，南支进入渤海湾后，转折南下，形成反时针方向的流动（图 2-3）。同时来自黄河的淡水沿渤海湾南岸向西运动，形成顺时针方向的流动。所以渤海湾的平均环流是北部为反时针方向、南部为顺时针方向的双环结构（赵保仁等，1994）。

五、泥沙、波浪

渤海湾沿岸有海河、永定新河、蓟运河、潮白新河、独流减河、新陡河等 12 条河流，这些河流携带大量泥沙入海。尽管黄河口和滦河口不位于渤海湾内，但它们临近渤海湾，且两河的径流量都很大，对渤海湾的泥沙含量产生极大影响。据统计，黄河、海河和滦河是渤海湾泥沙的主要来源（表 2-1）。值得注意的是，1958 年海河建闸后，径流量锐减，海河在 1960 ～ 2000 年年均径流量约为 9.79 亿 m^3，年均输沙量约为 9.55 万 t，对渤海湾地貌发育的影响已大为减小。

表2-1　渤海湾主要河流径流与泥沙

名称	年均径流量 /（亿m^3/a）	年均输沙量 /（万t/a）	资料年限
黄河	313.30	77 800	1950～2005年
海河	9.79	9.55	1960～2000年
滦河	46.50	1 739	1950～1984年

资料来源：海湾志及泥沙公报。

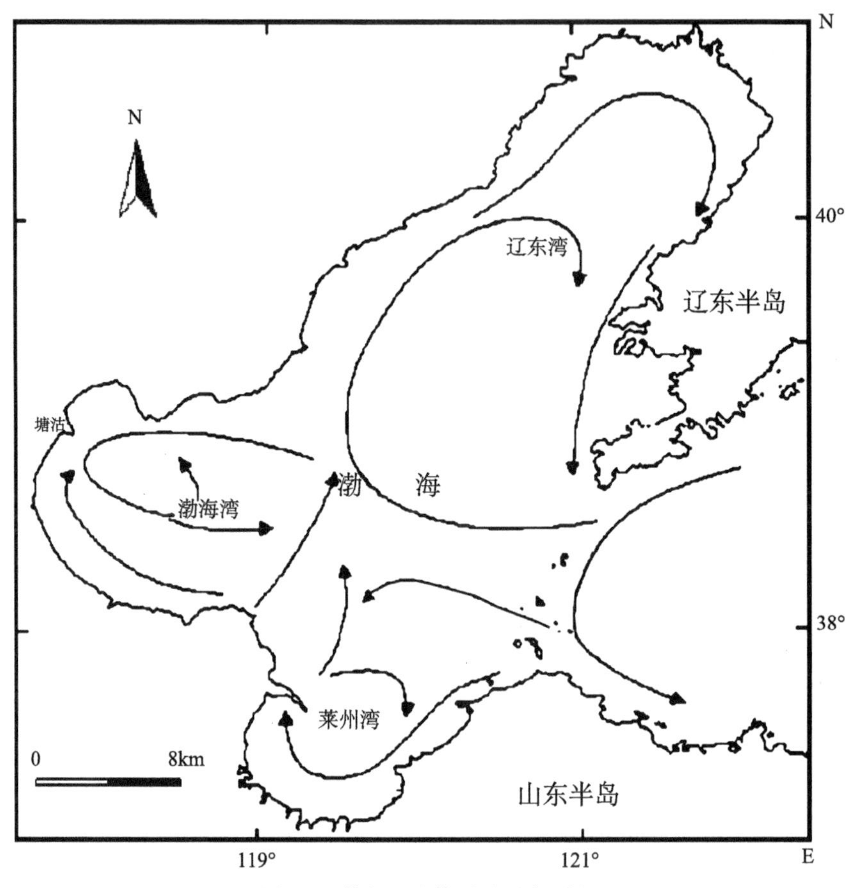

图2-3　渤海环流体系（示意图）

六、海洋资源

渤海湾浅海的浮游动物和浮游植物丰富，海域初级生产力高，成为小黄鱼、梭鱼、鲅鱼、鲈鱼、鳀鱼、对虾、毛虾、毛蚶、牡蛎、脉红螺等重要经济渔业生物的产卵场、索饵场及重要洄游通道。同时渤海湾还是黄海、东海经济鱼、虾、蟹类资源的发生地，对黄海乃至东海的渔业生产意义重大。

渤海湾作为渤海乃至黄海和东海多种渔业生物的产卵场、索饵场及重要洄游通道，对我国北方沿海的渔业资源意义重大。近几年来，由于过度捕捞、填海造陆及日趋严重的海洋污染，渔业生物的生存空间进一步压缩，渔业生物种类减少，渔获量逐年递减，渔业资源呈现明显的衰退趋势。最近的有关渔业调查数据显示，渤海湾渔业生物由 95 种减少到目前的 75 种，其中，有重要经济价值的渔业资源从过去的 70 种减少到目前的 10 种左右，小黄鱼、带鱼、蓝点马鲛等大型的底层和近底层鱼类已被黄鲫、凤鲫等小型中上层鱼类替代，渔业生产的捕捞量也逐年降低，渔业资源明显朝着低龄化、小型化、低质化方向演变。因此，采取有效的渔业资源养护措施，有利于渔业生产结构调整，推动滨海地区海洋经济的快速发展，实现渔业资源的可持续利用。

渤海湾与河北、天津、山东的陆岸相邻，具有丰富的海洋油气资源，是我国油气资源较为丰富的海域之一，滩涂广阔，潮间带宽达 3 ～ 7.3km，淤泥滩蓄水条件好，有利于盐业发展，拥有中国最大的盐场长芦盐区。

第二节　渤海湾海岸工程

一、港口建设

渤海湾地区拥有的较大的港口有天津港、京唐港、曹妃甸港和黄骅港。2005 年天津市共完成货物运输量 12 559 万 t，港口货物吞吐量 24 069 万 t，国际集装箱吞吐量完成 480.1 万标准箱，海洋交通运输业实现产值 261.43 亿元。2007 年，唐山市港口运输业稳步前进，京唐港和曹妃甸港吞吐量稳步增长，达到 6758 万 t，曹妃甸港远期吞吐目标 5 亿 t；沧州黄骅港货物吞吐量达到 8472 万 t，远期吞吐目标 2.5 亿 t。2001 ～ 2007 年，渤海湾区域主要港口货物吞吐量从 13 394.8 万 t 增长到 46 424 万 t，年均增长 19.4%（其中以京唐港、曹妃甸港和黄骅港年均增速最快），高于全国的平均增速，占全国沿海主要港口货物吞吐量的比重从 9.39%上升到 11.49%（图 2-4）。

1. 天津港

天津港是我国华北、西北和京津地区的重要水路交通枢纽，对外交通十分发达，已形成了颇具规模的立体交通集疏运体系（图 2-5）。天津港地理位置优越，地处渤海湾西端，位于海河下游及其入海口，是环渤海中与华北、西北等内陆地区距离最短的港口，是首都北京的海上门户，也是亚欧大陆桥最短的东端起点。

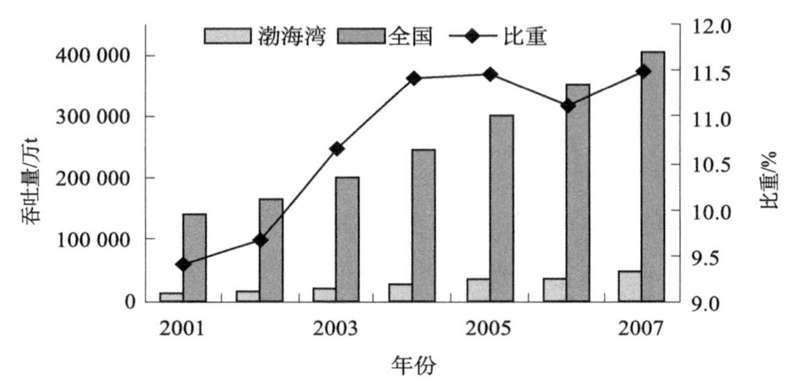

图2-4　渤海湾区域主要港口货物吞吐量及占全国比重

图2-5　天津港

天津港主要分为北疆、南疆、海河、东疆四大港区。北疆港区以集装箱和件杂货作业为主；南疆港区以干散货和液体散货作业为主；海河港区以5000t级以下小型船舶作业为主；东疆港区为天津港的一个新港区，规划面积为30km^2。

天津港现有水陆域面积近260km^2，航道最大可进出30万吨级船舶，水深最深达19.5m。天津港拥有各类泊位140余个，其中公共泊位94个；万吨级以上泊位55个，其中30万吨级泊位1个、20万吨级泊位1个、10万吨级泊位2个、7万吨级和5万吨级泊位11个；公共泊位岸线总长21.5km。

改革开放以来，随着国民经济的快速发展，天津港的港口生产实现了跨越式的发展。20世纪90年代中后期，天津港以吞吐量每年1000万t的增长速度进入了快速发展期。2001年，天津港吞吐量首次超过亿吨，成为我国北方的第一个亿吨大港。此后，又以每年3000万t的增长速度高速发展，2004年突破2亿t，成为北方唯一2亿t大港；集装箱超过380万标准箱，吞吐量进入世界港口前十名，集装箱排名第18位。2010年港口吞吐量突破4亿t。2011年天津港完成集装箱吞吐量1150万标准箱，比上一年增长14%，增速高于全国沿海港口平均水平3.3%。天津港已经形成了以集装箱、原油及制品、矿石、煤炭为“四大支柱”，以钢材、粮食等为“一群重点”的货源结构。

2. 京唐港

京唐港区位于唐山市东南80km处的唐山海港开发区，渤海湾北岸。陆上距北京市230km，海上距上海港669n mile[①]、距香港港1360n mile，距日本长崎港680n mile，距韩国仁川港400n mile。京唐港位于环渤海经济圈中心地带，是大北京战略的重要组成部分，是国家确定的沿海重要港口（图2-6）。

图2-6　京唐港

京唐港水深岸陡，距岸4.8km，水深可达10m。陆域广阔，全是盐碱荒滩，不占良田，不用拆迁，工程地质条件良好，适合建成运输、仓储、加工三位一体的综合性多功能港口。

京唐港区地处京津唐一级经济区网络之中，环渤海经济圈的中心地带，国家重点开放开发地区。其地理位置正是沟通华北、东北和西北地区的最近出海口，背靠北京、天津、唐山、承德、张家口等20座工业城市，占据华北与东北的交通咽喉地带，上能同京九、京沪、京广交通大动脉相连，下能同京哈、京承、京包欧亚大通道相连。腹地广阔，货源充足，交通便捷。直接经济腹地唐山是中国重要的能源、原材料基地和多种农副产品富集地区，已形成煤炭、钢

① n mile（海里），航空航海用于度量距离的单位。

铁、电力、建材、机械、化工、陶瓷、纺织、造纸、食品十大支柱产业，又是沟通东北及华北的商品集散地和运输要道，每年有大量的内外运货物。间接经济腹地可覆盖河北、北京、山西、宁夏、内蒙古和陕西等地。

铁路：迁安北—京唐港、滦县—京唐港、年运输能力 4000 万 t 的双线电气化铁路与国铁干线京山线、京秦线、大秦线接轨。

公路：唐港公路、滦港公路、环渤海公路等三条高等级公路与 205 国道、102 国道、107 国道相连接。

高速公路：长 80 km 的唐港高速公路与津唐高速公路、京沈高速公路在唐山境内汇成“X+O”型的高速公路网，大大缩短了京唐港与北京、天津和东北各省（自治区、直辖市）的距离。从京唐港到北京、天津分别是 233 km 和 208 km，只需两小时车程。沿海高速公路将京唐港与秦皇岛港、曹妃甸港及天津港连接在一起。

3. 曹妃甸港

由唐山曹妃甸实业港务有限公司投资建设。矿石码头位于曹妃甸港区，紧贴渤海湾深槽，港址西距天津新港 38n mile，东北距秦皇岛港 92n mile、距京唐港 33n mile。建成后的码头前沿不需要挖泥自然水深就达 25m，可以停靠 25 万吨级的远洋巨轮，是整个环渤海 1000 多千米海岸线少有的天然深水港址（图 2-7）。

公司矿石码头采用高桩梁板式结构，总长 808m，其中靠泊岸线长度 735m，码头前沿停泊水域底标高 −25m。码头堆场区有效长度 1481m，有效宽度 399m，有效堆存面积 58 万 km^2，共布置 6 条堆存场地，堆存能力 500 万 t，年可接卸矿石 3000 万 t。

图2-7　唐山曹妃甸港

码头装卸系统配置 6 台桥式卸船机，单击卸船能力 2500t/h；码头至堆场布置两条卸船线，每条线最大运输能力为 7500t/h。堆场共布置 5 条皮带机输送线；装备 1 台堆料机、2 台取料机、2 台堆取料机，可同时进行 4 条取料线作业。堆场内布设有汽车装车线两条，装车能力 2500t/h，火车装车线 2 条，通往精品钢铁基地皮带机输送线 1 条。

5 万吨级至 10 万吨级散杂货码头于 2007 年 8 月 8 日投入运营，位于矿石码头西北方向。码头总长 525m，水深 14m，设计年吞吐量 350 万 t，堆场面积 26 万 m^2，装卸系统配备 8 台 38 ～ 40m 门机。

首钢搬迁曹妃甸后，依托曹妃甸这个深水良港，25 万吨矿石巨轮可自由出入，不用卸载，矿石可通过传送带直接炼铁，每吨钢的成本下降了 200 元。而且矿石码头的建设每年可为国家节省运输费用 5 亿～ 10 亿元，对充分利用国外资源，促进我国钢铁工业的发展，具有非常重要的现实意义和长远的发展意义。

4. 黄骅港

黄骅港位于渤海湾的穹顶，北接天津滨海新区，南接黄河三角洲，从黄骅港一路向西，经济腹地广阔纵深，可覆盖河北省中南部以及鲁北、豫北、晋北和陕西、内蒙古等中西部地区的 33 个设区市，面积近 80 万 km^2，1.4 亿人口；而通畅的运输交通和丰富的油气、煤炭资源又使黄骅港成为区域性交通枢纽和工业、城市发展的黄金宝地。从沧州黄骅港经石家庄、山西太原、宁夏中卫，由新疆出境，途经中亚、欧洲到荷兰鹿特丹，将形成世界上最短的亚欧大陆桥新通道，它比原亚欧大陆桥要缩短 500km。亚欧贸易通过此通道比远洋运费节省 20%，时间节省 40%（图 2-8）。

图2-8 黄骅港

目前，港口拥有 8 个 10 万吨级通用散杂货、多用途泊位，年通过能力 4000 万 t。堆场面积 200 万～ 300 万 m^2，堆存能力 1500 万 t。同时，配有一条 10 万吨级航道等配套设施。港口能够承运铁矿石、钢材、煤炭、化肥、粮食、盐、水泥、石料和其他件杂货等货物，为货主用户提供优质高效的码头装卸、场地堆存、仓储，以及与港口相配套的贸易和物流服务。未来，黄骅港将建设成为规划年通过能力超过 5 亿 t，集矿石、杂货、集装箱、石油化工、煤炭运输等多功能于一身的综合性大港。

以黄骅大港为桥头堡，石黄高速、朔黄铁路，以及正在修建的邯黄铁路、邯黄高速、保沧高速横贯东西，津汕高速及建设中的沧津沿海高速纵横南北，便捷的交通使黄骅港与冀中南六市实现整体贯通；广阔的腹地地区借助新通道的打通，借助黄骅港这个便捷的出海口，加强与东北亚地区的合作，增进与中亚、欧洲、东北亚国家或地区的沟通与交往，促进投资、贸易、航运、金融等方面的国际合作与联系，从而拉动通道沿线经济带的隆起和发展，形成新的经济增长极，也突出和加强黄骅大港作为我国东出西联“黄金走廊”的战略桥头堡作用。

二、临港工业建设

临港工业是指依托港口资源或依托与港口相关优势而发展起来的工业，其将港口码头纳入工业生产线的组成部分，使物流过程无缝连接，最大限度地节约成本，增强企业竞争力和区域竞争优势。临港工业园区指以临海、近港为核心，以临港工业企业集群、成片开发为基础，以外向化、大型化为典型特征的一种新投入、大产出的产业组织体系，是一种以拥有港口码头为特色的现代化高效工业组织形式。

近年来，随着产业国际转移速度的加快，我国沿海省市的招商引资也取得了显著成效。临港工业区是为了适应新的国际形势，利用良好便利的临港交通运输条件而设立的新型开发区。渤海湾一带的省市也陆续和正在开发建设临港型工业区，以天津临港工业区最具规模，实力雄厚，招商引资成效显著。

天津临港工业区始建于 2003 年 6 月，位于天津市塘沽区海河入海口南侧。总规划面积约 80km^2；临近中国北方最大的国际贸易港口天津港，运输条件便利；均以发达的沿海城市为腹地依托，经济基础雄厚。天津临港工业区起步早，基础设施相对完好，尽管如此，仍属于开发建设的前期阶段，基础设施的施工建设都还在进一步完善中。从投资条件来看，天津临港工业区在交通、通信、水、电等方面的基础设施都相应齐全，中心区域都能够实现“七通一平”，劳动力和人才储备充足。天津市的投资优惠政策对于吸引外资起到很大的促进作用。特别是，天津临港工业区作为国家发展和改革委员会规划的石化基地，在国家政策支持方面更具有强大的吸引力。

天津临港工业区的发展目标是建成国家重要的化工基地、造修船基地、装备制造业基地，同时，成为物流基地、研发转化基地，最终发展成为海上工业新域。

三、临港旅游开发

天津作为环渤海经济圈中的国际大都市，自古便以“河海要冲、畿辅门户”著称于世，建城600余年，是中国近代最早的通商口岸之一。近年来，旅游业的发展速度较快，旅游基础设施建设、资源开发利用、服务与配套、客源等均呈逐年上升的趋势，尤其是天津旅游业的创新发展，以自然与人文景观、地方特色相结合，以国内旅游、国际旅游、大众旅游为切入点，深度开发和建设各具特色的旅游区域与旅游项目，创新和拓展新的旅游市场与旅游产品，创建具有天津特色的，集观光、购物、度假、商务、会议、展示、文化、体育、娱乐、餐饮等多功能于一体的综合性旅游产业群体系，并由此带动相关产业的发展，为天津经济的创新发展做出积极的贡献。在今后几年内，天津将充分发挥山、河、湖、海、泉资源齐备和近代历史文化资源丰富的优势，开发建设十二大旅游主题板块和七大旅游集聚区，使天津真正成为环渤海乃至我国北方地区最具吸引力的休闲旅游中心城市。

四、石油开采

石油作为一种重要的战略物资能源，在特定的形势下决定着整个国家的安全。国际新形势下，世界石油市场呈现石油资源虽然比较充裕，但需求不断上涨致使供应紧张的态势，基于石油市场贸易的巨大利益特性，世界石油市场中的投机性与垄断性也逐渐增强。中国国内自从石油、石化两大集团进行重组后，石油市场基本上形成了南北分立、相互交叉的态势。

环渤海沿岸和水域石油、天然气资源丰富，长期勘探证明，有 20 万 km^2 的环渤海经济圈，无论陆上、滩上还是浅海水域都有丰富的油气资源，是继大庆所在的松辽盆地后我国又一个石油基地，从 20 世纪 60 年代初至今，环渤海已形成了胜利油田、辽河油田、华北油田、大港油田、渤海油田海上五大油田，发展速度很快。天津近海是石油资源的富集区，天津市境内分布有渤海油田、大港油田等六大油田。渤海油田目前已发现 231 个储油构造，天津海域是渤海油田的组成部分，油田总部位于塘沽。大港油田自 1964 年勘探以来，油田面积为 551km^2，石油储量为 7.59 亿 m^3，天然气储量为 298.9 亿 m^3，其中在天津地区内探明石油储量为 2.95 亿 m^3，天然气储量为 291.96 亿 m^3。

参考文献

赵保仁，方国洪，曹德 . 1994. 渤、黄、东海潮汐潮流的数值模拟 . 海洋学报，16（5）：1-10.

第三章　渤海湾岸线变化及其生态影响

随着经济的发展，土地资源日趋紧张，特别是对于沿海地区，“土地赤字”已成为制约区域经济发展的重要问题之一。为了解决“土地赤字”问题，许多沿海地区兴起大规模的围填海工程，有效地解决了这一问题。例如，荷兰通过自 16 世纪以来的三次围垦高潮将大量海岸湿地和河口地区转变成了农业和工业用地（Hoeksema，2007）；此外，日本东京湾（Hayashi and Miyakoshi，2009）和埃及尼罗河三角洲（El Banna and Frihy，2009）等地都进行过大规模填海造陆活动。近年来，中国沿海经济迅速发展，沿海土地资源的稀缺特点促进了填海造陆活动的不断发展，并呈现出速度快、面积大、范围广的发展趋势（于海波等，2009）。据统计，近十年我国填海造地总面积超过 1100km^2（国家海洋局，2013，2014）。填海造陆在增加土地资源的同时也给生态环境和社会生产带来了深远的影响（朱高儒和许学工，2011）。

渤海湾海岸带是当今中国重要的经济发展区之一，为了适应经济的迅速发展，弥补土地资源的不足，该区域进行了大规模的围海造地工程（国家海洋局，2006）。大规模的围海造地工程，最大的改变是改变了海岸线的自然属性和生态环境。海岸线的变化将引起更加深层次的生态效应，如水动力、污染物扩散、环境容量等都会随之发生变化。本章以渤海湾的天津近海海岸线十年（2000 ～ 2009 年）变化为基础，分析岸线变化对渤海湾水动力、污染物扩散及环境容量的影响。

第一节 岸线变化

一、岸线长度变化

天津海岸岸线（简称天津岸线）长度变化见图 3-1。从图 3-1 中可见，从 2000 ～ 2009 年，天津岸线增加了 111km。从图 3-1 中也可以看出，十年间，天津岸线变化可以分为三个阶段：第一阶段是 2000 ～ 2003 年，这一阶段的特点是岸线基本不发生变化；第二阶段是 2004 ～ 2006 年，这一阶段的特点是岸线呈缓慢增长；第三阶段是 2006 年后，岸线呈现快速增长（图 3-1）。

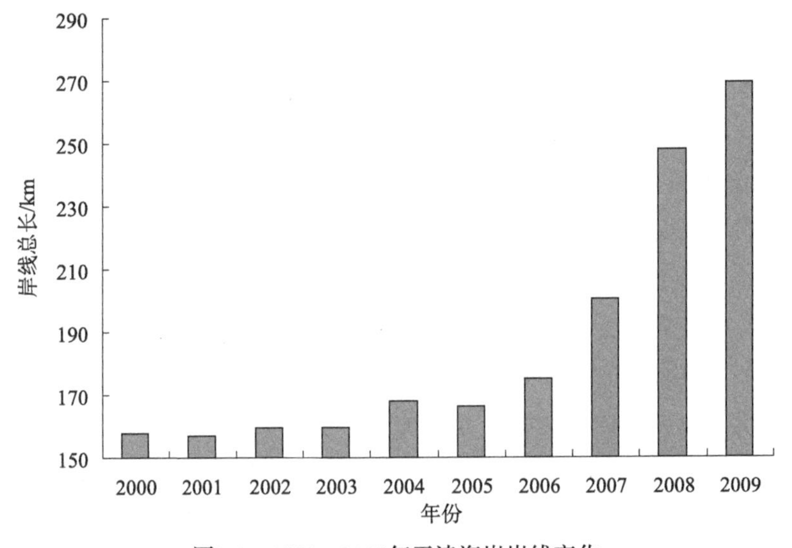

图3-1　2000～2009年天津海岸岸线变化

天津岸线的变化主要包括自然因素与人为因素两个方面。首先是自然因素，主要包括风暴和地面沉降、海平面上升及潮汐作用的影响。一是风暴。作为世界上风暴潮最频发和最严重的区域之一，1950 ～ 1998 年，天津塘沽站共出现 50cm 以上的风暴增水 3833d，平均每年 78d，风暴潮灾一年四季均有发生，除夏季有台风风暴潮灾害发生外，春、秋、冬季均有灾害性温带风暴潮发生（吴少华等，2002）。这些风暴极大地影响了岸线。例如，2003 年 10 月 11 ～ 12 日发生的风暴潮是渤海湾近 10 年来最强的一次温带风暴潮，使得青静黄排水渠至独流减河岸段受到严重影响，最大侵蚀约 1.2km（国家海洋局，2004）。二是地面沉降、海平面上升及潮汐作用的影响。研究表明，近 30 年来，中国沿海海平面总体上升了 90mm，其中，天津沿岸上升最快，为 196mm。相关研究表明，近年来滨海新区的地面沉降速率为 3.0 ～ 3.1cm/a（张风霜等，2008）。沿岸潮汐侵蚀作用明显的区域主要发生在青静黄排水渠至歧口河及大神觉村至涧河口岸段。海平面上升、区域地面沉降及潮汐作用加剧了天津海岸侵蚀灾害的发生。

其次是人为因素，包括修建岸堤、养殖池、盐池，围海造陆，港口修建等。实际上，人为因素是近 10 年天津岸线变化的最主要原因。从图 3-1 也可以看出，2004 年后，岸线呈现快速增长的趋势。这是因为天津为了适应城市的经济发展需求，在这一期间进行了一系列的海岸带滩涂围垦工程，从而导致岸线发生了明显的变化。例如，在天津港的北部，有新的泰达围海造地，同时，天津港区域附近又新建了北疆、东疆和南疆新港区；在天津港的南部，新建了配套的临港产业区和临港工业区。以青静黄排水渠至独流减河岸段为例，2007 年前，岸段中北部基本保持了稳定状态，但 2008 年南港工业区的规划实施，直接导致岸线在其后短短两年间向海推进约 3.4km。围海工程的结果是使得天津海岸的岸线向海扩张的力度也明显加大（图 3-2，李建国等，2010）。

二、面积变化

随着海岸线的不断增长，占用的滩涂和近岸海域的面积也越来越大。主要利用方式包括工程利用、养殖利用和其他利用三种。各个利用方式年利用面积见图 3-3。

从图 3-3 中可见，除了个别年份外，如 2000 ～ 2001 年，其余都是以工程建设利用占用滩涂和近海面积最大，而且是占有绝对优势。这表明，岸线影响最大的仍然是工程建设。从图 3-3 中也可以看出，天津沿海的工程建设呈现台阶式的发展模式。第一次飞跃从 2004 年开始，至 2006 年结束。这一阶段造陆面积保持在年均约 7.8km^2/a。第二次飞跃是从 2007 年开始，仅 2007 年一年新增造陆面积就超过前 6 年造陆面积的总和。2009 年，天津沿海又迎来了新一轮的建设高潮，仅 2008 年 9 月至 2009 年 4 月，新增造陆面积约 74.8km^2。

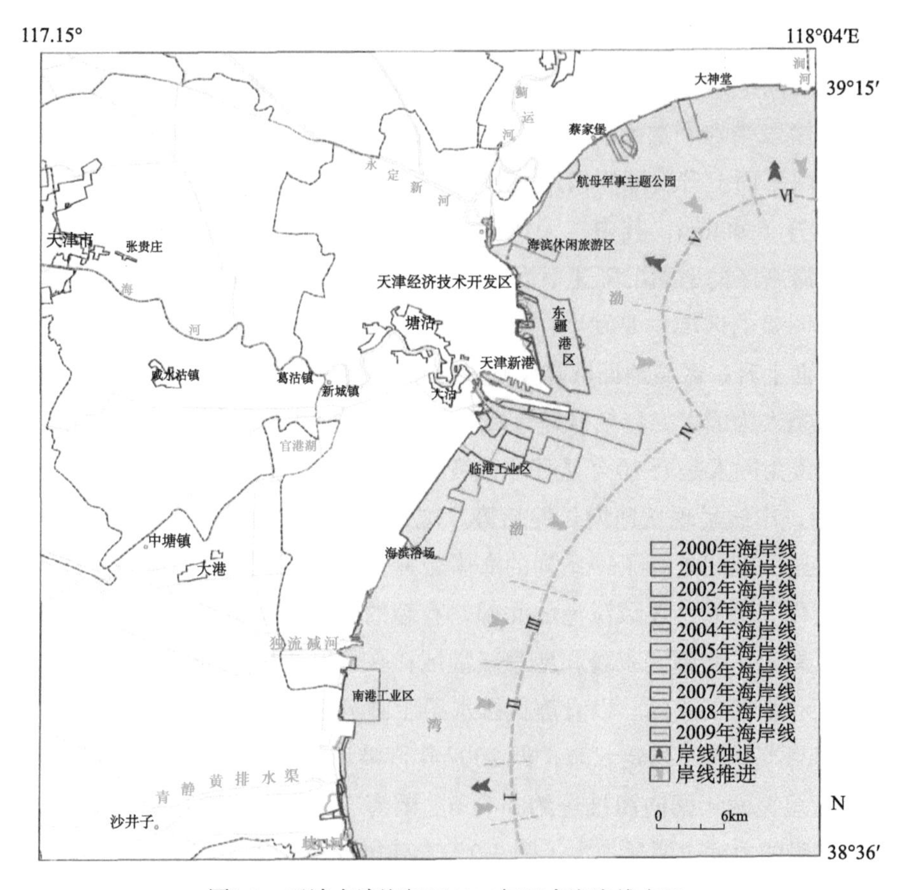

图3-2　天津市滨海新区2000年以来海岸线变迁

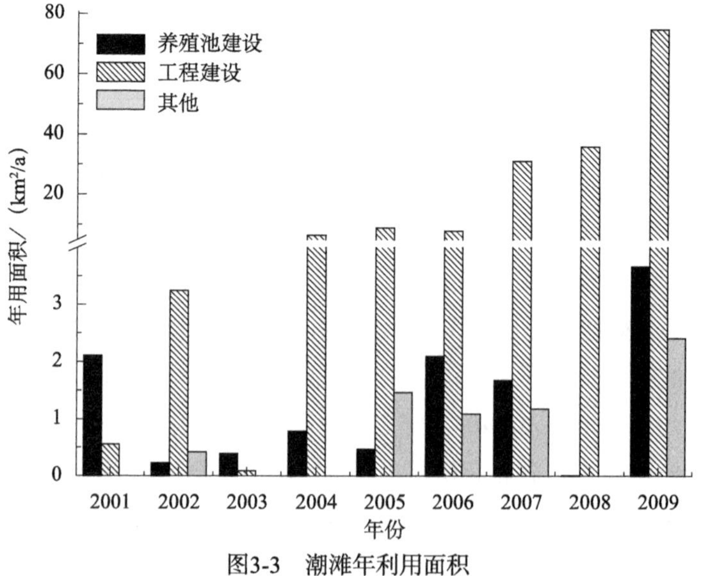

图3-3　潮滩年利用面积

随着围海工程的不断开展，涉海区域利用方式也发生了改变，在2007年以前，主要利用滩涂的开垦。而在2007年，随着天津港北港区的围填海工程实施，利用区域开始扩大到浅海，占用近岸浅海面积增加到26km^2，但总体上仍以开垦滩涂为主。之后，天津港北港区、中心渔港区、南港区相继开始大规模、密集的围填海工程，浅海被利用的面积越来越大，也使得岸线向外海扩展。

第二节　岸线变化对区域生态环境的影响

岸线的变化，改变了岸线的自然属性，特别是自然岸线转变为人工岸线，也使其生态功能发生了变化，由此对环境造成了许多影响。

一、岸线变化对水动力的影响

（一）模型

本章利用MIKE21水动力模型对天津近岸海域的潮流场进行数值模拟，将模拟天津近岸海域潮流的运动和变化过程，并根据实测资料对模拟的结果进行验证。

1. 模型控制方程

MIKE21水动力学模型的控制方程包括1个连续方程和2个动量方程，基本方程为

连续方程

$$\frac{\partial \zeta}{\partial t}+\frac{\partial p}{\partial x}+\frac{\partial q}{\partial y}=\frac{\partial d}{\partial t} \tag{3-1}$$

x方向动量方程

$$\begin{aligned}&\frac{\partial p}{\partial \mathrm{t}}+\frac{\partial}{\partial x}\left(\frac{p^2}{h}\right)+\frac{\partial}{\partial y}\left(\frac{pq}{h}\right)+gh\frac{\partial \zeta}{\partial x}+\frac{gp\sqrt{p^2+q^2}}{C^2h^2}\\&-\frac{1}{\rho_{\mathrm{w}}}\left[\frac{\partial}{\partial x}\left(h\tau_{xx}\right)+\frac{\partial}{\partial y}\left(h\tau_{xy}\right)\right]-\Omega q-fVV_X+\frac{h}{\rho_{\mathrm{w}}}\frac{\partial}{\partial x}\left(p_{\mathrm{a}}\right)=0\end{aligned} \tag{3-2}$$

y 方向动量方程

$$\frac{\partial p}{\partial t}+\frac{\partial}{\partial y}\left(\frac{p^2}{h}\right)+\frac{\partial}{\partial x}\left(\frac{pq}{h}\right)+gh\frac{\partial \zeta}{\partial y}+\frac{gp\sqrt{p^2+q^2}}{C^2h^2}$$
$$-\frac{1}{\rho_{\mathrm{w}}}\left[\frac{\partial}{\partial y}\left(h\tau_{yy}\right)+\frac{\partial}{\partial x}\left(h\tau_{xy}\right)\right]-\Omega q-fVV_y+\frac{h}{\rho_{\mathrm{w}}}\frac{\partial}{\partial y}\left(p_{\mathrm{a}}\right)=0 \tag{3-3}$$

式中，ζ 为潮位，即水平面到某一基准面的距离（m）；h 为水深（m）；p、q 分别为 x、y 方向上的垂线平均流量分量［$m^3/(s \cdot m^2)$］；u、v 分别为 x、y 方向上的平均水深流速（m/s）；τ_{xx}、τ_{xy}、τ_{yy} 分别为剪切应力在各方向的分量；Ω 为柯氏力参数（$=2\omega\sin\psi$）；g 为重力加速度（m/s^2）；C 为谢才系数（$m^{1/2}/s$）；ρ_w 为水的密度（kg/m^3）；f 为风摩擦因子，$f=\gamma_\alpha^2 \cdot \rho_\alpha$，$\gamma_\alpha^2$ 为风应力系数，ρ_α 为空气密度；V、V_x、V_y 分别为风速及其在 x、y 方向上的风速分量（m/s）；x、y 为直角坐标（m）；t 为时间（s）。

2. 边界条件

初始条件：给定模拟水域的潮位 ξ，流速 $u=0$，$v=0$。

闭边界：$Q_n=0$，法线方向上的流量为零。

开边界：将给定单位面积的时间 - 流量的过程线作为源汇项，加到边界网格上，即

$$\frac{\partial \xi}{\partial t}+\frac{\partial p}{\partial x}+\frac{\partial q}{\partial y}=0 \tag{3-4}$$

式中，Q 为单位面积流量［$m^3/(s \cdot m^2)$］，+ 表示入流，- 表示出流。

3. 基本参数的确定

（1）糙率。海域的糙率是综合影响因素，与水深及其他因素有关，经调试取糙率为 0.017。

（2）水平涡黏性系数。在对流作用占主导作用的海区，对流扩散的效应一般远远大于涡动分散的效应，因此，涡黏性系数的取值对计算结果的敏感性不大。经过调试，模型中涡黏性系数的取值为 $1m^2/s$。

（二）计算范围

模型计算网格采用不规则三角网格，三角网格节点数有 2696 个，三角形个数为 5009 个，模型范围及验证点位置见图 3-4。

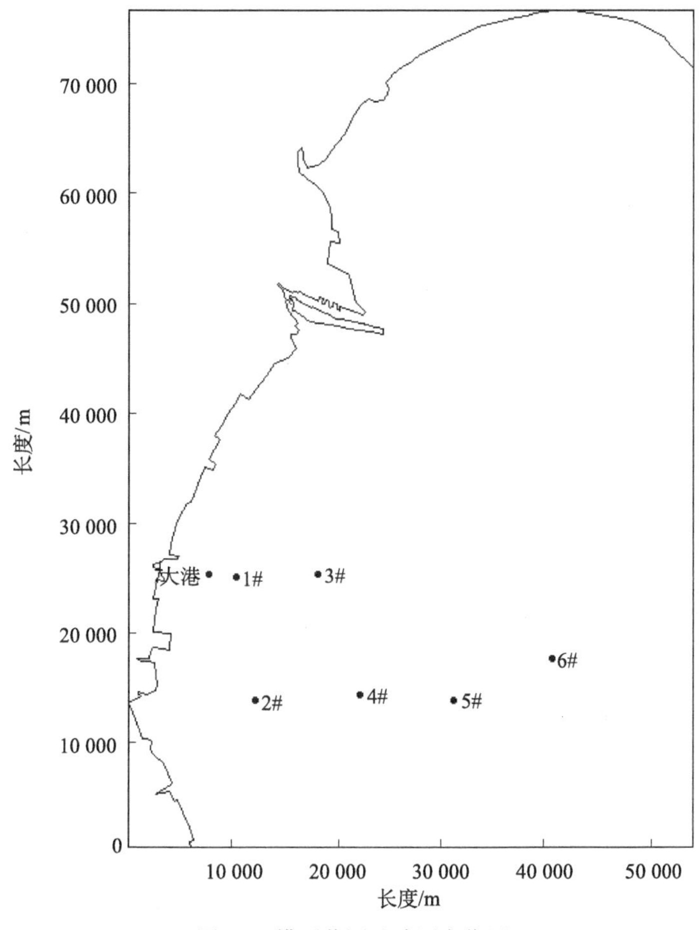

图3-4　模型范围及验证点位置

（三）模型验证

采用 2008 年 7 月大、小潮的现场实测资料（取自《大港区滨海石化物流综合基地围海造陆工程水文测验技术报告》），对潮位、流速和流向进行验证。其中共有 6 个潮流站（1# ～ 6#）和 1 个潮位站（大港）。潮位及流速、流向实测值与计算值的验证曲线图见图 3-5 ～图 3-7。图中的黑线代表实际计算结果，红色加号代表观测数据。

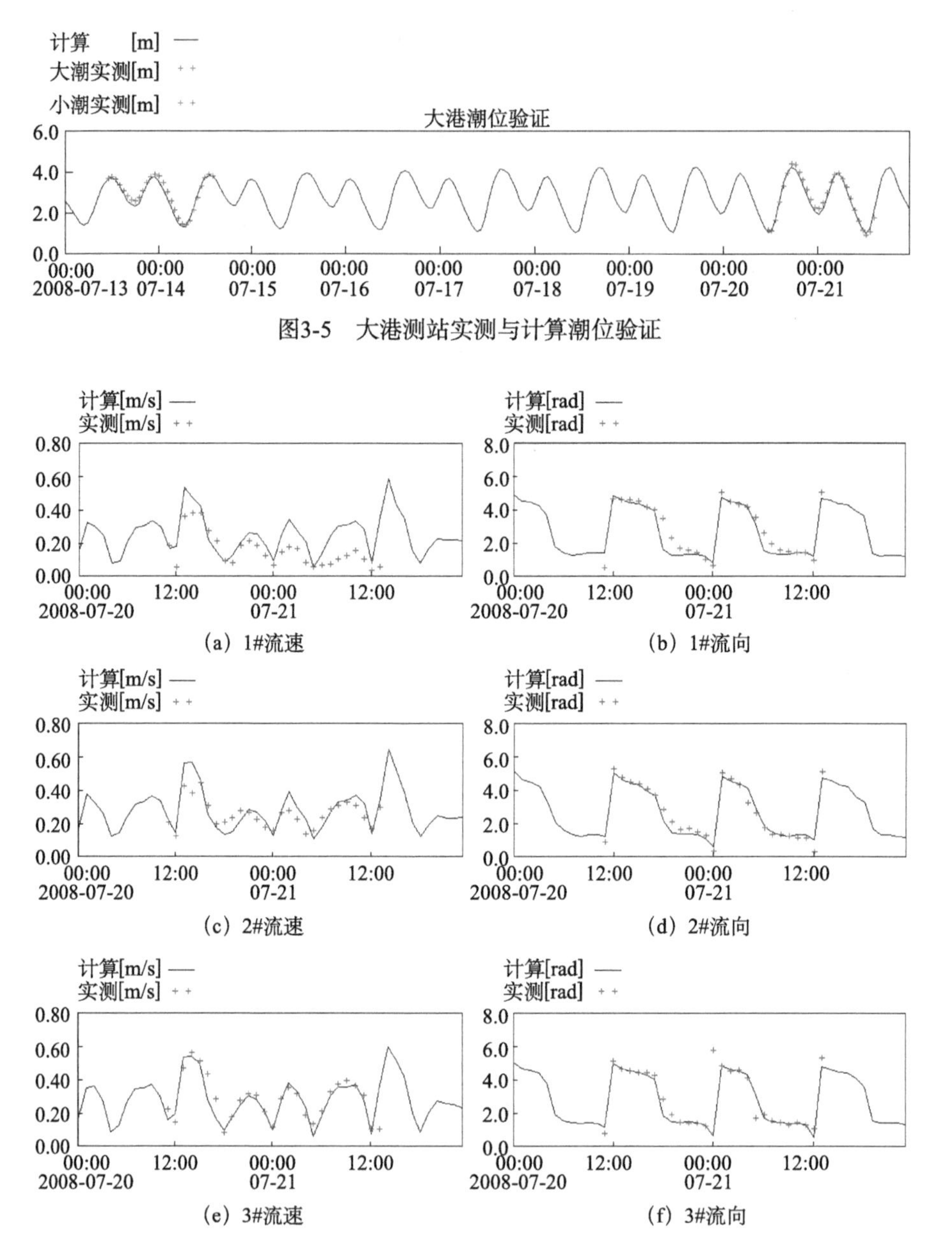

图3-5　大港测站实测与计算潮位验证

图3-6　1#～6#测站大潮实测与计算流速、流向验证

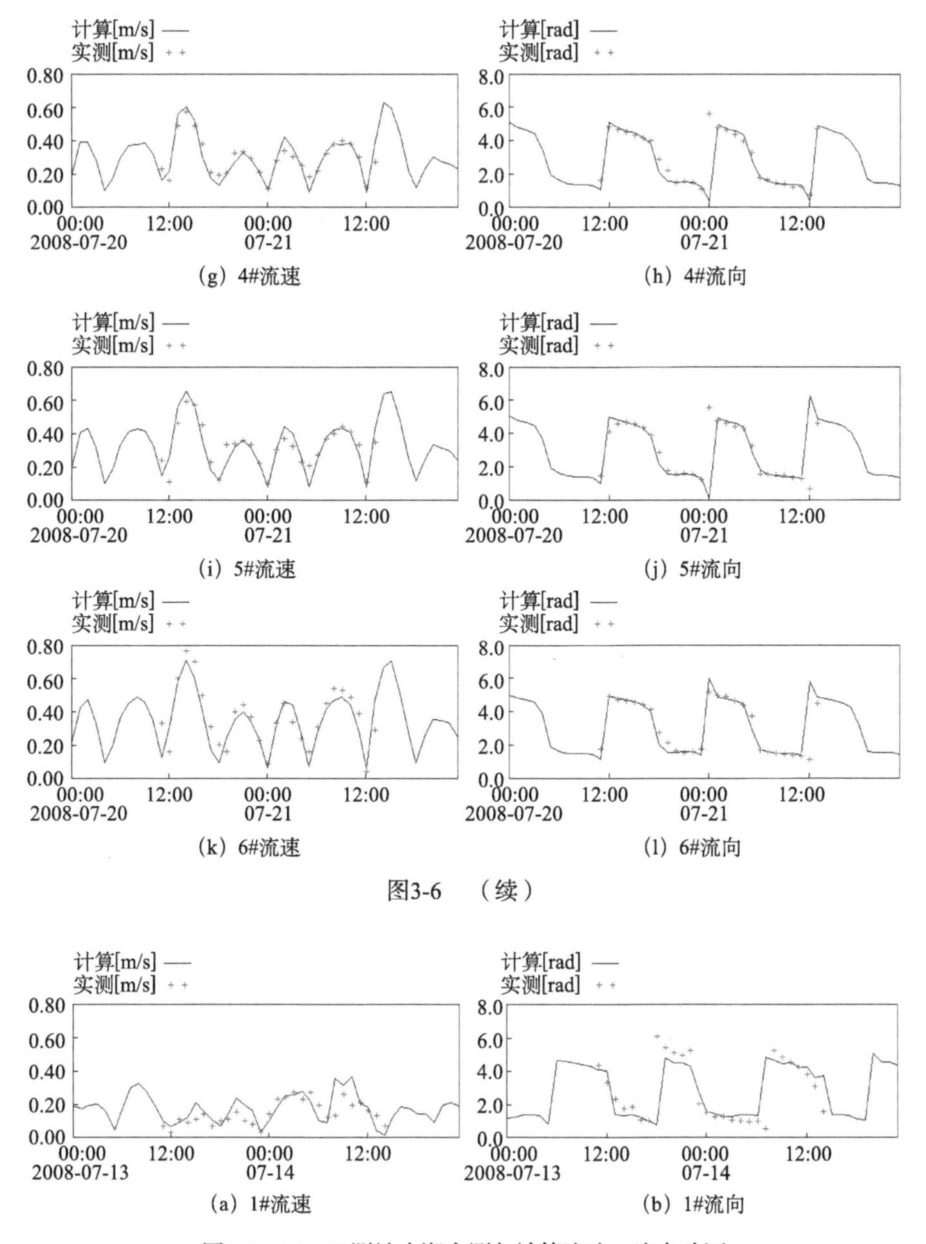

（g）4#流速　（h）4#流向

（i）5#流速　（j）5#流向

（k）6#流速　（l）6#流向

图3-6　（续）

（a）1#流速　（b）1#流向

图3-7　1#～6#测站小潮实测与计算流速、流向验证

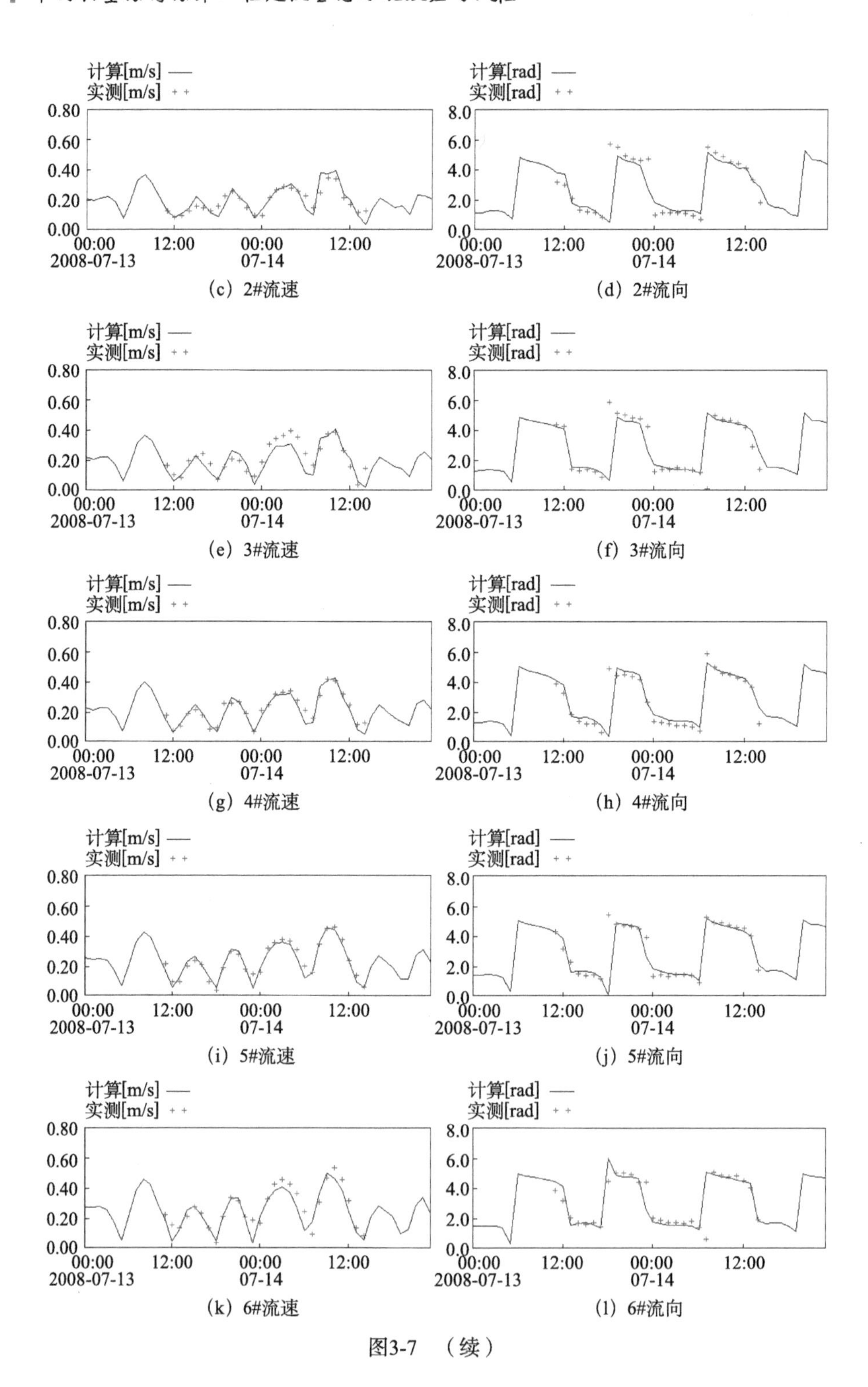

(c) 2#流速

(d) 2#流向

(e) 3#流速

(f) 3#流向

(g) 4#流速

(h) 4#流向

(i) 5#流速

(j) 5#流向

(k) 6#流速

(l) 6#流向

图3-7 （续）

从验证情况看，各测站计算值与实测值二者总体趋势差异不大，计算的潮位过程及流速、流向过程与实测资料基本吻合，可见该模型所模拟的潮流运动基本能够反映出海域的水流状况，可以作为进一步分析计算的基础资料。

（四）流场的影响

天津海域的潮流具有往复流性质，涨潮流速大于落潮流速，由海岸至深海的流速逐渐增大，在外海水流基本呈向岸和离岸运动。填海工程建成后，各典型时刻流场形态没有发生较大变化。在近岸由于受到港口建筑物的影响，水流呈现沿岸或沿建筑物边缘流动的特点，距离工程区较近的海域，由于局部岸线发生改变，流速和流向有不同程度的变化。

利用水动力模型模拟了天津近岸海域岸线变化前后的潮流场，结果见图3-8、图3-9。从图中可以看出，岸线变化后整个海域内大部分区域的潮流动力条件有所减弱，影响程度随着离岸距离的增大而减小，近岸围海造地工程区域流场改变最为明显，其附近海域流速变化的幅度大。

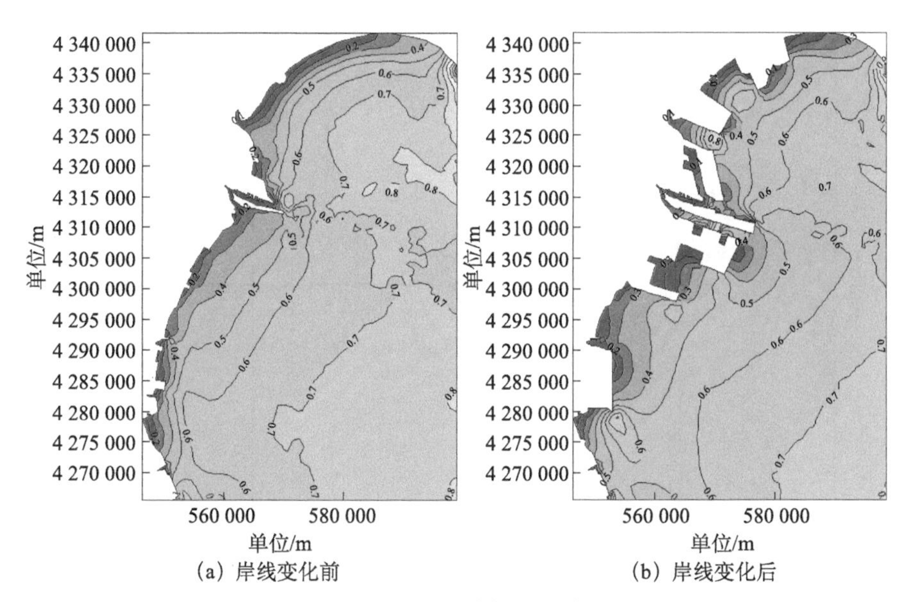

(a) 岸线变化前　　(b) 岸线变化后

图3-8　涨急时刻流速分布

为了更加清晰地说明岸线变化对天津近岸海域流场的影响，选择水质评价中监测的站点作为代表性点进行分析（图3-10）。由于天津港附近的填海，4#、5#、6#、8#监测点的海域已成为陆地，无法比较岸线变化前后的情况，因此，

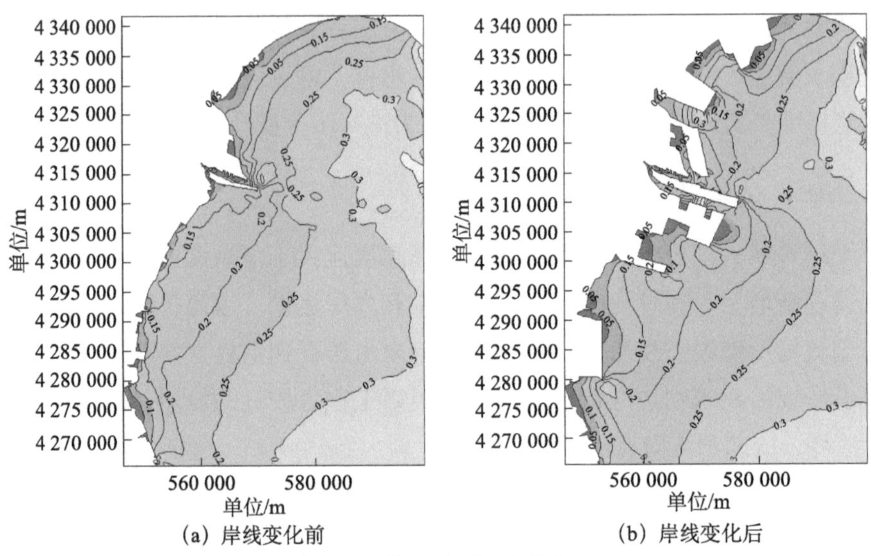

(a) 岸线变化前　　(b) 岸线变化后

图3-9　落急时刻流速分布

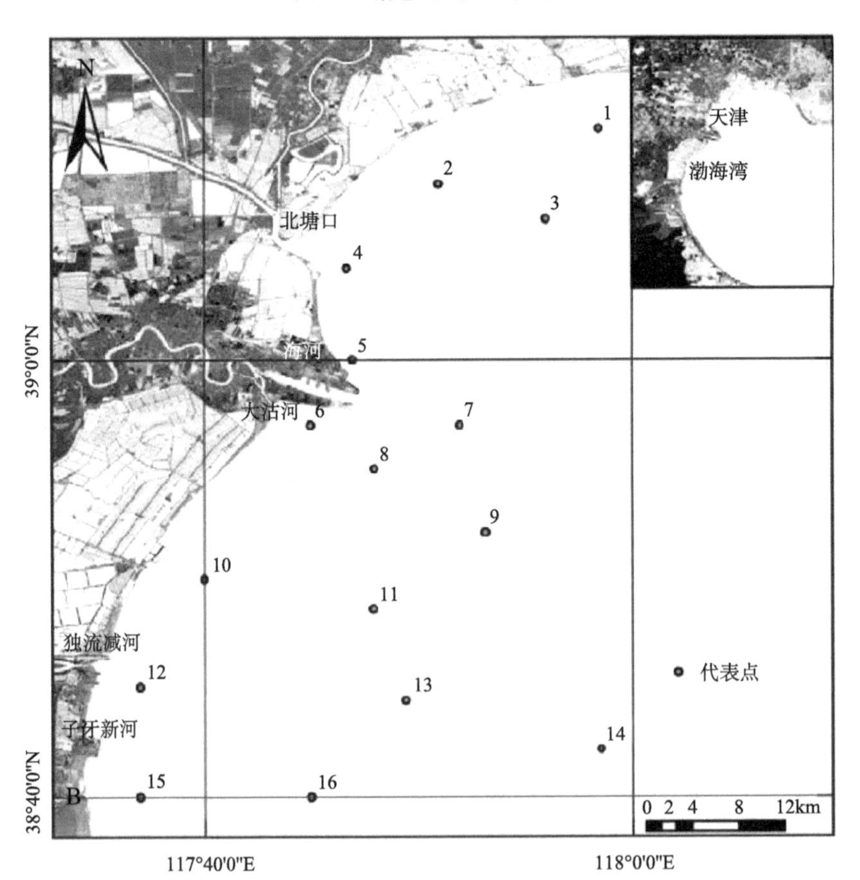

图3-10　水质监测站点

选取 1#、2#、3#、7#、9#、10#、11#、12#、13#、14#、15#、16# 站点作为代表点，对大潮和小潮的涨潮时刻和落潮时刻的代表点潮流流速、流向的变化进行对比分析，以此来反映由于岸线变化所引起的流速及潮位等水文要素的变化情况，结果见表 3-1、表 3-2。

从表中可见，岸线变化前后各代表点的流速、流向都有不同程度的变化，这说明流体、流态对岸线的响应变化还是比较明显的。岸线变化后流速变幅最大达 76.5%，涨潮时流速相对变化范围为 2.0%～67.3%，落潮时流速相对变化范围为 4.5%～76.5%。各代表点流向变化相对较小，仅靠近南港工业区 12# 站位流向变化较大，流向相对变化范围为 0.7%～30.2%。2004～2010 年填海主要集中在天津港附近，岸线的变化使得离天津港较近的 7#、9#、12# 代表点流速变化比较剧烈，离近岸填海工程较远的代表点变化较小。这是因为填海工程的建设，使得局部增大了海流的阻力，从而造成岸线变化后天津近岸流速明显减小，岸线变化必将对天津近岸海域的污染物扩散条件带来较大影响，使得污染更加严重。

表3-1 代表点涨急时刻流速和流向

站位	流速				流向			
	变化前/(m/s)	变化后/(m/s)	变化量/(m/s)	变化率/%	变化前/(°)	变化后/(°)	变化量/(°)	变化率/%
1#	0.46	0.41	−0.05	10.9	345	359	14	4.1
2#	0.49	0.48	−0.01	2.0	323	316	−7	2.2
3#	0.78	0.64	−0.14	17.9	323	326	3	0.9
7#	0.64	0.28	−0.36	56.3	304	282	−22	7.2
9#	0.74	0.59	−0.15	20.3	303	307	4	1.3
10#	0.40	0.34	−0.06	15.0	270	286	16	5.9
11#	0.61	0.51	−0.10	16.4	289	278	−11	3.8
12#	0.49	0.16	−0.33	67.3	264	322	58	22.0
13#	0.77	0.74	−0.03	3.9	301	304	3	1.0
14#	0.72	0.65	−0.07	9.7	298	296	−2	0.7
15#	0.61	0.63	0.02	3.3	262	229	−33	12.6
16#	0.67	0.57	−0.10	14.9	294	288	−6	2.0

表3-2　代表点落急时刻流速和流向

站位	流速				流向			
	变化前/(m/s)	变化后/(m/s)	变化量/(m/s)	变化率/%	变化前/(°)	变化后/(°)	变化量/(°)	变化率/%
1#	0.23	0.16	−0.07	30.4	144	147	3	2.1
2#	0.18	0.15	−0.03	16.7	131	136	5	3.8
3#	0.38	0.26	−0.12	31.6	143	146	3	2.1
7#	0.30	0.24	−0.06	20.0	123	106	−17	13.8
9#	0.38	0.27	−0.11	28.9	127	134	7	5.5
10#	0.17	0.16	−0.01	5.9	98	105	7	7.1
11#	0.30	0.18	−0.12	40.0	118	104	−14	11.9
12#	0.17	0.04	−0.13	76.5	96	67	−29	30.2
13#	0.37	0.34	−0.03	8.1	121	123	2	1.7
14#	0.38	0.30	−0.08	21.1	123	121	−2	1.6
15#	0.22	0.23	0.01	4.5	103	56	−47	45.6
16#	0.35	0.25	−0.10	28.6	124	114	−10	8.1

（五）纳潮量的影响

纳潮量是一个海湾可以接纳的潮水的体积量，它是表征海湾特别是半封闭海湾水动力、水质、生化环境的重要指标，其大小直接影响到海湾的水体交换能力和污染物的迁移扩散，从而制约着海湾的自净能力和环境容量，对于维护海湾良好的生态环境至关重要。海湾接纳潮水的体积就是该海湾的纳潮量，通过计算渤海湾各个网格的面积以及网格点的高低潮时水位差，得到湾内可容纳海水的体积差，从而计算渤海湾的纳潮量，计算公式为

$$P = hS$$

其中，P 为平均潮差条件下的纳潮量；h 为平均潮差；S 为平均水域面积（即平均高潮位与平均低潮位水域面积的均值）。

天津近海岸线变化后在大潮和小潮期间的纳潮量的变化见表 3-3。从表中可以看出，岸线的变化导致天津近岸海域大潮纳潮量减少了 7.3 亿 m^3，下降率为 9.5%。小潮纳潮量减少了 6.5 亿 m^3，下降率为 9.8%。因此，可以看出岸线变化对天津近岸海域纳潮量有一定的影响。

表3-3　岸线变化前后的纳潮量

纳潮量	大潮	小潮	平均
变化前／亿m^3	76.9	66.5	71.7
变化后／亿m^3	69.6	60.0	64.8
变化量／亿m^3	7.3	6.5	6.9
变化率／%	9.5	9.8	9.6

为了更好地分析岸线变化与纳潮量的响应关系，将对海域面积的变化与潮通量的变化进行对比分析。可根据数学模型中选取的边界计算天津近岸海域面积，岸线变化前年海域面积为 3000km^2，变化后年海域面积为 2739km^2，下降率为 8.7%，天津近岸海域的填海面积达 261km^2。

将纳潮量变化与海域面积对比分析，在不同的岸线下，大潮纳潮量下降了 9.5%，小潮纳潮量下降了 9.8%，而海域面积下降了 8.7%。由此可知，天津近岸海域的岸线变化、海域面积及纳潮量是密切相关的。纳潮量减少的主要原因是围填海工程直接导致了海域面积的减少，而纳潮量的减少意味着降低了天津近岸海域的环境容量，减少了容纳水质污染物的能力，将对海域的水质环境造成严重影响。

二、岸线变化对污染物扩散的影响

（一）污染物的选择

海洋水体中有机污染物的成分十分复杂，现有的技术难以测定出它们各自的含量，由于需氧有机污染物的危害主要是通过消耗水中的溶解氧表现出来的，所以一般采用化学需氧量（COD）和生物化学需氧量（BOD）来表示水中需氧有机物的含量。在我国海洋水质监测中，一般以 COD 代表海水中有机物的量。因此，本部分选用 COD 作为典型污染物进行数值模拟。

（二）模型控制方程

采用丹麦水动力研究所研制的 MIKE21 数学模型的对流扩散（advection-dispersion，AD）模型进行污染物输移扩散数值模拟。

即对流扩散模型控制方程为

$$\frac{\partial}{\partial t}(hc)+\frac{\partial}{\partial x}(uhc)+\frac{\partial}{\partial y}(vhc)=\frac{\partial}{\partial x}\left(hD_x\frac{\partial c}{\partial x}\right)+\frac{\partial}{\partial y}\left(hD_y\frac{\partial c}{\partial y}\right)-Fhc+S \tag{3-5}$$

式中，u、v 分别为 x、y 方向的速度分量；h 为水深；D_x、D_y 分别为 x、y 方向的扩散系数；F 为线性衰减系数；c 为污染源项排污中所含污染物质的浓度；S 为污染源项。u、v 和 h 由水动力模型提供。

平面扩散系数的计算：

$$D_x=5.93\sqrt{g}\left|\overline{u}\right|H/C \tag{3-6}$$

$$D_y=5.93\sqrt{g}\left|\overline{v}\right|H/C \tag{3-7}$$

式中，H 为水深；u、v 分别为 x、y 方向的流速；C 为谢才系数，$C=H^{1/6}/n$，n 为曼宁系数；g 为重力加速度。

（三）模拟结果

在对天津近岸海域潮流数值模拟分析的基础上，本章以 2005 年天津近岸海域五个典型入海污染源的排污状况作为现状排污情况，并假设 COD 初始场浓度为零，以及入海河口在大小潮时具有相同的流量和浓度入海的情况下，在 2004 年、2010 年岸线基础上模拟大小潮动力作用下 COD 的输移扩散范围，通过计算结果分析岸线变化对污染物输移扩散的影响。结果见图 3-11 ～图 3-14。

从图 3-11 ～图 3-14 中可以看出，高潮与低潮时刻 COD 的扩散范围存在一定的差别，无论是岸线变化前，还是岸线变化后，低潮时刻 COD 扩散面积明显大于高潮时污染物扩散面积。这是因为涨潮时，海水由外海流向近岸，污染源附近的污染物受到“内挤”作用，使得污染物扩散面积逐渐减少，并在高潮时刻 COD 扩散面积减到最少。落潮时，潮流速度方向是由近岸向外海，污染源附近的 COD 受到“外拉”作用，使得 COD 浓度等值线梯度减小，COD 扩散面积逐渐增大，并在低潮时刻 COD 扩散面积增加到最大。

从图 3-11 ～图 3-14 也可以看出，无论是在小潮动力作用下还是大潮动力作用下，COD 输移扩散都具有相似的特点。在岸线变化前后，大小潮均在高潮时刻，污染物扩散面积达到最小；低潮时刻污染物扩散面积达到最大。同时，大潮时，落潮流速大于涨潮流速；小潮时，落潮流速低于涨潮流速，小潮的最大

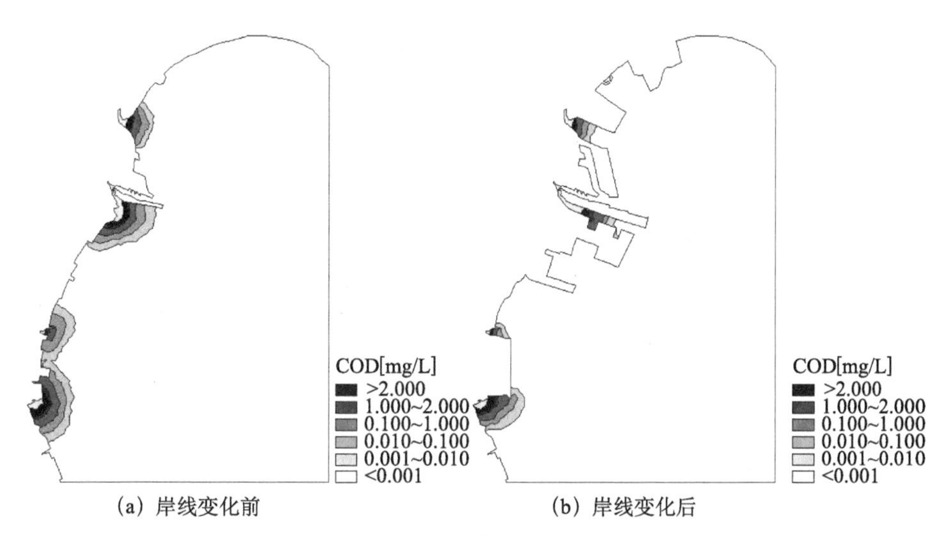

（a）岸线变化前　　（b）岸线变化后

图3-11　COD在大潮的高潮时刻扩散

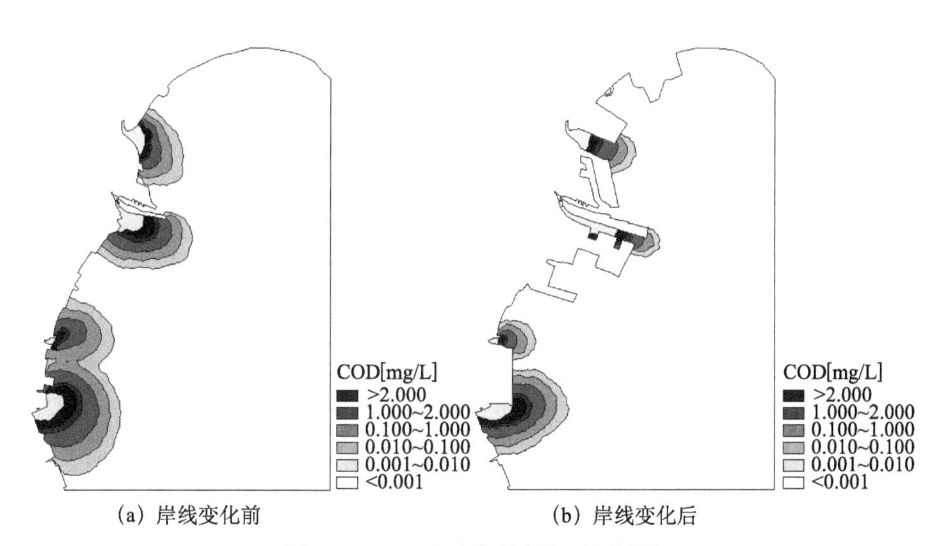

（a）岸线变化前　　（b）岸线变化后

图3-12　COD在大潮的低潮时刻扩散

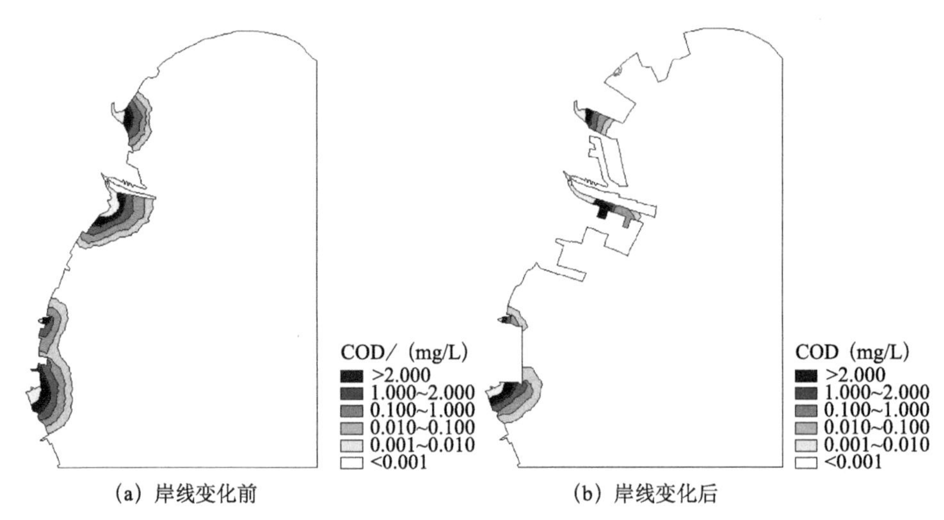

(a) 岸线变化前　　(b) 岸线变化后

图3-13　COD在小潮的高潮时刻扩散

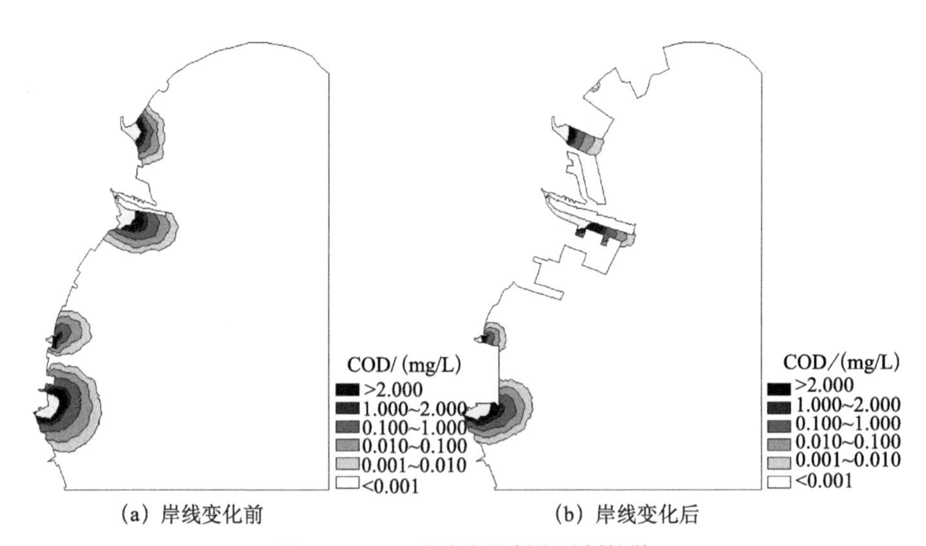

(a) 岸线变化前　　(b) 岸线变化后

图3-14　COD在小潮的低潮时刻扩散

污染物扩散面积小于大潮，小潮在高潮与低潮时的 COD 扩散范围变化比大潮时小。因此，小潮时，COD 向外海扩散的能力较大潮时差。此外，本章中发现污染物在潮流的作用下都有向外海扩散的趋势，即高浓度水舌向外海延伸。而天津近岸海域填海面积不断增加，陆地向海内延伸，填海工程建设后占用了污水向外扩散的通道，大量污水只能沿着由围海造地形成的通道向外输移，由于通道内流速较弱，大量的污水逐渐在此聚集，使得各个排污口附近的 COD 的扩散范围变化明显。岸线变化后，大小潮的高低潮时刻的 0.001mg/L 浓度等值线范围均比岸线变化前小。这是由于岸线变化后，天津近岸海域水域面积减少，水动力条件改变，进而导致 COD 输移扩散范围的改变，使得 COD 更容易聚集在岸边，不易向外海扩散。

三、岸线变化对环境容量的影响

天津近岸海域环境质量的状况，受海域水动力条件和污染源排污的时空分布两方面因素的制约，而填海造陆带来的岸线变化又是影响天津近岸海域水动力条件的重要因素。因此，环境容量的变化不仅受到各排污源的排污状况的影响，在一定程度上也受岸线变化的影响，如岸线变化对污染源的空间分布、各点源污染物的响应程度及分担情况的影响。

为了更好地分析岸线变化对环境容量的影响规律，将尽量避免其他因素的干扰，本部分假设在岸线变化前后各污染源排污相同的情况下，计算各时期污染物的环境容量，分析环境容量的变化趋势，得出岸线变化对环境容量的影响规律。

本章将以 2005 年天津近岸海域五个典型河口的入海排污状况作为现状排污情况，在 2004 年与 2010 年岸线基础上计算主要污染物的环境容量，通过计算结果分析岸线变化对天津近岸海域环境容量的影响。

（一）确定水质目标

按照《海洋功能区划技术导则》和《全国海洋功能区划（2011—2020 年）》的分类体系和类型的划分标准，根据天津市沿海自然环境特点、自然资源优势、海域开发利用现状、社会发展需求及海洋环境保护，将天津近岸海域划分为港口航运区、矿产资源利用区、旅游区、渔业资源利用和养护区、工程用海区、海水资源利用区、海洋保护区、特殊功能区、保留区、其他功能区 10 个类型的功能区，共分四类海水水质区及排污口混合区。天津近岸海域环境功能区划及水质保护目标见表 3-4。

表3-4 天津近岸海域环境功能区划及水质保护目标

功能区分类	名称	具体区划范围	水质目标
第一类	渔业鱼虾贝类增殖区	除二、三、四环境功能区范围之外的天津海域	Ⅰ类
第二类	盐业取水区海水浴场	除三、四类环境区之外，2m等深线至岸边的天津海区	Ⅱ类
第三类	北塘口外海区	G、K、M、N、N′ 各点固定的范围 G——39° 04′ 00″ N 117° 45′ 00″ E; K——39° 06′ 00″ N 117° 45′ 00″ E; M——39° 02′ 30″ N 117° 48′ 00″ E; N——39° 03′ 00″ N 117° 48′ 40″ E; N——39° 04′ 00″ N 117° 48′ 30″ E	Ⅲ类
第三类	大沽口外海区	E、F、B、C各点固定的范围 E——38° 54′ 00″ N 117° 50′ 00″ E; F——39° 00′ 30″ N 117° 50′ 00″ E; B——38° 53′ 24″ N 118° 05′ 30″ E; C——38° 59′ 10″ N 118° 06′ 30″ E	Ⅲ类
第四类	大沽口海区	A、E、F、D各点固定的范围 A——38° 54′ 30″ N 117° 40′ 30″ E; E——38° 54′ 00″ N 117° 50′ 00″ E; F——39° 00′ 30″ N 117° 50′ 00″ E; D——39° 01′ 00″ N 117° 45′ 00″ E	Ⅳ类
第四类	海上石油开发区	以人工岛、采油平台为中心，1n mile为半径的海域	Ⅳ类
混合区	北塘口混合区	从河口方向延伸至中心处为圆心，以1000m为半径划弧并顺势延至岸边所包范围为混合区	—
	大沽口混合区	以大沽排污河道中间与海水交汇处为圆心，以1000m为半径扇形海区水域	—
	企业直排口混合区	以排污口与海水交汇处为圆心，以500m为半径的扇形海区水域	—

通过水质评价的结果，根据《海水水质标准》(GB 3097—1997)，选取COD、DIN、DIP作为环境容量的研究对象(表3-5)。根据天津近岸海域环境功能区划，各排污口周围水质控制目标见表3-6。

表3-5　水质评价标准　　（单位：mg/L）

<table>
<tr><th>项目</th><th>第一类</th><th>第二类</th><th>第三类</th><th>第四类</th></tr>
<tr><td>COD≤</td><td>2</td><td>3</td><td>4</td><td>5</td></tr>
<tr><td>无机氮（DIN）≤</td><td>0.20</td><td>0.30</td><td>0.40</td><td>0.50</td></tr>
<tr><td>无机磷（DIP）≤</td><td>0.015</td><td colspan="2">0.030</td><td>0.045</td></tr>
</table>

表3-6　排污口周围海域的水质控制目标

序号	排污口	主导功能	执行水质标准	说明
1	北塘口	航道区	混合区	混合区外执行Ⅲ类标准
2	海河	港口区	Ⅳ	
3	大沽	排污区	混合区	混合区外执行Ⅳ类标准
4	独流减河	泄洪区	Ⅱ	
5	子牙新河	油气区	Ⅱ	

（二）环境容量计算方法

污染源排放的污染物质进入近岸海域之后，将通过物理、生物及化学等作用进行净化。由于海水物理自净能力巨大，本章主要考虑水动力的物理输运过程，计算污染物的环境容量。在对污染源调查和海域水质监测的基础上，通过数学模型对天津近岸海域水动力及污染物输移扩散模拟，求得各个点源的响应系数场和分担率场，根据水质目标及现状浓度求得各污染源的入海污染物环境容量。

1. 响应系数场

在已知流速和扩散系数的情况下，将对流扩散方程视为线性方程，并满足叠加原理。若干个污染源共同作用下形成的平衡浓度场等于各个污染源单独存在时形成的浓度场的线性叠加，即

$$C(x,y)=\sum_{i=1}^{m}C_i(x,y)$$

某一点源单独形成的浓度场，又可以看作该点源单位源强排放形成的响应系数场的倍数，即

$$C_i(x,y)=Q_i a_i(x,y)$$

式中，Q_i 为第 i 个污染源的源强；a_i 为第 i 个污染源的响应系数场，表示在单位源强作用下形成的响应系数场，它反映了海区内水质对某一污染源的响应关系。由于海洋水体的输运扩散特性，响应系数值在海区内的分布随地点的变化而变化，从而形成响应系数场。

2. 分担率场

分担率可定义为各污染源的影响在海域总体污染影响中所占百分率，体现了某个污染源对海域总体污染所作贡献的轻重程度，分担率可表示为

$$r_i(x,y)=C_i(x,y)/C(x,y)$$

3. 环境容量的计算步骤

将响应系数场和分担率场与水质控制目标结合起来计算某一海域在满足水质控制目标的条件下的环境容量。可按下列步骤进行计算：第一步计算各个污染源的响应系数场；第二步计算各个污染源的分担率场；第三步计算各个污染源的环境容量；第四步计算各个污染源的削减量和削减率。

设 $C_s(x,y)$ 为水质控制标准值，假设同一污染源的分担率场不变，则满足水质标准条件下的第 i 个点源分担浓度值：

$$C_{si}(x,y)=r_i(x,y)/C_s(x,y)$$

结合第 i 个点源的响应关系：

$$C_{si}(x,y)=a_{si}(x,y)Q_{si}$$

可求出满足水质目标条件下，第 i 个点源的允许排放量 Q_{si}（环境容量），即

$$Q_{si}=\frac{r_i(x,y)C_s(x,y)}{a_{si}(x,y)}$$

第 i 个点源的削减量为

$$\Delta Q_i=Q_i-Q_{si}$$

其中，Q_i 为现状排放量。若 $\Delta Q_i<0$，则说明该点源尚有剩余的环境容量，不需削减；若 $\Delta Q_i>0$，则表明该点源需按国家规定的标准削减排放量。比值 $\Delta Q_i/Q_i$ 为削减率。

（三）水质控制点

水质控制点是指控制海域水质的标识点。一般采用一个或多个水质控制点

的水质状况来描述一个海域的水质状况。如果水质控制点的水质好，则表示该海域的水质好；反之，则表示该海域的水质差。

根据天津近岸海域环境功能区划可知各排污口附近须执行的水质标准及水质控制区范围。根据水质控制点的选取原则，本章将在环境功能区边界上选取水质控制点，并以高功能区需满足的水质目标作为标准。水质控制点执行的标准见表 3-7。

表3-7　水质控制点执行的标准　（单位：mg/L）

排污口	COD	DIN	DIP
北塘口	3	0.3	0.030
海河	4	0.4	0.030
大沽	4	0.4	0.030
独流减河	2	0.2	0.015
子牙新河	2	0.2	0.015

本章通过水质评价中的监测值插值得到整个研究区域的本底浓度，各控制点本底浓度值见表 3-8。

表3-8　水质控制点污染物本底浓度值　（单位：mg/L）

排污口	COD	DIN	DIP
北塘口	1.685 81	0.630 42	0.008 93
海河	1.717 18	0.812 31	0.011 53
大沽	1.717 18	0.812 31	0.011 53
独流减河	1.779 62	0.525 23	0.009 23
子牙新河	1.504 37	0.445 07	0.010 99

由于控制点的水质目标的规定值等于污染物的本底浓度和排污影响浓度之和，因此，可根据污染物浓度本底值与目标值求得允许浓度增量（表 3-9）。如果控制点本底浓度低于水质目标值，则说明该污染物有一定环境容量，并可求出各排污口周围海域的水质控制目标允许浓度增量；一旦污染物的本底浓度高于或等于水质目标值，就表明该海区没有剩余的环境容量，不适合向海域排放该类污染物，应采取污染物排放控制措施，以免造成更严重的污染。

表3-9　水质控制点允许浓度增量　（单位：mg/L）

排污口	COD	DIN	DIP
北塘口	1.314 19	本底值超标	0.021 07
海河	2.282 82	本底值超标	0.018 47
大沽	2.282 82	本底值超标	0.018 47
独流减河	0.220 38	本底值超标	0.005 77
子牙新河	0.495 63	本底值超标	0.004 01

根据插值得到的本底浓度，发现北塘口的水质控制点DIP本底值超标，但为了比较岸线变化前后的情况，将其本底值取水质监测的DIP平均值来计算环境容量。但是DIN无论是插值得到的本底浓度值还是平均值均超过水质控制点的标准值，说明岸线变化前DIN无剩余环境容量，因而无法比较在不同的岸线下天津近岸海域DIN环境容量的变化情况。

（四）岸线变化对环境容量的影响

根据数值模拟的天津近岸海域岸线变化前后的水动力场、点源污染的响应系数场及分担率场，计算不同岸线条件下COD、DIP的环境容量，结果见表3-10和表3-11。

可以看出，各排污口附近污染物的环境容量都有不同程度的变化，在岸线变化前后的天津近岸海域的COD环境容量减少了873 009.6t/a，变化率为28.6%。在不同岸线条件下，DIP的环境容量减少了466.1t/a，变化率为46.2%。由此可见，填海工程的建设导致岸线的变化对污染物的环境容量有较大的影响。

表3-10　岸线变化前后COD环境容量

排污口	岸线变化前环境容量/（t/a）	岸线变化后环境容量/（t/a）	变化量/（t/a）	变化率/%
北塘口	1 723 422.1	1 414 951.9	308 470.2	17.9
海河	740 436.2	313 927.5	426 508.7	57.6
大沽	89 106.0	32 441.3	56 664.7	63.6
独流减河	29 195.0	29 161.4	33.6	0.1
子牙新河	466 806.0	385 473.6	81 332.4	17.4
合计	3 048 965.3	2 175 955.7	873 009.6	28.6

表3-11　岸线变化前后DIP环境容量

排污口	岸线变化前环境容量/（t/a）	岸线变化后环境容量/（t/a）	变化量/（t/a）	变化率/%
北塘口	799.6	388.3	411.3	51.4
海河	53.9	29.4	24.5	45.5
大沽	14.6	6.8	7.8	53.4
独流减河	1.22	1.21	0.01	0.8
子牙新河	139.6	117.1	22.5	16.1
合计	1 008.9	542.8	466.1	46.2

从表3-10和表3-11中也可以看出，环境容量变化大主要出现在北塘口、海河及大沽河口。这是因为天津港附近大面积的填海，导致其附近海域岸线的变化，给天津近岸海域的水动力条件带来了影响，使得污染物不易向外海扩散，更容易聚集在近岸，从而造成污染物的环境容量大量减少，尤其在北塘口、海河及大沽河口附近的污染物的环境容量变化明显。而在独流减河和子牙新河附近岸线变化不明显，所以岸线变化前后各点源污染物的环境容量相对变化较小。总体来说，岸线的变化使得各排污口污染物的环境容量变化显著。这说明，填海导致的岸线变化与环境容量的响应是非常敏感的。

（五）岸线变化对海域面积、纳潮量及环境容量的影响

将不同岸线条件下计算的排污口污染物的环境容量与海域面积、潮通量结合起来进行对比分析，研究填海导致的岸线变化对天津近岸海域环境容量的影响规律，结果见表3-12。

表3-12　岸线变化前后的海域面积、纳潮量及环境容量

项目		2004年	2010年	变化量	变化率/%
海域面积/km^2		3 000	2 739	261	8.7
纳潮量/m^3	大潮	7.69×10^9	6.96×10^9	0.73×10^9	9.5
	小潮	6.65×10^9	6.00×10^9	0.65×10^9	9.8
环境容量/（t/a）	COD	3 048 965.3	2 175 955.7	873 009.6	28.6
	DIP	1 008.9	542.9	466.1	46.2

从表 3-12 中可以看出，填海工程的建设导致岸线的变化，使得天津近岸海域的面积减少了 261km^2，变化率为 8.7%；纳潮量在大潮时减少了 7.3 亿 m^3，变化率为 9.5%，而小潮时减少了 6.5 亿 m^3，变化率为 9.8%；天津近岸海域 COD、DIP 的环境容量分别减少了 873 009.7t/a、466.1t/a，变化率分别为 28.6%、46.2%。由此可知，填海引起的岸线变化使得天津海域面积减少，从而导致纳潮量的变化，由于纳潮量与海域物理自净能力密切相关，所以岸线的变化导致天津近岸海域的环境容量减少。可见，填海导致岸线的变化对海域环境容量的影响十分显著。由以上分析可知，排污口附近的海域是污染物削减力度最大的区域，而岸线的改变不利于排污口排放的污染物质输移扩散，因此，保护这些区域对海域环境质量有着十分重要的意义。

本章小结

（1）从 2000 年到 2009 年，天津岸线变化可以分为三个阶段：第一阶段是 2000 ～ 2003 年，岸线基本不发生变化；第二阶段是 2004 ～ 2006 年，岸线呈缓慢增长；第三阶段是 2006 年后，岸线呈现快速增长。

（2）近十年，被占用的滩涂和近岸海域的面积也越来越大，利用方式包括工程利用、养殖利用和其他利用三种，其中以工程利用为主。

（3）岸线变化后，整个海域内大部分区域的潮流动力条件有所减弱，影响程度随着离岸距离的增大而减小，近岸围海造地工程区域流场改变最为明显，其附近海域流速变化的幅度大。

（4）岸线的变化导致天津近岸海域纳潮量减少、水域面积减少、污染物不易向外海扩散，更容易聚集在近岸，从而造成污染物的环境容量大量减少。

参考文献

国家海洋局 . 2006. 2005 年中国海洋环境质量公报 . http：//www. coi. gov. cn/gongbao/huanjing/201107/t20110729_17481. html［2016-09-30］.

国家海洋局 . 2011. 2010 年中国海洋灾害公报 . http：//www. coi. gov. cn/gongbao/zaihai/201107/t20110729_17727. html［2016-09-30］.

国家海洋局 . 2013. 2012 年中国海洋环境状况公报 . http：//www. coi. gov. cn/gongbao/huanjing/201304/t20130401_26428. html［2016-09-30］.

国家海洋局 . 2014. 2013 年中国海洋环境状况公报 . http：//www. coi. gov. cn/gongbao/huanjing/201403/t20140325_30717. html［2016-09-30］.

李建国，韩春花，康慧，等 . 2010. 滨海新区海岸线时空变化特征及成因分析 . 地质调查与研究，33（1）：63-70.

吴少华，王喜年，宋珊，等 . 2002. 天津沿海风暴潮灾害概述及统计分析 . 海洋预报，19（1）：29- 35.

于海波，莫多闻，吴健生 . 2009. 深圳填海造地动态变化及其驱动因素分析 . 地理科学进展，28（4）：584-590.

张风霜，杨国华，陈聚忠，等 . 2008. 天津滨海新区潜在淹没区发展趋势研究 . 震灾防御技术，3（4）：459-467.

朱高儒，许学工 . 2011. 填海造陆的环境效应研究进展 . 生态环境学报，20（4）：761-766.

El Banna M M，Frihy O E. 2009. Human-induced changes in the geomorphology of the northeastern coast of the Nile delta，Egypt. Geomorphology，107：72-78.

Hayashi T，Miyakoshi A. 2009. Land expansion with reclamation and groundwater exploitation in a coastal urban area：A case study from the Tokyo Lowland，Japan//Fukushima Y. From Headwaters to the Ocean：Hydrological Changes and Watershed Management. Boca Raton：CRC Press：553-558.

Hoeksema R J. 2007. Three stages in the history of land reclamation in the Netherlands. Irrigation and Drainage，56（S1）：113-126.

第四章　渤海湾海岸带生态资产变化

生态系统不仅给人类提供如食物、原材料、药品等实物型的生态资源，还提供了如净化空气、水土保持、涵养水源等非实物型的生态服务，具有巨大的经济价值（Costanza et al.，1997；谢高地等，2001；Norgaard，2010；Zhang et al.，2010）。随着资源、环境和人口问题的日益加剧，以自然资源价值和生态系统服务功能效益为核心的生态资产开始被认为是一种国家资产（潘耀忠等，2004）。生态资产是自然资产和生态系统服务功能的相互结合与统一，自从20世纪90年代绿色GDP提出以来，生态系统的服务功能越来越受到人们的重视。及时、准确和动态地掌握生态资产动态状况，对于国民经济发展、生态环境建设与保护具有重要的科学价值和现实意义（潘耀忠等，2004）。生态资产作为人类经济社会发展的基础，其时空变化可以作为判定区域可持续发展的关键指标之一（徐昔保等，2012）。

海岸带是沿海地区社会经济发展的重要支撑系统，海岸带各种生态系统的物质生产、环境净化等生态服务对沿海地区经济发展起决定性作用。随着渤海湾的开发建设，其生态系统不可避免地受到影响，对区域的可持续发展产生潜在的影响。天津滨海新区总规划面积2270 km^2，包括塘沽区、汉沽区、大港区三个行政区和天津经济技术开发区、天津港保税区、天津港，以及东丽区和津南区的部分区域。天津滨海新区于2006年被国务院批准为全国综合配套改革试验区。天津滨海新区是环渤海经济圈的中心地带。党的十六届五中全会做出了把天津滨海新区纳入国家发展总体战略的重大决策。2006年国务院批准滨海新区成为全国综合配套改革试验区。滨海新区正成为我国继深圳经济特区、上海浦东新区之后，又一带动区域发展的新的经济增长极。天津滨海新区也受渤海湾生态环境影响，因此，本章以天津滨海新区作为研究区域，对2002年和2012年两个年度生态资产进行估算，分析生态资产变化原因，为渤海湾的区域可持续发展提供借鉴。

第一节 研究方法

一、研究区域概况

天津市滨海新区位于北纬 38° 40′ ～ 39° 00′ 、东经 117° 20′ ～ 118° 00′ ，地处天津市中心城区的东面（图 4-1），海河流域下游。滨海新区属于滨海冲积平原，该地成为陆地的时间还不长，湿地资源丰富，有众多的湖泊、河流和滩涂，总面积占天津湿地总面积的 50%以上。

图4-1 天津滨海新区位置示意图

二、生态资产评估所需参数及计算方法

1. 遥感影像数据及其预处理

遥感影像数据为 Landsat TM 数据，空间分辨率为 30m × 30m，分别接收于 2012 年 5 月 31 日和 2012 年 5 月 27 日。首先对遥感影像数据进行大气校正和几何校正；其次将研究区域分为几大类生态系统，据实地调查，可以将天津滨海新区分为湿地、水体、耕地、草地、裸地和建设用地六类生态系统。植被覆盖度（f）利用归一化植被指数（NDVI）计算。

2. 生态资产

生态资产随时间动态变化，是指区域内所有生态系统类型提供的所有服务功能及其自然资源价值的总和（潘耀忠等，2004）。一定区域内的生态资产价值总量（V）可以表示为

$$V=\sum_{c=1}^{n}V_c \tag{4-1}$$

式中，c=1，2，…，n，表示生态系统类型，V_c 表示第 c 类生态系统的生态资产。

$$V_c=\sum_{i=1}^{n}\sum_{j=1}^{m}R_{ij}\times V_{ci}\times S_{ij} \tag{4-2}$$

式中，i 表示第 c 类生态系统的第 i 种生态服务功能；V_{ci} 表示第 c 类生态系统的第 i 种生态服务功能类型的单位面积价值；j 表示一定区域内 V_{ci} 在空间上分布的斑块数；S_{ij} 表示各个斑块的面积大小；R_{ij} 表示 V_{ci} 在不同斑块的生态参数，由生态系统的质量状况决定，通常选取植被覆盖度（f）和植被净初级生产力（NPP）来表征（潘耀忠等，2004）。

$$R_{ij}=(\mathrm{NPP}_j/\mathrm{NPP}_{\mathrm{mean}}+f_j/f_{\mathrm{mean}})/2 \tag{4-3}$$

式中，$\mathrm{NPP}_{\mathrm{mean}}$ 和 f_{mean} 为区域内第 c 类生态系统植被净初级生产力的均值和覆盖度的均值；NPP_j 和 f_j 为 j 斑块植被净初级生产力和覆盖度。

NPP 采用 Thornthwaite 模型计算：

$$\mathrm{NPP}=3000\times(1-\mathrm{e}^{-0.000\,969\,5(E-20)}) \tag{4-4}$$

$$E=\frac{1.05R}{1+(1+1.05R/L)^2} \tag{4-5}$$

$$L=3000+25t+25t^3 \tag{4-6}$$

式中，E 为年实际蒸散量；L 为年平均蒸散量；t 为年平均气温（℃）；R 为年降水量（mm）；e 为自然对数的底数。

三、数据来源和处理

气温和降水数据来源于当地统计年鉴。

各生态系统类型的单位面积生态资产价值初始值参考 Costanza 等（1997）、潘耀忠等（2004）设定，裸地和建设用地的生态资产单位面积价值为零

（Costanza et al.，1997），其他生态系统具体初始单位面积价值分别为：草地 20.00 万元 /km²，耕地 7.93 万元 /km²，水体 732.00 万元 /km²，湿地 1687.00 万元 /km²。

第二节　结果与分析

一、土地利用变化格局

天津滨海新区的各种土地利用类型见图 4-2。从图 4-2 中可见，湿地是天津滨海新区最重要的土地类型，在 2002 年和 2012 年分别占到 72%和 47%。水体面积也较大，其他土地利用类型都较少。湿地在天津滨海新区不同生态系统中所占的面积最大，这与天津是滨海城市相关。对滨海城市而言，其近海区域分布有大量的滨海湿地，如上海。在天津，其近海也分布有大量的滨海湿地，而天津滨海新区恰好位于天津滨海湿地的区域内，因而天津滨海湿地所占的比例最大。

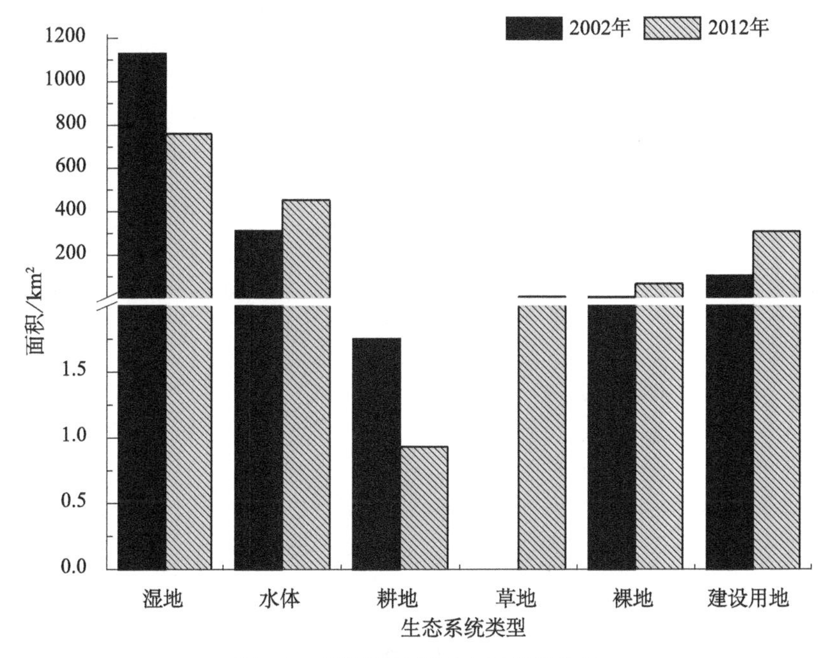

图 4-2　天津滨海新区土地利用变化

2002 ～ 2012 年，不同土地的面积发生不同的变化（表 4-1）。湿地和耕地呈现大幅下降趋势，降幅分别为 33% 和 47%。由于耕地面积在天津滨海新区总面积中所占比例较小，而湿地在总面积中所占比例最大（高达 61%），因此主要分析湿地面积的变化。

表 4-1　各类型土地变化率　（单位：%）

土地利用类型	湿地	水体	耕地	草地	裸地	建设用地
变化率	−32.60	45.51	−46.86	—	843	193

天津滨海新区湿地类型包括天然湿地和人工湿地两种。天然湿地主要有河流、河口水域、浅海水域、潮上带低洼地、滩涂、湖泊、沼泽等；人工湿地主要有盐田、水产养殖区、水库、运河、稻田、坑塘等。近年来，随着经济和城市的发展，天津滨海新区的湿地面积呈现下降的趋势。以盐田为例，作为天津的传统工业，历史上有大量的盐田分布于塘沽区和汉沽区。然而，自 1976 年以后，天津的盐田不断减少。特别是位于塘沽区的盐田，其面积大幅降低（图 4-3，高军和王中良，2013）。从图 4-3 中还可以看出，位于塘沽北部的盐田，在 2001 年还有较大的面积，然而在 2009 年全部消失。这与城市建设占用了盐田有很大的关系。这表明，随着滨海新区的不断扩大，越来越多的湿地被用于城市建设，因此建设用地呈现增加趋势。

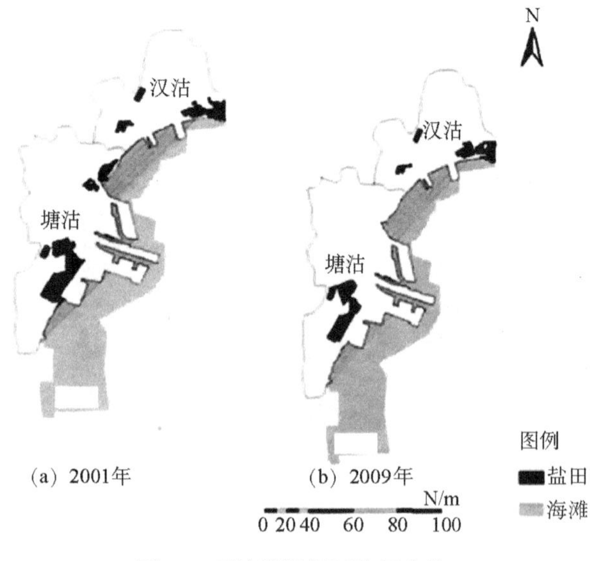

图4-3　天津滨海新区盐田变化

二、生态资产总量变化

不同类型土地的生态资产计算结果见表4-2。从表4-2可以看出，无论是2002年还是2012年，都是湿地的生态资产最高，水体次之，其他类型较低。从2002年到2012年，天津滨海新区生态资产总量由1 904 623万元减少到1 283 807万元，减少了32.60%，减少幅度较大。从表4-2也可以看出，各类型土地的生态资产都发生了明显的变化。

表4-2 生态资产构成及变化

项目	湿地	水体	耕地	草地	合计
2002年/万元	1 904 623	228 384	13.90	0	2 133 021
2012年/万元	1 283 807	332 328	7.40	168	1 616 310
变化量/万元	−620 816	103 944	−6.50	168	−516 711
变化率/%	−32.60	45.51	−46.86		−24.22
年均变化率/%	−3.26	4.55	−4.69		−2.42

天津作为环渤海经济圈发展的引擎，位于该经济圈的中心位置。特别是天津港口作为北方第一大港，对该地区的经济发展起到重要的作用。随着城市人口和经济的快速增长、城市拓展和工农业建设，天津滨海新区的生态功能受空间的压力日益增大。从2002年到2012年，天津滨海生态资产下降了32.60%，表明生态功能下降。这主要是由于大量的滨海湿地被开发利用。众所周知，滨海湿地是一个重要的生态系统，具有调节气候、保护生物多样性、增加碳储存、净化水质、防止侵蚀等多种生态服务功能（Engle，2011），它同时也是许多无脊椎动物、两栖爬行类、鱼类、鸟类及兽类等动物的重要栖息地（蔡赫和卞少伟，2015）。因此滨海湿地的生态价值是各种生态类型中最高的。然而，随着沿海经济的发展，大量的湿地被用于建设，如天津港的东疆和南疆的建设，都占用了大量滨海湿地。另外，其他建设，如中新天津生态的建设，也占用了大量的滨海湿地。这都直接造成了天津滨海新区生态资产的损失。

生态资产退化是指生态系统的一种逆向演替过程，表现为对自然或人为干扰的较低抗性、较弱的缓冲能力，以及较强的敏感性和脆弱性，它是生态环境恶化的结果（苏盼盼等，2011）。根据徐昔保等（2012）的划分标准，将生态资产变化幅度将分为 7 个等级：严重退化（减少 50％以上）、中度退化（-50％～ -15％）、轻度退化（-15％～ -5％）、基本稳定（-5％～ 5％）、轻度增长（5％～ 15％）、中度增长（15％～ 50％）和快速增长（50％以上）。对照表 4-2 可以看出，从 2002 年到 2012 年，天津滨海新区生态资产下降了 24.22％，达到中度退化水平，这表明加强生态保护并积极地恢复生态非常紧迫。

三、国民生产总值与生态资产比较

生态资产是社会经济发展的重要基础（徐昔保等，2012）。因此通过生态资产与国内生产总值（GDP）进行比较，可以很好地反映社会发展与生态压力的关系。两个年度的 GDP 见图 4-4，可以看出，经过十年的发展，天津滨海新区的经济得到快速和长足的发展，2012 年的 GDP 是 2002 年的近 10 倍。

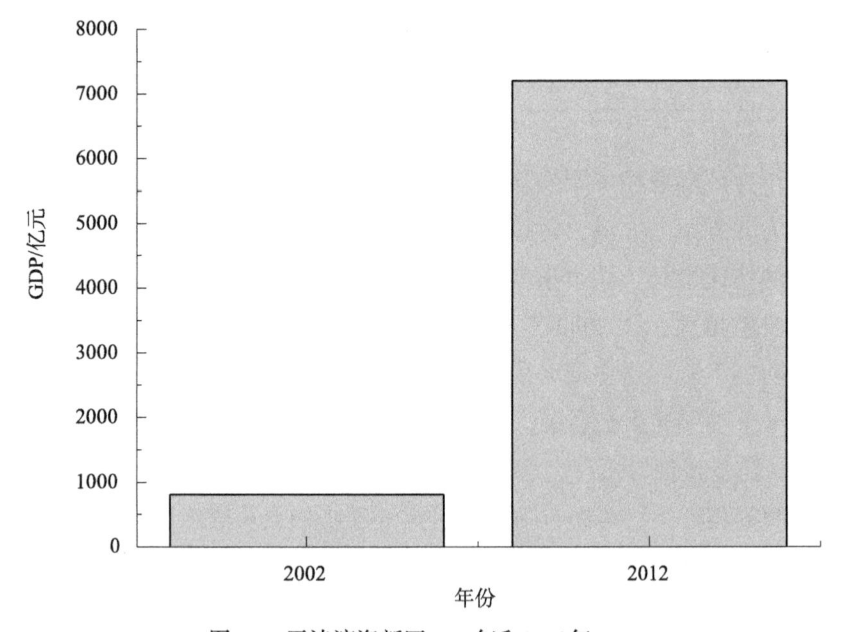

图4-4　天津滨海新区2002年和2012年GDP

有研究表明，经济发展相对较快的地区，生态资产占的比例也相对低（于德永等，2006）。两个年度的生态资产总量比值见图 4-5。从图 4-5 中可以看出，两个年度的比值均高于 1，表明其自然资源开发利用程度较高甚至过度开发，可能造成生态环境恶化，势必影响可持续发展潜力，反之亦然。然而，如果 GDP

的增长在自然资源深加工或提高利用率的情况下获得，那么这种开发利用是可持续的。实际上，天津滨海新区的发展都是以高新技术行业为主体的，这些企业的共同特点是污染少，对自然环境是友好的。而且近年来，天津实行了许多严格的污染控制措施，加大执法力度，减少了污染排放，对于保护生态环境起到了积极作用（Zhou et al.，2014）。因此，可以认为，天津滨海新区的高速发展，并不是以牺牲环境为代价的。

从图 4-5 中还可以看出，从 2002 年到 2012 年，GDP 在生态资产中的比重呈现增高的趋势，由 2002 年的 4 增加到 2012 年的 45，增加了 10 倍多，这主要与 GDP 增加相关。

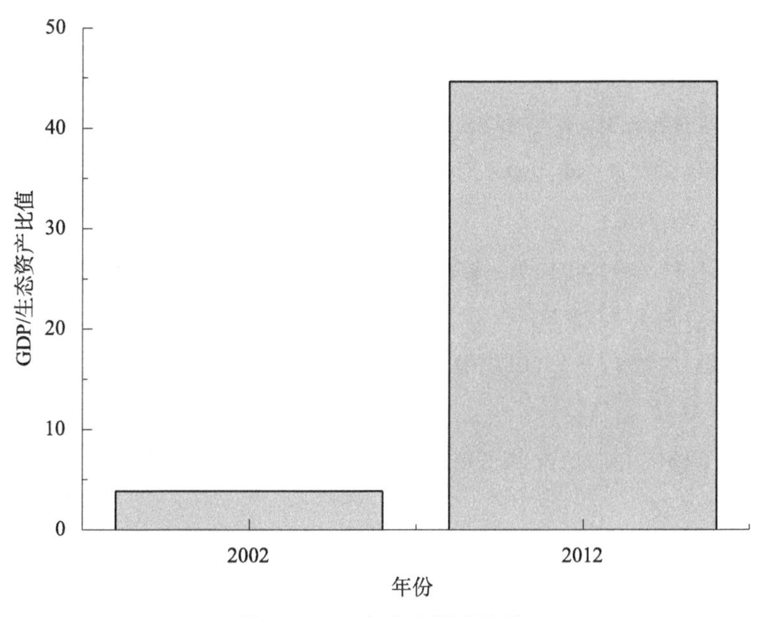

图4-5　GDP与生态资产比值

尽管如此，但从图 4-2 可以看出，近 10 年，天津滨海新区的湿地减少近 1/3，这必须引起重视。作为具有重要生态功能的滨海湿地，在维护天津的生态平衡及可持续发展方面具有不可替代的地位。因此，仍需要加强对天津滨海新区湿地的保护。

本章小结

（1）2002 ～ 2012 年，天津滨海新区各种土地利用类型发生了显著变化，以湿地面积变化最为明显，呈现明显的下降趋势。

（2）从 2002 年到 2012 年，天津滨海新区生态资产总量由 1 904 623 万元减少到 1 283 807 万元，减少了 32.60%，减少幅度较大。

（3）从 2002 年到 2012 年，天津滨海新区生态资产下降了 24.22%，达到中度退化水平，这表明加强生态保护并积极地恢复生态非常紧迫。

（4）GDP 在生态资产中的比重呈现增高的趋势，这主要与 GDP 增加相关。

参考文献

蔡赫，卞少伟 . 2015. 天津古海岸与湿地保护区啮齿动物群落结构及其与环境因子关系 . 兽类学报，35（3）：288-296.

高军，王中良 . 2013. 1976—2009 年间天津湿地面积变化特征及驱动因素分析 . 天津师范大学学报（自然科学版），33（4）：32-38.

潘耀忠，史培军，朱文泉，等 . 2004. 中国陆地生态系统生态资产遥感定量测量 . 中国科学 D 辑，34（4）：375-384.

苏盼盼，过仲阳，叶属峰 . 2011. 基于遥感的上海市宝山区海岸带生态资产评估 . 华东师范大学学报（自然科学版），4：75-82，93.

谢高地，张钇锂，鲁春霞，等 . 2001. 中国自然草地生态系统服务价值 . 自然资源学报，16（1）：47-53.

徐昔保，陈爽，杨桂山 . 2012. 长三角地区 1995—2007 年生态资产时空变化 . 生态学报，32（24）：7667-7675.

于德永，潘耀忠，刘鑫，等 . 2006. 湖州市生态资产遥感测量及其在社会经济中的应用 . 植物生态学报，30（3）：404-413.

Costanza R，d'Arge R，de Groot R，et al. 1997. The value of the world's ecosystem services and natural capital. Nature，387（6630）：253-260.

Engle V D. 2011. Estimating the provision of ecosystem services by Gulf of Mexico coastal wetlands. Wetlands，31（1）：179-193.

Norgaard R B. 2010. Ecosystem services：From eye-opening metaphor to complexity blinder. Ecological Economics，69（6）：1219-1227.

Zhang B，Li W，Xie G. 2010. Ecosystem services research in China：Progress and perspective. Ecological Economics，69（7）：1389-1395.

Zhou R，Qin X，Peng S，et al. 2014. Total petroleum hydrocarbons and heavy metals in the surface sediments of Bohai Bay，China：Long-term variations in pollution status and adverse biological risk. Marine Pollution Bulletin，83：290-297.

第五章　海河水质长期变化过程及其生态风险

河流是人类生产和生活用水的重要来源，水质的好坏将直接影响到人类的健康。河流也是陆地污染向海洋输送的重要通道（Dagg and Breed，2003；刘亚林等，2006）。海河是中国最大的河流之一。海河流域面积超过 26.36km^2，流域人口 7000 多万，海河流域地跨 8 省，包括北京市、天津市等大型城市。据统计，每年通过海河向渤海湾输送大约 1 亿 t 来自北京、天津和河北省等环渤海地区的废水（Duan et al.，2010）。由此可见，海河水质的好坏直接影响渤海湾水环境质量。因此分析海河水质变化对丁研究渤海水质变化具有非常重要的意义。

第一节　研 究 方 法

一、站位布设

在海河干流共布设 6 个水质监测断面（图 5-1），其中营养盐采样点仅采三岔口、二道闸、大梁子及海河大闸，重金属则 6 个断面都采。

二、样品采集与分析

采样时间为枯水期（5 月）、丰水期（7 ～ 9 月）、平水期（10 ～ 11 月），时间为 2000 ～ 2011 年（重金属为 2000 ～ 2010 年）。采样位置应在采样断面中心，当水深大于 1m 时应在表层下 1/4 深度处采样，水深小于或等于 1m 时在水深的 1/2 处进行采样，采集水样经酸化后于 48h 内完成其分析测试工作。

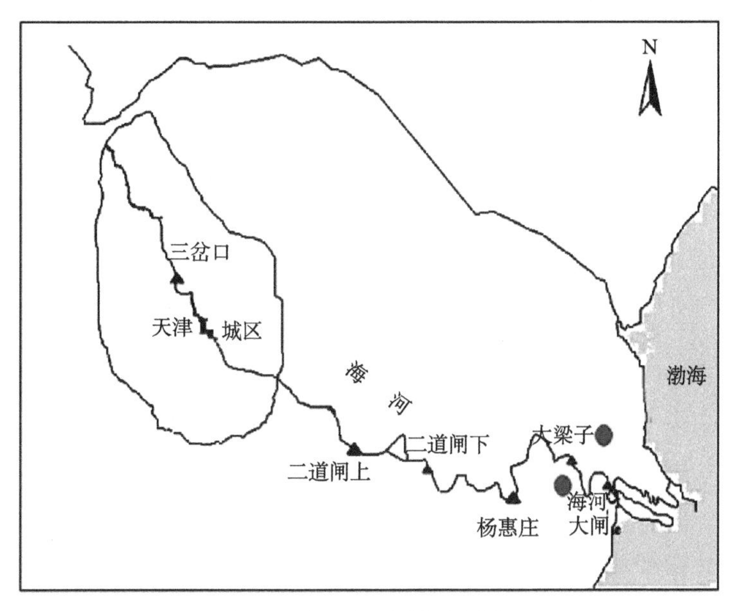

图5-1　海河水质采样示意图

现场及实验室监测指标为pH、溶解氧（DO）、总氮（TN）、总磷（TP）、氨氮（NH_3-N）、化学需氧量（COD）、生化需氧量（BOD_5）、高锰酸盐指数（COD_{Mn}）。重金属含量分析采用Agilent 7500a ICP-MS（Agilent，USA）进行。

水样采集按《地表水和污水监测技术规范》（HJ/T 91—2002）进行，水质参数测定按照《水和废水监测分析方法》进行。取监测断面水质指标平均值作为评价数据，同时根据国家《地表水环境质量标准》（GB 3838—2002）评估海河水质污染状况。

三、数据处理

（一）污染指数的计算

对各个断面的污染情况进行比较采用综合污染指数法进行评价。污染指数包括污染因子的污染指数（P_i）和综合污染指数（P），其中对于pH及DO指标有特殊的计算污染指数的方法，具体计算公式如下。

单项污染因子的污染指数：

$$P_i=C_i/S_i \tag{5-1}$$

式中，C_i 为第 i 项污染物监测浓度的算术平均值（mg/L）；S_i 为第 i 项污染物评价标准值（mg/L），参照《地表水环境质量标准》（GB 3838—2002）中的各级标准值；P_i 为第 i 项污染物的污染指数，$P_i \leqslant 1$ 为符合水评价标准。

pH 污染指数：

$$P_{pH} = \frac{C_{pH} - \frac{S_1 + S_2}{2}}{\frac{S_1 - S_2}{2}} \tag{5-2}$$

式中，C_{pH} 为 pH 监测结果的年算术平均值；S_1、S_2 分别为 pH 标准的上限和下限。

DO 的污染指数：

$$P_{DO}=1/(C_{DO}-S_{DO}) \tag{5-3}$$

式中，C_{DO} 为溶解氧监测数值的年算术平均值；S_{DO} 为溶解氧水质评价标准值。

综合污染指数：

$$P = \frac{1}{n}\sum_{i=1}^{n} P_i \tag{5-4}$$

式中，n 为参与评价的污染物数，i= 1，2，…，n。

（二）水质评价方法及标准

将断面的各项污染物分别进行算术均值，对照《地表水环境质量标准》（GB 3838—2002）中的各级标准值，以水质最差的单项指标所属类别来确定该河段或河流综合水质类别。采用近 10 年海河干流 4 个监测断面水质监测数据，通过计算出有机物、营养盐等 8 项污染特征因子（pH、DO、COD、BOD_5、COD_{Mn}、NH_3-N、TN、TP）污染指数，评价近 10 年不同监测断面污染程度状况。

（三）重金属健康风险评价

重金属健康风险评价采用美国国家环境保护局的健康风险评价模型进行评价。该模型认为污染物对人可能会产生非致癌与致癌风险。单位化学物质的非致癌风险用 HQ（hazard quotient）表示。各种不同的物质不同的暴露途径的风险之和为总风险，用 HI（hazard index）表示，计算公式如下（EPA，2010）：

$$\text{HQ} = \frac{\text{CDI}}{\text{RfD}} \tag{5-5}$$

$$\mathrm{HI}=\sum_{i=1}^{n}\mathrm{HQ}_i \tag{5-6}$$

式中，CDI 为非致癌暴露剂量；RfD［μg/（kg · d）］为化学污染物的某种暴露途径下的参考剂量，参考美国国家环境保护局标准，其中铅的 RfD 值参考世界卫生组织确定的标准（WHO，2006），不同重金属的 RfD 值见表 5-1。

表5-1 非致癌物质饮水途径致癌系数

元素	饮水RfD	皮肤接触RfD
砷	0.30	0.12
镉	1.00	0.01
铬	3.00	0.06
汞	0.10	0.10
铅	14.00	0.42

通常，HQ ＞ 1，表明存在非致癌的风险，HI ＞ 1 表明对人类具有潜在的风险（EPA，2010）。

致癌风险定义为人的一生暴露于化学物质而引发的癌症，致癌风险通过式（5-7）计算（de Miguel et al.，2007）：

$$\mathrm{CR}=D\times\mathrm{SF} \tag{5-7}$$

式中，SF 为化学致癌物的致癌强度系数。在本研究中，砷和铬具有致癌性，其 SF 值见表 5-2。

表5-2 致癌物的致癌强度系数（SF）

癌物质	饮水途径SF	皮肤接触SF
砷	1.50	3.66
铬	42	42

通常认为，可接受的致癌风险水平为 1×10^{-5} 之下（de Miguel et al.，2007）。

第二节 海河水质

一、水质基本状况

海河干流 10 年水质变化见图 5-2。从图 5-2 中可见，海河干流不同水期 pH

变化范围为 8.54 ～ 7.67，偏碱性；COD 变化范围为 32.91 ～ 141.55mg/L，整体呈下降趋势，其中，2009 年、2010 年两年 COD 达到地表水Ⅴ类水质标准，其余均超过Ⅴ类标准（≤ 40mg/L），说明海河干流受还原性物质污染较为严重，近两年有机污染物得到了有效的控制。

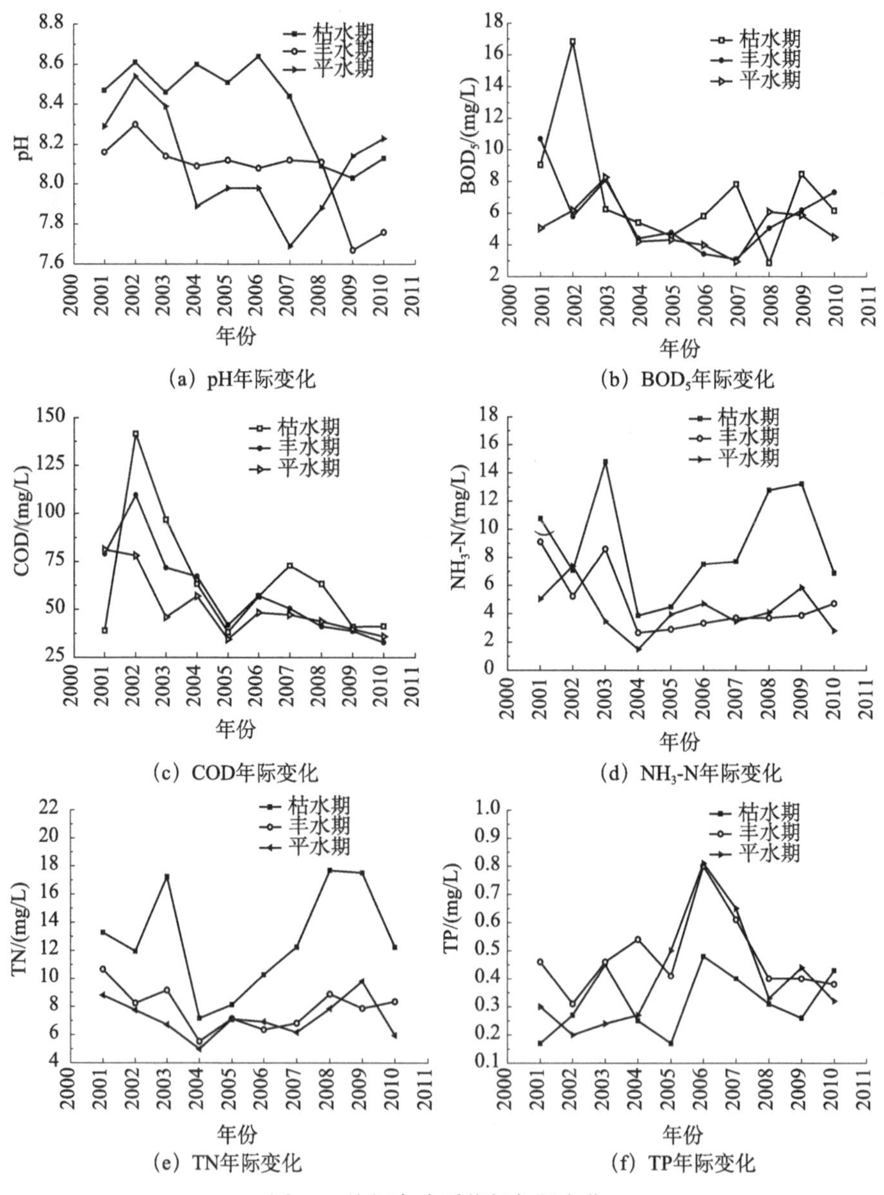

（a）pH年际变化　（b）BOD_5年际变化

（c）COD年际变化　（d）NH_3-N年际变化

（e）TN年际变化　（f）TP年际变化

图5-2　海河各水质指标年际变化

海河干流水体氮素含量较高，均超出《地表水环境质量标准》(GB 3838—2002) Ⅴ类水质标准，其中，NH_3-N 变化范围为 1.49 ～ 14.79mg/L，TN 变化范围为 4.98 ～ 17.68mg/L，海河水体 N 素营养盐严重超标。TP 变化范围为 0.17 ～ 0.81mg/L，其中仅 2006 年、2007 两年超出地表水Ⅴ类水质标准。由于受到季节变化的影响，不同水期海河 N、P 营养盐随季节变化规律明显。由图 5-2 可知，海河 NH_3-N 含量随水期变化基本表现为枯水期＞平水期；TN 含量随水期变化基本表现为枯水期＞丰水期＞平水期；TP 含量随水期变化基本表现为丰水期＞枯水期。

河流水质指标年际变化与河流沿岸工农业发展及人为活动密切相关。天津海河 2001 ～ 2010 年各水质指标均存在显著差异，其中 2003 年全年海河有机物及营养盐污染指标出现不同程度的下降，其中以 N 素营养盐最为明显（图 5-2）。

二、海河水质评价

各断面各年的污染指数见表 5-3。由表 5-3 中可见，10 年来，海河三岔口及二道闸河段水质指数均小于 1（2006 年除外），表明其有机物、营养盐含量达到Ⅴ类标准的要求。相反，海河下游水质指数大于 1，表明水体有机物、营养盐污染程度严重。这种差异可能与不同的采样点位于不同的区域，有不同的污染源相关。在本章中，海河大闸水质综合污染指数高于其他监测断面（表 5-3），表明海河水质在塘沽区内污染最为严重。这可能有两种原因：一是它位于下海，接受来自上游的各种非点源的污染；二是受潮汐的影响，可能接受来自海洋的污染（熊代群等，2005）。

表5-3　海河各监测断面综合污染指数（*P*）

监测断面	2001年	2002年	2003年	2004年	2005年	2006年	2007年	2008年	2009年	2010年
三岔口	0.787	0.717	0.808	0.748	0.753	0.810	0.704	0.700	0.630	0.703
二道闸	0.739	0.966	0.993	0.717	0.770	1.121	0.991	0.860	0.800	0.801
大梁子	3.120	1.993	2.422	1.069	0.857	1.617	1.832	2.149	2.005	1.780
海河大闸	2.589	2.727	3.113	1.623	1.819	2.000	1.986	2.461	2.804	2.112

三、海河水体富营养化评估

氮、磷是浮游植物生长所必需的营养元素，其含量大小影响河流的生态系统健康。通过 10 年监测发现，氮、磷含量时空变化显著（图 5-3）。通常认为氮、磷进入水体是通过径流、大气沉降、沉积物释放等途径（Wade et al., 2005）。与此同时，物理、化学和生物过程也影响其在水体中的分布。在本章中，TN 和 TP 在大梁子和海河大闸含量较高（图 5-3）。这可能与这两个采样点均位于塘沽区，周边被各种工厂所包围有关。先前的研究表明，工业是河流受污染最主要的原因之一（Zhang et al., 2012）。此外，两个采样点均位于河流的下游，靠近河口区域。河口也是污染的重灾区之一（Pascual et al., 2012）。例如，在北塘口，其沉积物的多环芳烃含量明显要高于渤海的（Qin et al., 2010）。

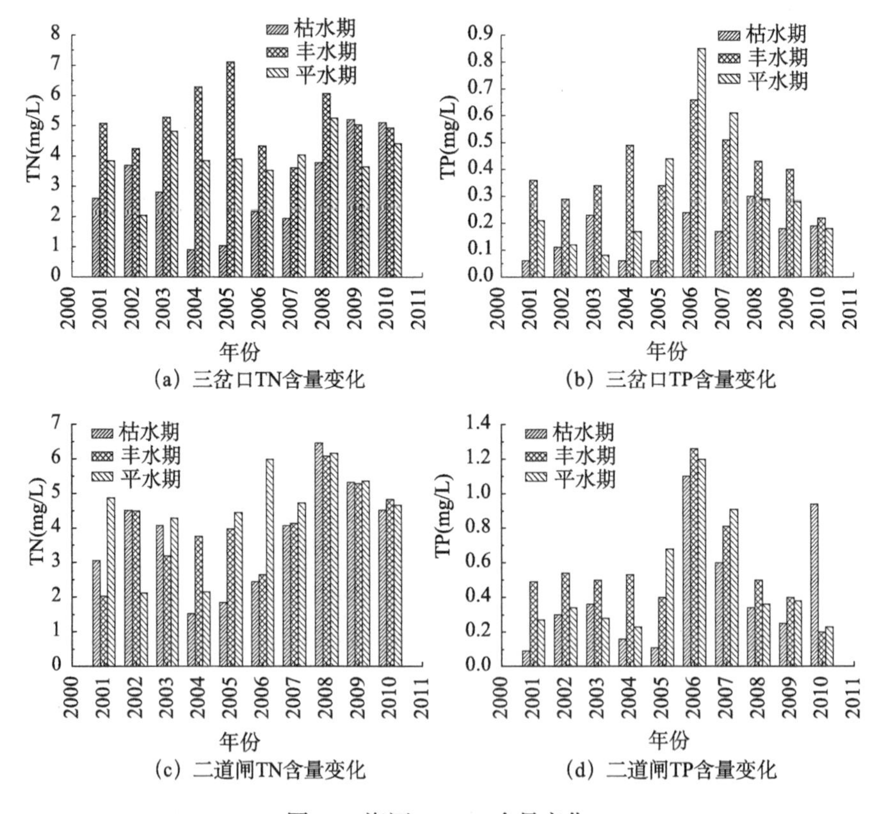

(a) 三岔口TN含量变化
(b) 三岔口TP含量变化
(c) 二道闸TN含量变化
(d) 二道闸TP含量变化

图5-3 海河TN、TP含量变化

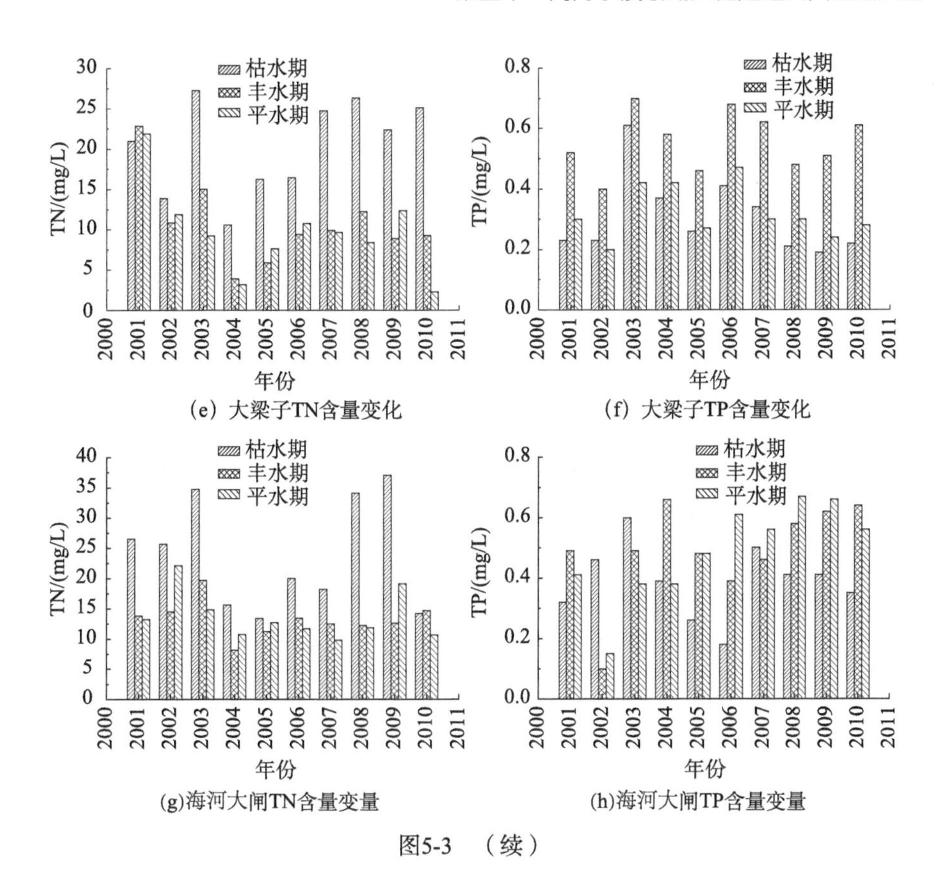

(e) 大梁子TN含量变化

(f) 大梁子TP含量变化

(g)海河大闸TN含量变量

(h)海河大闸TP含量变量

图5-3 （续）

通常，浮游植物摄取氮磷是按一定的比率进行的，这个比率称为 Redfield 比率，在不同的生态系统中有不同的比率。因此，氮磷比（质量比）对藻类的爆发性生长具有重要意义，反映了水中浮游植物的营养结构特点（李哲等，2009；Scott et al.，2013；Zhao et al.，2013）。通常认为，当水体中氮磷比低于 10 时，生物固氮作用有可能发生，以便调节 TN/TP，消耗水体中相对较多的 TP，藻类生长表现为氮限制状态；当氮磷比高于 22.6 时，磷将成为藻类生长的限制性因子；氮磷比介于两者之间时为藻类生长的合适范围（Guildford and Heeky，2000）。海河干流 4 个监测断面氮磷比如图 5-4 所示。近 10 年来海河干流氮磷比介于 2.11 ～ 127.31，表明海河氮磷比变化浮动较大，这可能与海河水质受多方面污染的交叉作用有关。

海河不同水期氮磷比基本表现为枯水期＞平水期＞丰水期（图 5-4）。研究调查的枯水期为 5 月，正值春季，海河水体 TP 浓度下降趋势显著高于 TN，氮磷比出现了显著提高并达到最大值（图 5-4），这可能是由于春季水体生物复苏作用

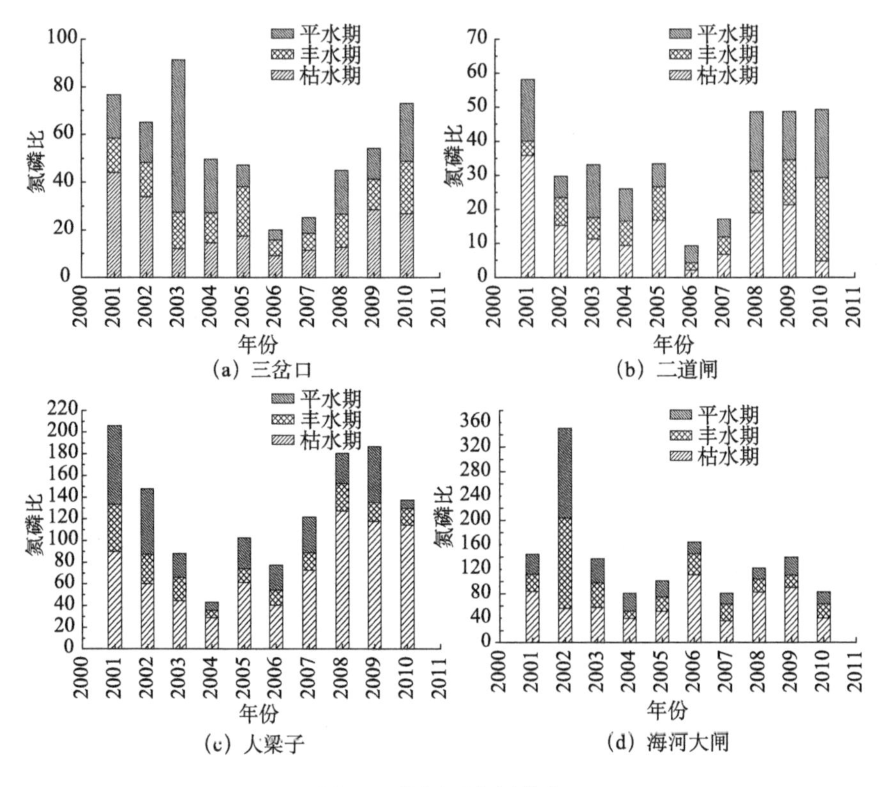

图5-4 海河干流氮磷比

消纳大量氮、磷，氮素易通过降雨及地表径流得到补充，而自然界磷素迁移速率远远低于氮素并主要以颗粒态形式流失（王晓燕等，2008），且其在迁移过程中易被截留，故海河氮素补充强度远远高于磷素。可见，海河干流部分水体在时空上处于氮限制与磷限制交替出现的状态，水体中浮游生物的群落结构及其生长均会发生演替（李哲等，2009）。

第三节 海河水体中的重金属

一、水体重金属时空变化

近10年来海河干流的5种监测重金属[①]的质量浓度总体上呈现下降的趋势

① 砷（As）为非金属，鉴于其化合物具有金属性，本书将其归入重金属中一并统计。

（图 5-5）。这可能得益于天津市近年来实行的一系列环境保护政策，如建立完善的污染处理系统（Bai et al.，2012）、渤海湾的碧海蓝天计划、奥运会污染治理等。这些政策都有利于减少污染物的排放和污染物的治理，都降低了海河水体中的重金属含量。

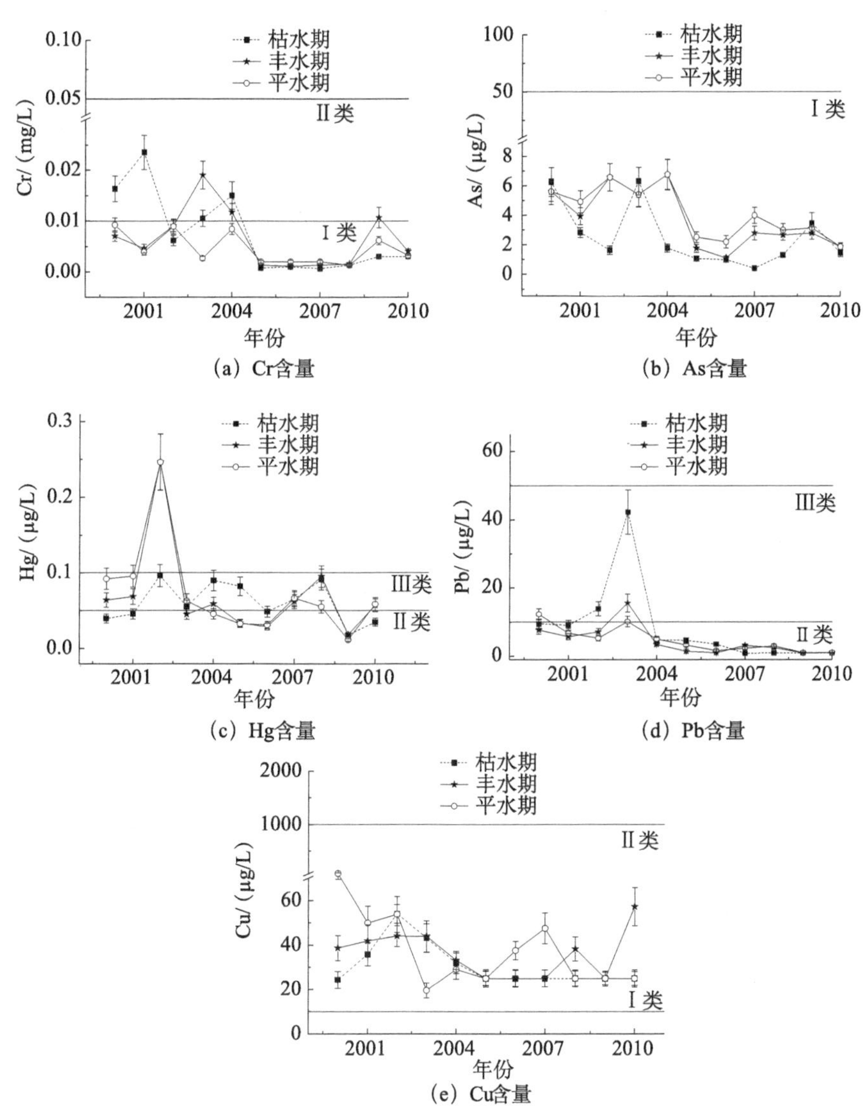

（a）Cr含量　（b）As含量

（c）Hg含量　（d）Pb含量

（e）Cu含量

图5-5　重金属枯、丰、平水期含量随年际的变化

从图 5-5 中也可以看出，Cr^{6+}、Hg、Pb 和 Cu 的最高值均出现在 2004 年以前，而后开始下降。这种变化趋势可能与 2004 年以前由于人口和经济的快速发展导致的大量的污染排放、农业化肥和杀虫剂的使用相关（夏军和黄浩，2006）。而下降的原因可能由于一些环境保护措施的实施。例如，为恢复渤海水环境的碧海蓝天计划于 2006 年开始实施（Zhou et al.，2014）。这一计划的实施，极大地减少了各种污染物的排放，因而提高了海河的水质，降低了其水体中重金属的含量。值得一提的是，2003 年天津市对海河进行了疏浚，也减少了沉积物中重金属向水体释放的量（Bai et al.，2012）。这些都能显著地提高海河水质。此外，公众对环境的关注也有助于提高海河的水质。因此，海河 2004 年以后水质有所提高。

不同的季节海河水体中的重金属含量不一样（图 5-5）。总砷和总汞含量随水期变化整体表现为丰、平水期＞枯水期；总铅含量随水期变化整体表现为枯水期＞丰、平水期；六价铬含量不受季节变化的影响，在不同水期其含量变化趋势相似。这可能与不同的季节有不同的输入源以及降水的影响有关。通常，枯水期水少，污染物浓度高，丰水期则污染物浓度低。

海河水体重金属的空间变化见图 5-6。从图 5-6 中可见，除了二道闸下外，Cr^{6+}、As 和 Pb 在 6 个采样点的差异不明显，这可能由于该采样点位于塘沽区，污染源较多。在之前的研究中就得到过证明（Peng et al.，2015）。从图 5-6 中也可以看见，Hg 和 Cu 较高的浓度均在靠近河口的区域，如入海口海河大闸站位处。这与之前氮磷污染分布特别相似（表 5-3）。这种差异可能与不同采样点所处的位置相关，因为不同的区域有不同的污染源，污染程度也不一样。在本研究中，这些浓度较高的点也位于河流的下游。一方面，河流的下游污染通常要高于上游（Zhou et al.，2014）；另一方面，海河下游也是大沽排污河所在地，势必增加了该区域的污染。

二、海河河水重金属污染评价

以《地表水环境质量标准》（GB 3838—2002）中的Ⅲ类为标准，采用单因子污染指数和内梅罗综合污染指数评价其重金属污染程度，结果见表 5-4。

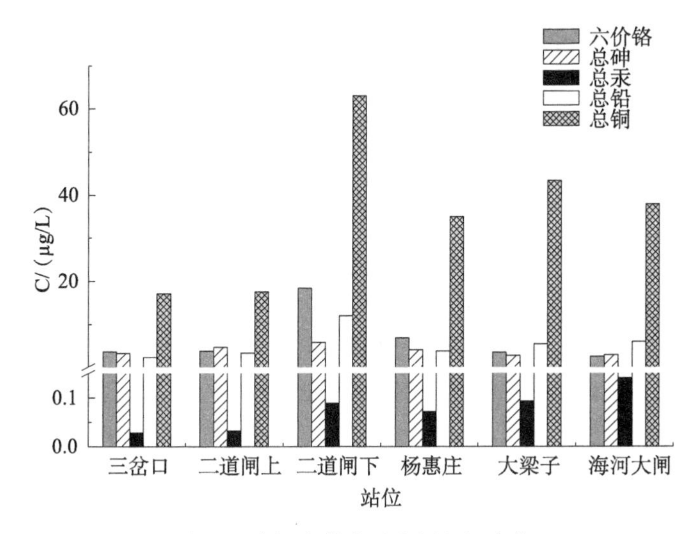

图5-6　海河水体中重金属空间变化

表5-4　海河干流2000～2010年内梅罗综合污染指数和秩相关系数

年份	六价铬	总砷	总汞	总铅	总铜
2000	0.22	0.12	0.65	0.20	0.05
2001	0.21	0.08	0.70	0.14	0.04
2002	0.16	0.10	1.96	0.17	0.05
2003	0.21	0.11	0.54	0.45	0.04
2004	0.23	0.10	0.65	0.09	0.03
2005	0.03	0.04	0.49	0.06	0.03
2006	0.03	0.03	0.36	0.04	0.03
2007	0.03	0.05	0.65	0.04	0.03
2008	0.03	0.05	0.80	0.04	0.03
2009	0.13	0.06	0.16	0.02	0.03
2010	0.07	0.03	0.50	0.02	0.04
秩相关系数（Rs）	−0.57	−0.75	−0.01	−0.84	−0.34
总污染指数	0.13	0.07	1.04	0.23	0.03

从表 5-4 中可见，除了总汞外，另外 4 种重金属的污染指数均小于 1，表明汞超标，而其他 4 种重金属符合Ⅲ类标准。各重金属的综合污染指数大小为：总汞＞总铅＞六价铬＞总砷＞总铜。从表 5-4 中也可以看出，各重金属的秩相关

系数均为负值，表明 2000 ～ 2010 年，5 种重金属均呈下降趋势，但总汞的变化不明显。

为了了解海河水体重金属污染水平，本研究将海河水体中的重金属含量与世界上其他河流的重金属含量进行比较，结果见表 5-5。

表5-5 世界各地河流水体中重金属含量 （单位：μg/L）

河流	Cr^{6+}	As	Hg	Pb	Cu	参考文献
中国珠江	2.8	2.56	0.045	2.91	50	Cheung et al.， 2003
中国长江	20.9	13.2	0.48	5.51	10.7	Wu et al.， 2009
韩国荣山江	1.2	0.67	—	0.38	1.96	Kang et al.， 2009
越南妖河	2.9	39.1	—	8.1	4.5	Thuong et al.， 2013
英国泰晤士河	—	2.9	—	0.4	4.3	Neal et al.， 2000
法国塞纳河	53.6	—	—	36	19.4	Priadi et al.， 2011
埃及尼罗河	<10	<8	—	6	25	Dahshan et al.， 2013
加纳河	2.65	30	—	1.4	—	Asante et al.， 2007
智利埃尔基河	26	1705	3	147	6082	Pizarro et al.， 2010
中国海河（平均值）	6.19	3.65	0.07	5.70	34.76	本研究

从表 5-5 中可见，海河水体中的重金属，除了 Cu 外，其他金属均高于珠江，但其 Cr^{6+}、As 和 Hg 低于长江。与表中亚洲的其他河流相比，海河水体中的重金属含量不仅高于亚洲，也高于欧洲（Cr^{6+} 在法国的塞纳河除外）。就目前海河的重金属含量，其水平与非洲河流含量相当，属于较轻水平。然而，海河重金属的含量明显低于智利矿山附近的埃尔基河，这与该河受到矿山污染相关（Pizarro et al.，2010）。总体而言，海河水体中的重金属含量较低。

三、海河水体中重金属的风险

从上文可知，海河水体中的重金属含量较低。由于这些重金属都具不同的毒性，都可能危害人类的健康。例如，汞能引起神经系统的疾病（Johnson and Atchison，2009）、铅能引起免疫系统的疾病（Mishra，2009），而砷则可以致癌（Asante et al.，2007）。正因如此，重金属被列为影响人类健康最高级别的物质之一（Yang et al.，2013）。重金属的另一个重要特点是，它不能被降解，因此可以长期存在于环境中。特别是重金属易于被沉积物和水生生物吸附，最终通过食物链传递给人类，危害人类健康（Wu et al.，2010）。因此，对水中的重金属进行生态风险评估至关重要，这样可以为水资源保护和污染治理提供依据。

利用美国国家环境保护局的健康风险评价模型对海河水体中的重金属健康风险进行评价，结果见表 5-6。从表 5-6 中可见，除了砷，其他重金属的非致癌风险均未超过 1，表明海河干流的水体中的大多数重金属并不会对人群产生非致癌慢性毒害效应。尽管如此，但从各个重金属的总风险值来看，除了 2007 年和 2009 年外，10 年来，总非致癌风险均大于 1（表 5-6），表明长期暴露于这种低水平多种重金属的水体中可能产生非致癌的风险。从各年际来看，总非致癌风险呈现下降的趋势，这与水体中的重金属含量降低相关。

从上述可知，砷是唯一风险值超过 1 的重金属，不仅如此，它还是在总非致癌风险中贡献率最大的，平均为 53.28%。因此，应该重点监测砷，减少其潜在的风险。

表5-6　海河水体重金属非致癌风险值

年份	Cr^{6+}	As	Hg	Pb	Cu	HI
2000	9.90×10^{-2}	2.72	2.44×10^{-1}	1.02×10^{-1}	3.14×10^{-1}	3.48
2001	7.74×10^{-2}	1.63	2.86×10^{-1}	4.14×10^{-2}	3.39×10^{-1}	2.37
2002	9.54×10^{-2}	1.59	6.83×10^{-1}	3.82×10^{-2}	3.07×10^{-1}	2.71
2003	7.13×10^{-2}	1.73	2.43×10^{-1}	1.14×10^{-1}	2.33×10^{-1}	2.39
2004	1.22×10^{-1}	1.59	2.87×10^{-1}	3.95×10^{-2}	2.33×10^{-1}	2.27
2005	1.69×10^{-2}	9.26×10^{-1}	2.51×10^{-1}	2.46×10^{-2}	1.38×10^{-1}	1.36
2006	1.84×10^{-2}	6.91×10^{-1}	2.16×10^{-1}	1.14×10^{-2}	1.87×10^{-1}	1.12
2007	1.84×10^{-2}	1.32×10^{-4}	2.94×10^{-1}	2.59×10^{-2}	1.99×10^{-1}	5.37×10^{-1}
2008	1.84×10^{-2}	8.15×10^{-1}	4.97×10^{-1}	1.68×10^{-2}	2.13×10^{-1}	1.56
2009	8.43×10^{-2}	1.08×10^{-1}	6.00×10^{-1}	7.16×10^{-3}	1.73×10^{-1}	9.72×10^{-1}
2010	3.56×10^{-2}	5.41×10^{-1}	2.75×10^{-1}	7.16×10^{-3}	3.40×10^{-1}	1.20

本研究表明，铬和砷可以产生致癌风险。根据式（5-7）可以得到不同年际不同重金属的致癌风险值（表 5-7）。从结果中可见，两种致癌重金属的风险值均超过致癌风险的可接受水平最高值（1×10^{-5}），表明存在潜在的致癌风险。

与非致癌风险相似，总致癌风险呈现下降的趋势，这与水体中的铬和砷含量降低相关。在各个重金属的致癌风险值贡献中，砷所占比例仍最大，平均值为66.22%。

表5-7　海河水体重金属致癌风险值

年份	Cr^{6+}	As	R_{total}
2000	9.75×10^{-5}	2.11×10^{-4}	3.09×10^{-4}
2001	7.63×10^{-5}	1.27×10^{-4}	2.03×10^{-4}
2002	9.40×10^{-5}	1.24×10^{-4}	2.18×10^{-4}
2003	7.02×10^{-5}	1.35×10^{-4}	2.05×10^{-4}
2004	1.20×10^{-4}	1.24×10^{-4}	2.44×10^{-4}
2005	1.66×10^{-5}	7.21×10^{-5}	8.87×10^{-5}
2006	1.81×10^{-5}	5.33×10^{-5}	7.14×10^{-5}
2007	1.81×10^{-5}	1.03×10^{-4}	1.21×10^{-4}
2008	1.81×10^{-5}	6.55×10^{-5}	8.36×10^{-5}
2009	8.31×10^{-5}	8.39×10^{-5}	1.67×10^{-4}
2010	3.51×10^{-5}	4.21×10^{-5}	7.72×10^{-5}

可见，无论是非致癌还是致癌风险，砷的贡献都最大，因此砷是海河水体中最重要的污染物之一。砷可以造成皮肤癌、膀胱癌、肺癌和前列腺癌等疾病（Zhang et al.，2002），因此其潜在的风险不容忽视。

在本研究中，尽管 Cr^{6+} 的浓度不足以引起非致癌风险，但其致癌的风险超过了可接受水平（表 5-7）。这表明长期暴露于低浓度 Cr^{6+} 水平下，也可能增加癌变的风险。据研究报道，Cr^{6+} 特别容易诱发肺癌（Abreu et al.，2014）。因此，对于海河，仍需要采取措施，减少污染物排放，降低其 Cr^{6+} 在水体中的含量，进而降低风险。

四、海河水体中重金属的来源

自然因素和人类活动是水体中重金属的两个重要来源。自然因素包括侵蚀、生物活动、火山爆发等；人类活动包括各种生产生活活动，如铁矿加工业、冶金业、农业所用化肥、污染排放及化石燃料燃烧等。为了鉴别海河水体中的重金属来源，本章采用主成分分析法（principal component analysis，PCA）对其进行分析，结果见表 5-8。

表5-8 海河水体重金属来源的主成分分析

项目	PCⅠ	PCⅡ
Cr^{6+}	0.55	0.35
As	−0.47	0.77
Hg	0.52	0.68
Pb	0.91	0.05
Cu	0.40	−0.56
特征根	1.78	1.49
贡献率/%	35.67	29.83
累积贡献率/%	35.67	65.50

主成分分析表明，两个主成分共解释了 65.50%的变量，其中第一主成分（PCⅠ）解释了 35.67%的总变化，且较高的载荷出现在 Cr^{6+} 和 Pb（表 5-8），表明两个重金属具有共同的来源。通常认为 Cr 源自岩石释放，即是由自然因素造成的（Bai et al.，2011），然而，在本研究中，其含量超过了环境背景值（1.0μg/L，Klavinš et al.，2000），说明有其他来源。这种来源是工业排放，这是因为工业排放是环境中 Cr 非常重要的来源。天津作为一个工业城市，具有很多工业，这种排放不可避免地提高了环境中铬的含量。对于 Pb，交通是其最大的来源（Florence et al.，2012）。作为第三大工业城市，据 2012 年统计，天津汽车拥有量为 239 万辆。如此众多的汽车，势必会增加环境中铅的含量。

第二主成分（PCⅡ）解释了 29.83%的变化特征，其较高的载荷出现在 As、Hg 和 Cu（表 5-8），同样说明这三种重金属具有相同的来源。许多研究表明，As、Hg 和 Cu 主要来源于大气沉降（Wu et al.，2009；Bai et al.，2012；Ma et al.，2014），此外，As 也来自工业废水排放（Bai et al.，2011）。因此可见，海河中的 As、Hg 和 Cu 主要来自大气沉降、工业废水排放。对于大气沉降，可能与位于天津市的一个火力发电厂有关（Wu et al.，2009）。与此同时，取暖用的燃煤也可能是重要的原因之一（Chen et al.，2013）。因为燃煤会产生大量的 As，这些 As 先进入到大气中，再通过大气沉降到达水体中。对于工业废水排放，这是由于大量的工业污水被排放到海河中。特别是本研究中的海河下游，它位于天津滨海新区，大量的化工厂、药厂、电子厂、皮革厂等聚集于此。这些企业会私下排放一些很少处理甚至未处理的工业污水到河流中（Luo et al.，2011）。因此工业废水排放也是海河重金属的一个重要污染来源。

本章小结

（1）近10年来，海河干流受还原性物质污染较为严重，而有机污染物得到了有效的控制；水体氮素含量较高，均超出《地表水环境质量标准》（GB3838—2002）Ⅴ类水质标准。

（2）近10年来，海河干流的5种监测重金属的质量浓度总体上呈现下降的趋势，除了总汞外，另外4种重金属的污染指数均小于1，表明汞超标，而其他4种重金属符合Ⅲ类标准。总体而言，海河水体中的重金属含量较低。

（3）利用美国国家环境保护局的健康风险评价模型对海河水体中的重金属健康风险进行评价发表，除了砷外，其他重金属的非致癌风险均未超过1，说明海河干流的水体中的大多数重金属并不会对人群产生非致癌慢性毒害效应。

（4）工业排放、交通、大气沉降和工业废水排放是海河水体重金属的重要来源。

参考文献

李哲，郭劲松，方芳，等. 2009. 三峡水库小江回水区不同TN/TP水平下氮素形态分布和循环特点. 湖泊科学，21（4）：509-517.

刘亚林，刘洁生，俞志明，等. 2006. 陆源输入营养盐对赤潮形成的影响. 海洋科学，30（6）：66-72.

王晓燕，王静怡，欧洋，等. 2008. 坡面小区土壤－径流－泥沙中磷素流失特征分析. 水土保持学报，22（2）：1-5.

夏军，黄浩. 2006. 海河流域水污染及水资源短缺对经济发展的影响. 资源科学，28（2）：2-7.

熊代群，杜晓明，唐文浩，等. 2005. 海河天津段与河口海域水体氮素分布特征及其与溶解氧的关系. 环境科学研究，18（3）：1-4.

Abreu P L，Ferreira L M R，Alpoim M C，et al. 2014. Impact of hexavalent chromium on mammalian cell bioenergetics: Phenotypic changes, molecular basis and potential relevance to chromate-induced lung cancer. BioMetals, 27 (3): 409-443.

Asante K A, Agusa T, Subramanian A, et al. 2007. Contamination status of arsenic and other trace elements in drinking water and residents from Tarkwa, a historic mining township in Ghana. Chemosphere, 66: 1513-1522.

Bai J, Cui B, Chen B, et al. 2011. Spatial distribution and ecological risk assessment of heavy metals in surface sediments from a typical plateau lake wetland, China. Ecological Modelling, 222: 301-306.

Bai J, Peng S, Qin X, et al. 2012. Evaluation of anthropogenic influences on rivers by dissolved metals: A case study in Tianjin, China. Fresenius Environmental Bulletin, 21: 1684-1688.

Chen J, Liu G, Kang Y, et al. 2013. Atmospheric emissions of F, As, Se, Hg, and Sb from coal-fired power and heat generation in China. Chemosphere, 90: 1925-1932.

Cheung K, Poon B H T, Lan C Y, et al. 2003. Assessment of metal and nutrient concentrations in river water and sediment collected from the cities in the Pearl River Delta, South China. Chemosphere, 22: 1431-1440.

Dagg M J, Breed G A. 2003. Biological effects of Mississippi River nitrogen on the Northern Gulf of Mexico—A review and synthesis. Journal of Marine Systems, 43 (3-4): 133-152.

Dahshan H, Abd-Elall A M M, Megahed A M. 2013. Trace metal levels in water, fish, and sediment from River Nile, Egypt: Potential health risks assessment. Journal of Toxicology and Environmental Health, Part A, 76: 1183-1187.

de Miguel E, Iribarren I, Chacón E, et al. 2007. Risk-based evaluation of the exposure of children to trace elements in playgrounds in Madrid (Spain). Chemosphere, 66: 505-513.

Duan L, Song J, Li X, et al. 2010. Distribution of selenium and its relationship to the eco-environment in Bohai Bay seawater. Marine Chemistry, 121 (1-4): 87-99.

EPA (Environmental Protection Agency, US). 2010. Risk Assessment guidance for superfund, Volume 1, Human health evaluation manual, development of risk-based preliminary remediation goals (Part B). Washington, D. C., USA.

Florence G, Peter S, Majdi L G, et al. 2012. Atmospheric pollution in an urban environment by tree bark biomonitoring—Part II: Sr, Nd and Pb isotopic tracing. Chemosphere, 86 (6): 641-647.

Guildford S J, Heeky R E. 2000. Total nitrogen, total phosphorus, and nutrient limitation in lakes and oceans：Is there a common relationship? Limnology and Oceanography，45（6）：1213-1223.

Johnson F O，Atchison W D. 2009. The role of environmental mercury，lead and pesticide exposure in development of amyotrophic lateral sclerosis. Neurotoxicology，30：761-765.

Kang J H，Lee Y S，Ki S J，et al. 2009. Characteristics of wet and dry weather heavy metal discharges in the Yeongsan Watershed，Korea. Science of Total Environment，407：3482-3493.

Klavinš M，Briede A，Rodinov V，et al. 2000. Heavy metals in rivers of Latvia. Science of the Total Environment，262：175-183.

Luo C，Liu C，Wang Y，et al. 2011. Heavy metal contamination in soils and vegetables near an e-waste processing site，South China. Journal of Hazardous Materials，186（1）：481-490.

Ma L，Qin X，Sun N，et al. 2014. Human health risk of metals in drinking-water source areas from a forest zone after long-term excessive deforestation. Human and Ecological Risk Assessment，20：1200-1212.

Mishra K P. 2009. Lead exposure and its impact on immune system，a review. Toxicology in Vitro，23：969-972.

Neal C，Jarvie H，Whitton B，et al. 2000. The water quality of the River Wear，north-east England. Science of the Total Environment，251/252：153-172.

Pascual M，Borja A，Franco J，et al. 2012. What are the costs and benefits of biodiversity recovery in a highly polluted estuary? Water Research，46：205-217.

Peng S，Wang A，Wang X，et al. 2015. The long-term variations of water quality in the Haihe River，China. Fresenius Environmental Bulletin，24（3）：873-880.

Pizarro J，Vergara P M，Rodríguez J A，et al. 2010. Metals in northern Chilean rivers：Spatial variation and temporal trends. Journal of Hazardous Materials，181：747-754.

Priadi C，Bourgeault A，Ayrault S，et al. 2011. Spatio-temporal variability of solid，total dissolved and labile metal：Passive vs. discrete sampling evaluation in river metal monitoring. Journal of Environmental Monitoring，13：1470-1479.

Qin X，Sun H，Wang C，et al. 2010. Impacts of crab bioturbation on the fate of polycyclic aromatic hydrocarbons in sediment from the Beitang estuary of Tianjin，China. Environmental Toxicology and Chemistry，29：1248-1255.

Scott J T，McCarthy M J，Otten T G，et al. 2013. Comment：An alternative interpretation of the relationship between TN ∶ TP and microcystins in Canadian lakes. Canadian Journal of Fisheries and Aquatic Sciences, 70（8）: 1265-1268.

Thuong N T, Yoneda M, Ikegami M, et al. 2013. Source discrimination of heavy metals in sediment and water of To Lich River in Hanoi City using multivariate statistical approaches. Environmental Monitoring and Assessment, 185: 8065-8075.

Wade A J, Neal C, Whitehead P G, et al. 2005. Modelling nitrogen fluxes from the land to the coastal zone in European systems: A perspective from the INCA project. Journal of Hydrology, 304: 413-429.

WHO. 2006. Guidelines for Drinking-Water Quality. 3rd ed. Geneva: World Health Organization.

Wu B, Zhao D, Jia H, et al. 2009. Preliminary risk assessment of trace metal pollution in surface water from Yangtze River in Nanjing Section, China. Bulletin of Environmental Contamination and Toxicology, 82: 405-409.

Wu G, Kang H, Zhang X, et al. 2010. A critical review on the bio-removal of hazardous heavy metals from contaminated soils: Issues, progress, eco-environmental concerns and opportunities. Journal of Hazardous Materials, 174（1）: 1-8.

Yang F, Zhao L, Yan X, et al. 2013. Bioaccumulation of trace elements in Ruditapes philippinarum from China: Public health risk assessment implications. International Journal of Environmental Research and Public Health, 10: 1392-1405.

Zhang Q, Wang L, Zhao L, et al. 2012. Analysis and assessment of heavy metal pollution in sediments of Tianjin Harbor and Dagu Drainage canal in Bohai Bay, China. Fresenius Environmental Bulletin, 21: 1777-1785.

Zhang W, Cai Y, Tu C, et al. 2002. Arsenic speciation and distribution in an arsenic hyperaccumulating plant. Science of the Total Environment, 300: 167-177.

Zhao Z, Mi T, Xia L, et al. 2013. Understanding the patterns and mechanisms of urban water ecosystem degradation: Phytoplankton community structure and water quality in the Qinhuai River, Nanjing City, China. Environmental Science and Pollution Research, 20（7）: 5003-5012 .

Zhou R, Qin X, Peng S, et al. 2014. Total petroleum hydrocarbons and heavy metals in the surface sediments of Bohai Bay, China: Long-term variations in pollution status and adverse biological risk. Marine Pollution Bulletin, 83: 290-297.

第六章　渤海湾水环境化学要素长期变化过程及其影响

随着环渤海区域经济的快速发展、城市化进程的推进和海水养殖业的兴起，大量污染物被排放到近岸海域，再加上渤海湾半封闭特性导致的水体交换不畅（Sun and Tao，2006），造成了大量污染物累积，严重影响渤海湾的海洋生态环境质量。相关研究表明，无机氮、无机磷、重金属和石油烃已成为渤海湾最主要的污染物（Li et al.，2010）。

无机氮和无机磷是浮游植物生长繁殖的重要营养盐，但营养盐过多时会造成浮游植物大量繁殖，出现水华现象，特别是一些有毒浮游植物的大量繁殖，会给海洋环境带来严重危害（Flewelling et al.，2005；Richlen et al.，2010）。重金属是环境中常见污染物，人类的生产活动如钢铁生产加工、污水排放、铅企业的生产等是环境中重金属的重要来源（Li and Zhang，2010；Pizarro et al.，2010）。与有机污染物不同，重金属无法被降解，会长期保留在环境中，同时它又能通过食物链最终迁移至人体中，对人类健康造成严重危害（Marchand et al.，2006；Kang et al.，2009）。石油烃是能够导致突变和致癌的有机物，对海洋生态存在潜在的巨大危害（Zaghden et al.，2005；Gao and Chen，2008）。

本章基于渤海湾连续 13 年的环境监测结果，对 DIN、DIP、重金属、石油烃 4 种渤海湾典型污染物的时空变化和污染水平进行系统分析和评价。

第一节　研究方法

一、站位布设

从渤海湾南部至北部，均匀设置15个监测站位（图6-1），其中S1、S2位于天津市汉沽区附近；S3位于北塘河口；S4邻近海河河口；S7位于南部水域，邻近热电厂。

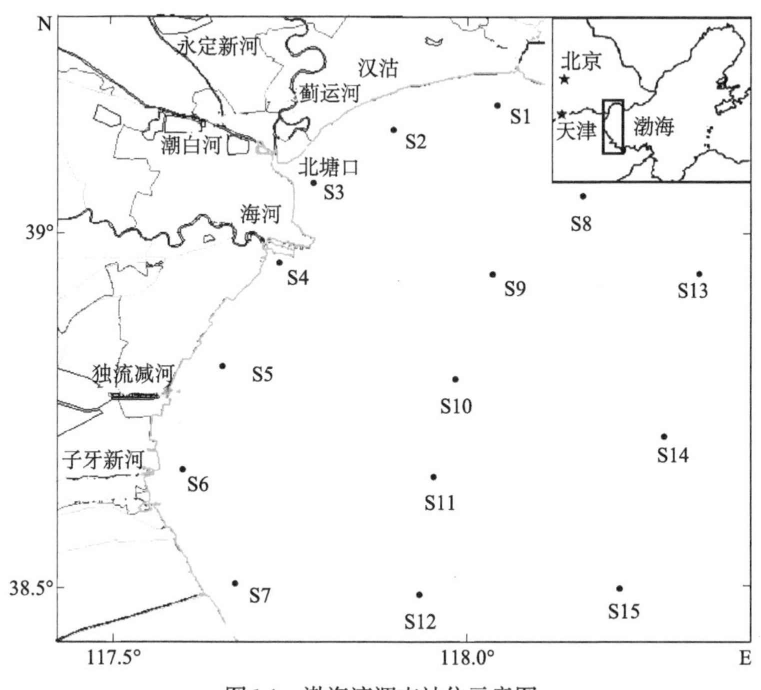

图6-1　渤海湾调查站位示意图

二、样品采集与分析

实验样品采集时间为2000～2012年，于每年的5月、8月和11月，分别代表枯水期、丰水期和平水期，在各个站位采集表层和底层水样，混合后保存。

水样分析方法参考《海水水质标准》(GB 3097—1997),具体见表 6-1。

表6-1 样品分析方法

污染物	分析方法	检测限/(mg/L)	引用标准
NH_4-N	靛酚蓝法	0.7×10^{-3}	GB 12763.4-91
NO_2-N	重氮-偶氮法	0.3×10^{-3}	GB 12763.4-91
NO_3-N	锌镉还原法	0.7×10^{-3}	GB 12763.4-91
DIP	抗坏血酸还原的磷钼兰法	0.7×10^{-3}	GB 12763.4-91
Hg	冷原子吸收分光光度法	0.0086×10^{-3}	HY 003.4-91
Cu	无火焰原子吸收分光光度法	1.4×10^{-3}	HY 003.4-91
Pb	无火焰原子吸收分光光度法	0.19×10^{-3}	HY 003.4-91
Cd	无火焰原子吸收分光光度法	0.014×10^{-3}	HY 003.4-91
Zn	火焰原子吸收分光光度法	16×10^{-3}	HY 003.4-91
石油烃(TPH)	紫外荧光法	0.65×10^{-3}	GB17378.4-91

三、数据处理

站位间监测数据的差异采用单因素方差分析法(One-way ANOVA)进行分析,在 SPSS13.0 上进行。

第二节 无机氮的变化

一、时间变化特征

无机氮的季节变化特征见图 6-2。由图 6-2 可见,2000 ~ 2012 年无机氮总体上以丰水期最高,而枯水期和平水期则相差不明显。一方面,丰水期为雨季,降水是水体中氮的重要来源(Pitkänen et al. ,2001),为渤海湾带来大量的氮;另一方面,雨季河流水位较高,河流汇入也为渤海湾带来大量的氮。这与之前一些研究结果吻合,如雨季渤海湾河口附近的无机氮含量往往显著高于其他海域(Peng et al.,2012),这也表明河流是渤海湾无机氮的重要来源。

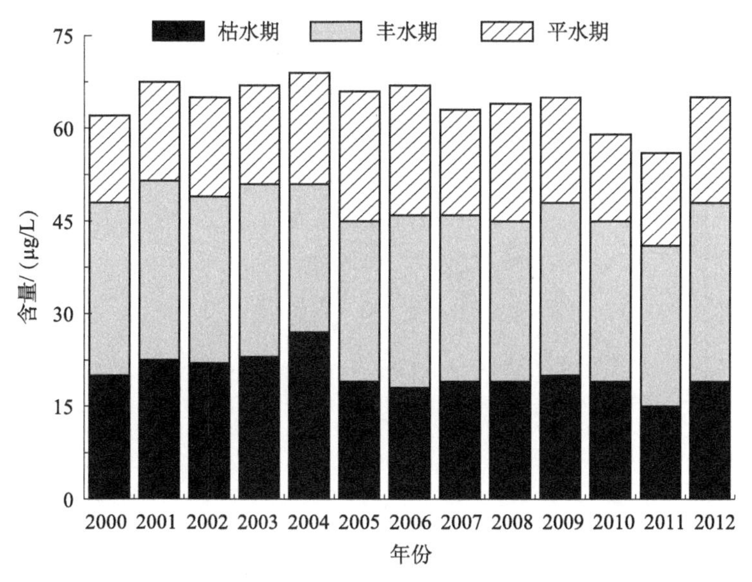

图6-2 海水中无机氮的季节变化

二、空间变化特征

渤海湾近海海域不同站位的无机氮含量在空间上存在差异，总体上呈现由近岸向外海逐渐降低的趋势（图 6-3），这说明陆源无机氮是渤海湾无机氮的主要来源。值得注意的是，在一些河口区域如北塘口、海河口等，无机氮的含量均比较高，表明陆源无机氮主要通过河流输入渤海湾，这在之前单一年份的研究中也得到了证实（周然等，2013）。进一步证明河流是渤海近海水体中无机氮的最重要来源。

由图 6-3 可以看出，在一些离岸较远的区域出现了较高的无机氮监测值，说明渤海湾水体中的无机氮还有其他来源。通常认为大气沉降是水体中氮的重要来源（Pitkänen et al. ，2001），另外水底沉积物的扰动也会释放一定量的氮（张路等，2001），监测站位分布于航道上，过往船只的扰动会加速该区域沉积物中无机氮的释放。

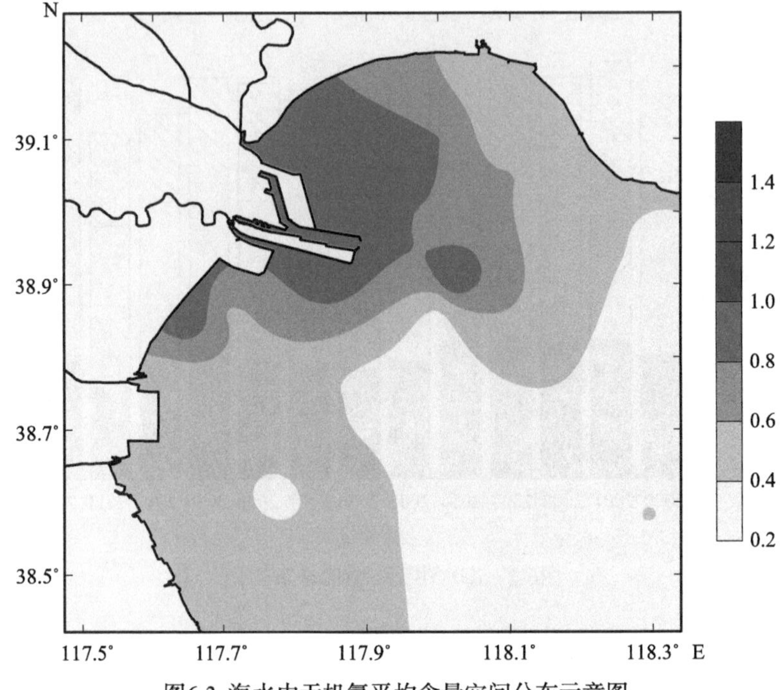

图6-3 海水中无机氮平均含量空间分布示意图

从空间分布上看，渤海湾近海无机氮浓度较高的值主要出现在北部区域，特别是北塘口附近，而南部相对较低，表明北部是污染较严重的区域。这与该区域的各种生产活动相关，该区域分布着大量的海洋养殖区，增加了海水中的无机氮含量（Li et al.，2010）。同时北部区域分布有大型的化工厂，其对无机氮的贡献也不可小视。

三、年际变化特征

自2000年以来，渤海湾近岸海域海水中的无机氮含量变化显著（$P < 0.01$），其变化呈现先降后升的趋势（图6-4），2000～2003年无机氮从0.33mg/L降到0.15mg/L，降幅高达54.5%，2004年又快速升至0.69mg/L，增加近400%，此后又缓慢下降，但降幅不明显。值得注意的是，2000～2012年的最高值出现在2010年（0.94mg/L），2012年的含量也非常高，近几年无机氮的含量不降反增，表明渤海湾的无机氮污染形势仍然十分严峻。

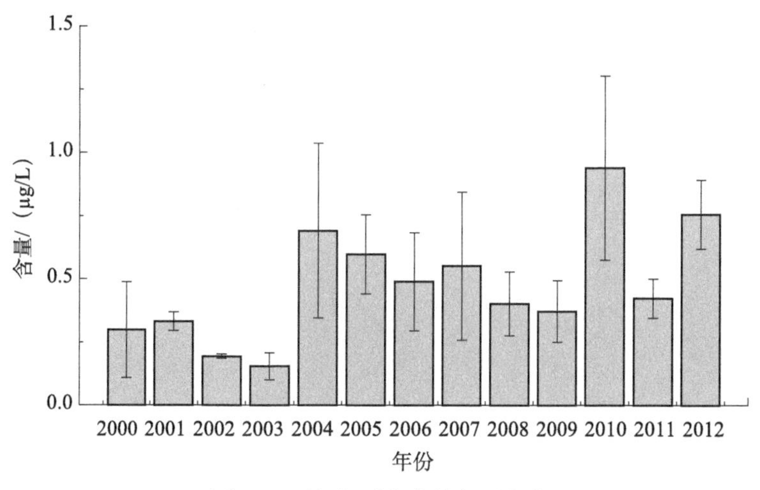

图6-4　无机氮平均含量年际变化

四、污染评价

为评估 2000 ～ 2012 年渤海湾近海水域无机氮的污染水平，将其平均值与国家《海水水质标准》（GB3097—1997）（表 6-2）进行了比对，比对结果见表 6-3。

表6-2　中国海水水质标准　（单位：μg/L）

类别	DIN	DIP	Hg	Cu	Pb	Cd	As	Zn	TPH
Ⅰ类	200	0.050	0.05	5.0	1.0	1.0	20	20	50
Ⅱ类	300	0.020	0.20	10.0	5.0	5.0	30	50	300
Ⅲ类	400	0.045	0.50	50.0	10.0	10	50	100	500

由表 6-3 可见，2000 ～ 2012 年仅有 3 个年份的无机氮平均值含量低于Ⅱ类海水水质标准（Ⅱ类海水水质标准是指适用于水产养殖区、海水浴场、人体直接接触的海水运动或娱乐区，以及与人类食用直接有关的工业用水区），其他年份均达到或超过Ⅲ类海水水质标准（Ⅲ类海水水质标准是指适用于一般工业用水区、滨海风景旅游区）。特别是，有超过一半的年份（8/13），水质达到Ⅳ类海水水质标准（Ⅳ类海水水质标准是指适用于海洋港口水域、海洋开发作业区），这表明渤海湾近海水域的无机氮污染仍较为严重，必须加以监控并采取措施，

控制污染物的输入。

表6-3　渤海湾近岸海水无机氮污染水平　　（单位：mg/L）

年份	最大值	最小值	平均值	海水水质级别
2000	0.67	0.05	0.30	Ⅱ
2001	0.40	0.29	0.33	Ⅲ
2002	0.21	0.18	0.19	Ⅰ
2003	0.26	0.09	0.15	Ⅰ
2004	1.33	0.14	0.69	Ⅳ
2005	0.76	0.28	0.60	Ⅳ
2006	0.88	0.30	0.49	Ⅳ
2007	1.14	0.22	0.55	Ⅳ
2008	0.65	0.26	0.40	Ⅳ
2009	0.61	0.22	0.37	Ⅲ
2010	1.56	0.30	0.94	Ⅳ
2011	0.58	0.33	0.42	Ⅳ
2012	0.93	0.49	0.76	Ⅳ

第三节　无机磷的变化

一、时间变化特征

2000 ～ 2012 年大部分年份的无机磷含量在丰水期最高。无机磷在平水期的含量要明显高于枯水期（图 6-5）。这是由于平水期河流水位较高、入海量较大，为渤海输入的无机磷也较多，也说明河流是渤海无机磷输入的最重要来源。

二、空间变化特征

无机磷的空间分布尽管与无机氮有相似的地方，即从近岸到外海呈逐渐降低的趋势（图 6-6），但两者的空间分布存在明显差异。无机磷污染更加集中于

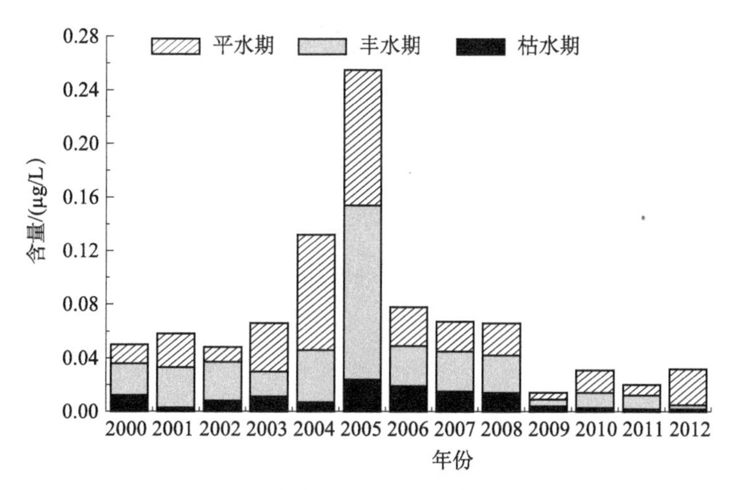

图6-5 无机磷季节变化

北塘口区域，这与该区域接收入海的污水量大小相关。北塘口是多个河流的入海处，其不仅接收来自天津的污水，也接受来自北京和河北的污水（Ren et al.，2010），污染物相对较多，水体中的无机磷含量也较高。

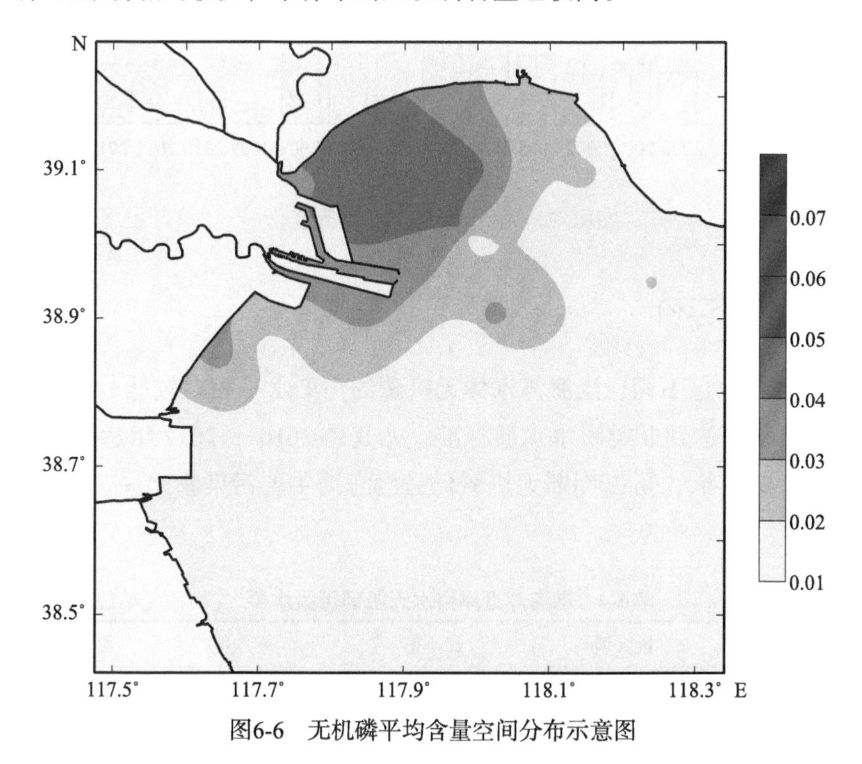

图6-6 无机磷平均含量空间分布示意图

三、年际变化特征

渤海湾近海水域水体中的无机磷 2000 ～ 2012 年的变化见图 6-7。由图 6-7 可见，13 年中无机磷含量变化显著（$P < 0.01$），呈现先升后降的变化趋势。2000 ～ 2005 年，无机磷含量呈增加之势，此后开始一直下降。无机磷含量最高值出现在 2005 年，达到 0.085μg/L，最低值出现在 2009 年，为 0.004μg/L。

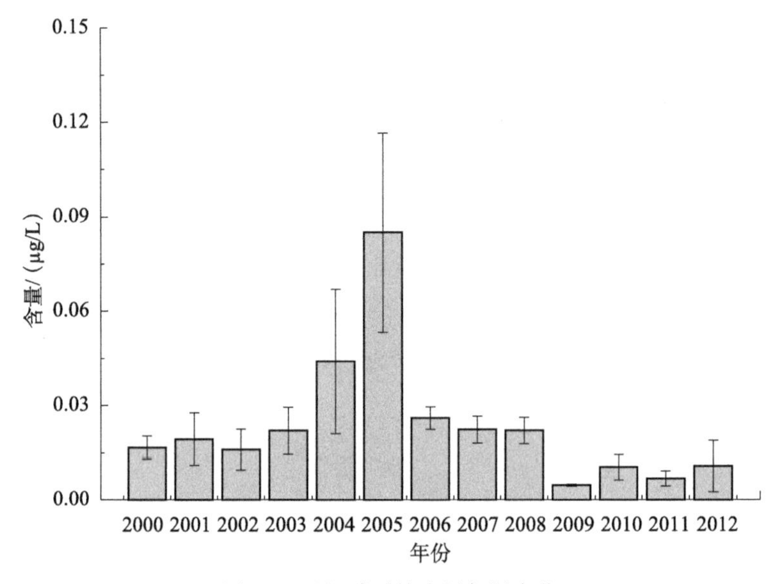

图6-7　无机磷平均含量年际变化

四、污染评价

与无机氮含量不同，渤海湾水体无机磷的污染水平相对较低，大部分年份（10/13）的含量达到Ⅱ类海水水质标准，尤其是 2010 ～ 2012 年达到Ⅰ类海水水质标准（表 6-4），可以判断无机氮仍是渤海湾主要污染物之一（Peng et al., 2009）。

表6-4　渤海湾近岸海水无机磷污染水平　（单位：μg/L）

年份	最大值	最小值	平均值	海水水质级别
2000	0.02	0.012	0.02	Ⅱ
2001	0.03	0.003	0.02	Ⅲ

续表

年份	最大值	最小值	平均值	海水水质级别
2002	0.03	0.008	0.02	Ⅱ
2003	0.04	0.011	0.02	Ⅱ
2004	0.09	0.007	0.04	Ⅱ
2005	0.13	0.024	0.09	Ⅳ
2006	0.03	0.019	0.03	Ⅱ
2007	0.03	0.015	0.02	Ⅱ
2008	0.03	0.014	0.02	Ⅱ
2009	0.01	0.004	0.00	Ⅳ
2010	0.02	0.003	0.01	Ⅰ
2011	0.01	0.002	0.01	Ⅰ
2012	0.03	0.002	0.01	Ⅰ

第四节　重金属的变化

一、时间变化特征

方差分析结果显示，2000 ～ 2012 年不同的重金属在不同季节的含量差异显著（$P < 0.01$）。总体上看，所有重金属在不同季节上均表现为丰水期最高、平水期次之、枯水期最低的变化特征（图 6-8）。原因是，一方面，丰水期同是雨季，雨水量大，为渤海湾带来大量的重金属，同时，大气沉降也带来重金属的输入（Ma et al.，2014）；另一方面，雨季河流水位高，陆上重金属通过地表径流汇入河流，又通过河流汇入海洋，这说明陆源是渤海湾重金属的主要来源。

由图 6-8 可以看出，有些重金属在某些年份呈现不同的季节分布特征，如汞的含量在 2010 ～ 2012 年以枯水期最高，说明重金属还有其他来源。

对 5 种重金属 2000 ～ 2012 年平均含量进行分析发现，它们均呈现显著变化（$P < 0.001$）。然而不同的重金属变化不同，Hg、Cu 和 Pb 呈现先升后降再

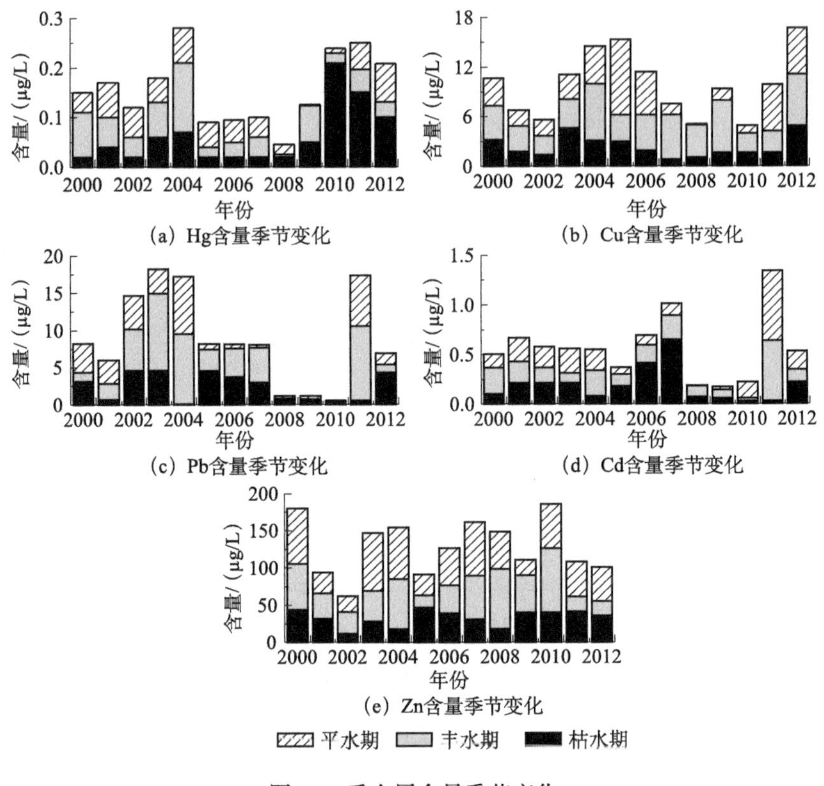

(a) Hg含量季节变化 (b) Cu含量季节变化

(c) Pb含量季节变化 (d) Cd含量季节变化

(e) Zn含量季节变化

图6-8 重金属含量季节变化

升的变化趋势，即2000～2004年（Cu是2005年）缓慢上升，而后持续下降到2008年，接着再上升；Cd则一直呈现缓慢的上升趋势，而Zn的变化规律不明显（图6-9）。

重金属这种变化特征受多种因素影响，其中受环境保护政策的影响较显著。渤海湾所在区域是我国重要的经济生产区，各种经济活动产生的大量废水通过河流排入渤海湾水体，据统计，渤海湾每年要接收大约1亿t来自北京、天津和河北的废水（Duan et al.，2010）。为了提高渤海湾水环境质量，国家及渤海湾周边省市出台了许多政策。例如，2001年出台了碧海蓝天计划，该计划为提高渤海湾水质环境，对各省市向渤海湾排放的各种污水加强了控制，这也是大多数重金属含量在2001年以后都有所下降的主要原因。但重金属含量2004年的急剧上升与大量的废水排放入海有关，根据国家海洋公报统计，2004年有8t的重金属废水通过永定新河输入渤海，而2005年有2t的重金属废水分别通过大沽排污河和永定新河输入到渤海湾（国家海洋局，2004，2005）。因此2004年和

2005年的重金属含量较高。碧海蓝天计划于2006年终止执行，此后的重金属含量又有所上升，尤其是2008年后，大多数重金属都呈现出明显上升趋势。2008年奥运会之前，国家出台了严格的污染控制措施，许多污染严重的企业都被关停。2008年之后这些企业又恢复生产，污染重新加重。特别是2006年，位于渤海湾的天津市滨海新区列为国家级经济开发区，大量的企业进驻，特别是一些化工、电子、皮革、钢铁等企业，加剧了该区域的环境污染。2010年后渤海湾近海水域的重金属整体呈现上升趋势。

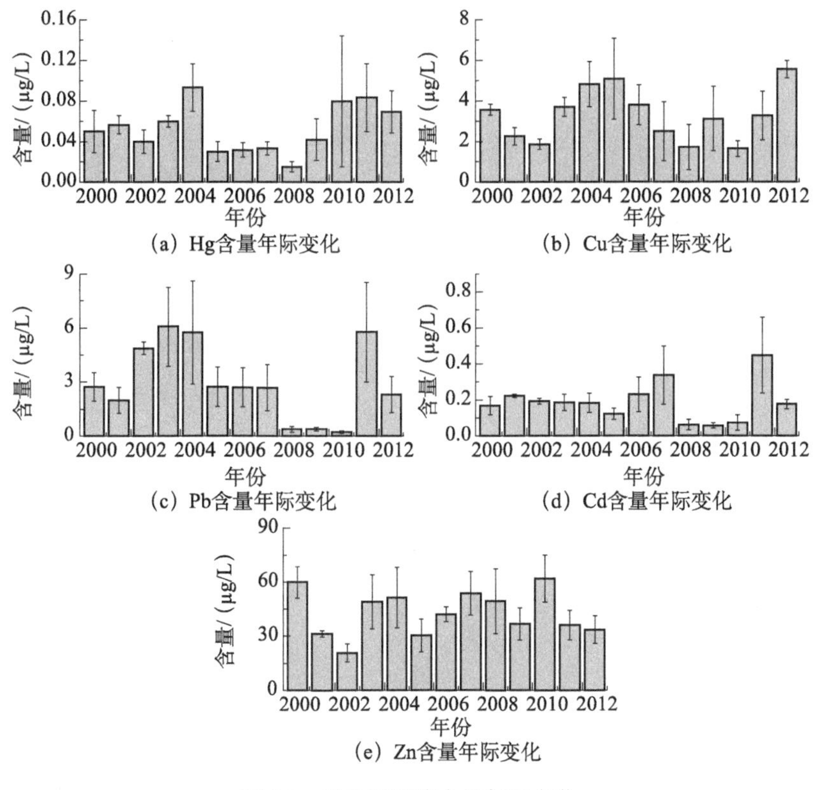

图6-9　重金属平均含量年际变化

二、空间变化特征

与氮、磷的空间分布相似，总体上重金属的含量从近岸到外海呈现下降的趋势（图6-10）。然而不同的重金属有不同的空间分布特征，Hg以南部水域的浓度较高，而其余的4种重金属则以北部特别是北塘口附近的浓度最高。这

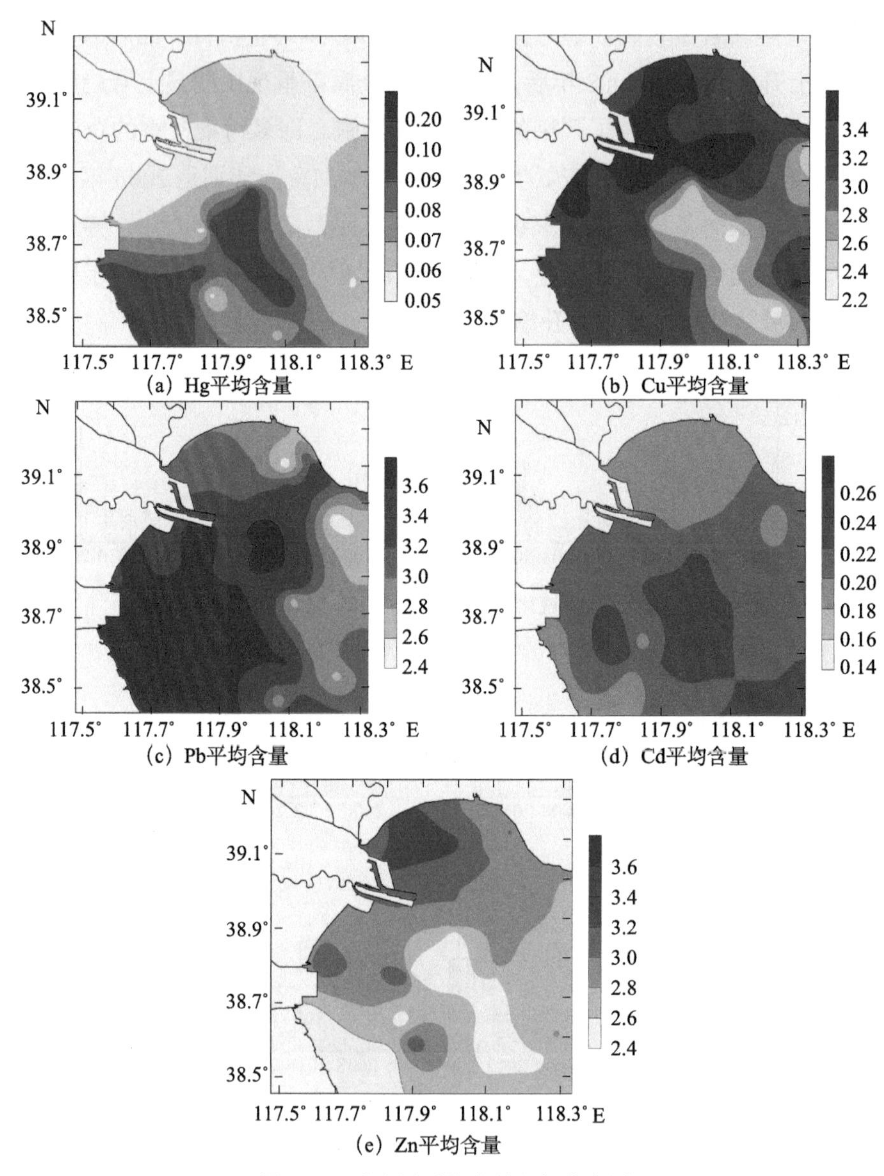

图6-10 重金属平均含量空间分布图

种不同的分布特征与其不同的来源相关。以 Hg 为例，许多研究表明大气沉降是 Hg 进入水体的重要途径。美国的研究人员发现，在俄亥俄东部地区的雨水中检测到了浓度相当高的 Hg，这与该地区有大量的火电厂有关（White et al., 2009）。本研究的南部区域也有一个大型火电厂，该火电厂的运行可能释放出大量的 Hg，Hg 通过大气沉降和降水进入水体，造成南部水域 Hg 含量偏高（Bai et al.，2012）。此外，南部区域还有许多电子拆解厂，这也是 Hg 的一个重要来源（Luo et al.，2011）。在北部区域尤其是北塘口附近，重金属含量高是由于河流输入造成的。北塘口是北京污水入海的必经之道，作为发达的工业区，其污水携带大量的重金属排入渤海湾，导致该区域水体重金属含量偏高。

三、污染评价

为了评估 2010 ～ 2012 年渤海湾近岸水域中的重金属污染水平，将其平均值与国家《海水水质标准》（GB3097—1997）（表 6-2）进行比对，比对结果见表 6-5。

表6-5　渤海湾近岸海水重金属污染水平

年份	Hg	Cu	Pb	Cd	Zn
2000	Ⅱ	Ⅰ	Ⅱ	Ⅰ	Ⅲ
2001	Ⅱ	Ⅰ	Ⅱ	Ⅰ	Ⅱ
2002	Ⅰ	Ⅰ	Ⅱ	Ⅰ	Ⅱ
2003	Ⅱ	Ⅰ	Ⅲ	Ⅰ	Ⅱ
2004	Ⅱ	Ⅰ	Ⅲ	Ⅰ	Ⅲ
2005	Ⅰ	Ⅰ	Ⅱ	Ⅰ	Ⅱ
2006	Ⅰ	Ⅰ	Ⅱ	Ⅰ	Ⅱ
2007	Ⅰ	Ⅰ	Ⅱ	Ⅰ	Ⅲ
2008	Ⅰ	Ⅰ	Ⅰ	Ⅰ	Ⅱ
2009	Ⅰ	Ⅰ	Ⅰ	Ⅰ	Ⅱ
2010	Ⅱ	Ⅰ	Ⅰ	Ⅰ	Ⅲ
2011	Ⅱ	Ⅰ	Ⅲ	Ⅰ	Ⅱ
2012	Ⅱ	Ⅱ	Ⅱ	Ⅰ	Ⅱ

由表 6-5 可见，2010 ～ 2012 年渤海湾近海水域水体中的重金属污染较轻，大多数达到Ⅰ类或Ⅱ类海水水质标准。只有 Pb 和 Zn 的含量在某些年份为Ⅲ类水质标准。可以认为，重金属并非渤海湾水体的主要污染物。但重金属具毒性，如 Hg、Pb、Zn 等可以在海洋生物体内富积，尽管它们在水体中的含量较低，但最终会通过食物链进入人体，对人类健康造成潜在威胁（Marchand et al.，

2006；Kang et al.，2009）。因此，仍需要加强监测，及时掌握环境变化动态，做出早期预警。

第五节　石油烃污染的变化

一、时间变化特征

2000～2012年渤海湾水体石油烃（TPH）含量季节分布特征见图6-11。石油烃含量大多数年份以丰水期较高，但有些年份的其他季节也相对较高。例如，2000年枯水期最高，占总量的86%；而2003年则以平水期最高，占84%。由此可见，渤海湾水体中的石油烃来源复杂，河流输入是一个重要原因，其他来源也占有不小比例。

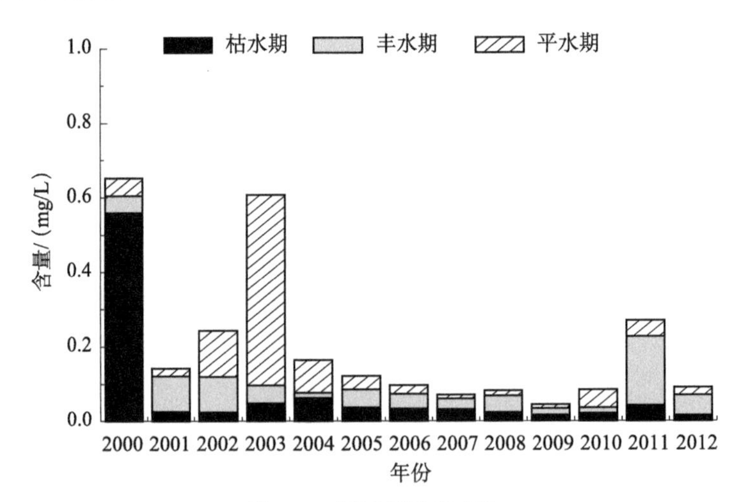

图6-11　石油烃季节变化

渤海湾近岸水体中的石油烃年平均含量变化见图6-12。由图6-12可以看出，年际变化显著（$P < 0.01$），总体呈现下降趋势，但有一些年份有所上升。最高值出现在2000年，为0.22mg/L，最低值出现在2009年，为0.01mg/L。

石油烃的年际变化可能与不同年份渤海湾石油烃的输入有关。与重金属含量一样，石油烃的含量总体呈下降趋势，这可能得益于国家及渤海湾周边省市出台的各种政策，如上文提到的碧海蓝天政策和天津市的污水处理政策（要求污水全部处理达标排放，特别是农村污水也要求处理），同时人们环保理念的提升（Li et al.，2010）也有助于减少污染物向渤海湾输送。然而从图 6-12 也可以看出，2011 年石油烃含量突然增高，这可能与一些突发事件相关，近年来，在渤海发生多起严重的溢油事故（Zhou et al.，2014）。溢油事故会对当地的海洋生态系统造成严重影响（White et al.，2012）。2011 年 6 月的蓬莱 19-3 油田溢油事故，是近年来我国第一起大规模海底油井溢油事件，造成 840km^2 的海面受到石油污染，当地水产养殖业受到严重影响（Liu et al.，2015）。2011 年石油烃含量的异常增高与该事故相关。

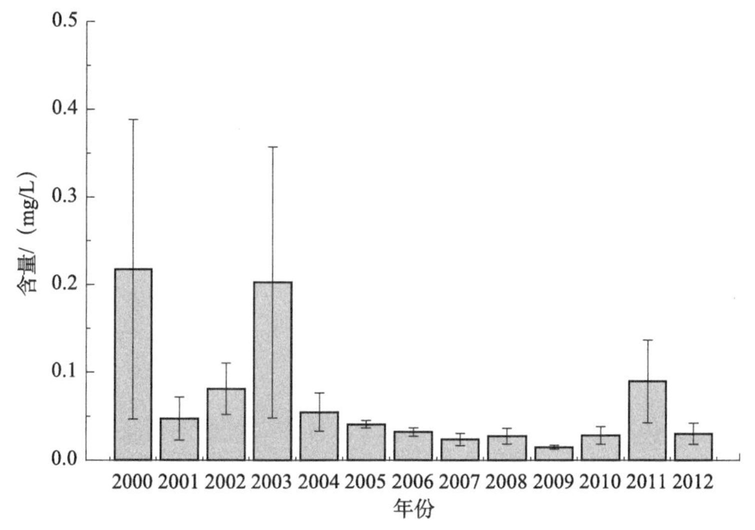

图6-12　石油烃平均含量年际变化

二、空间变化特征

石油烃年平均含量空间分布见图 6-13。与其他污染一样，渤海湾近海水域不同站位的石油烃含量的空间变化总体上都呈现由近岸向外海逐渐降低的趋势。这说明陆源石油烃仍是渤海湾石油烃的主要来源。由图 6-13 也可以看出，河口附近（如北塘口、海河口和独流减河口等）的石油烃含量均较高，表明陆源性的石油烃通过河流输入到渤海湾中。

从空间上看，渤海湾近海石油烃污染以北部较为严重，南部相对较低。这与该区域的各种生产活动相关，该区域分布有多个海水养殖区域，大量渔船都采用石油发动机，其运行会带来石油烃的污染（Li et al.，2010）。

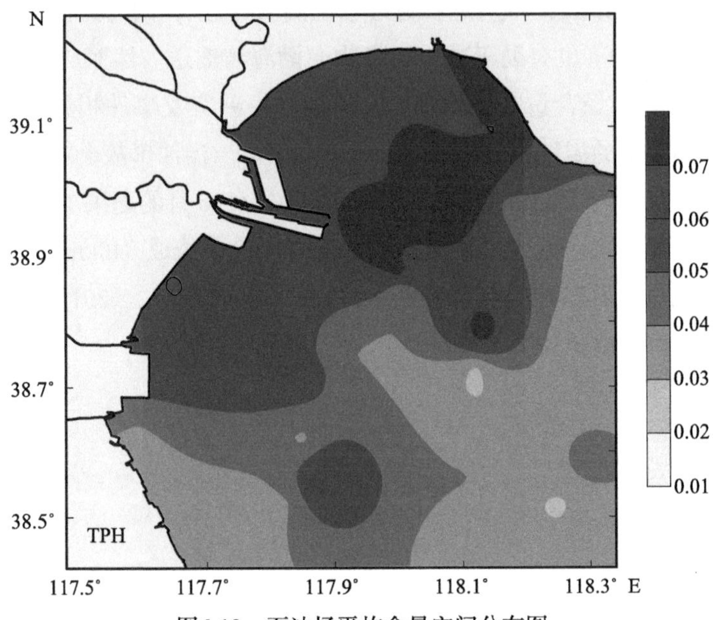

图6-13　石油烃平均含量空间分布图

三、污染评价

为评估 2010 ～ 2013 年渤海湾岸水域水体中石油烃的污染水平，将其平均值与《海水水质标准》(GB3097—1997)（表 6-2）进行比对，比对结果见表 6-6。

表6-6　渤海湾近岸海水石油烃污染水平　（单位：mg/L）

年份	最大值	最小值	平均值	水质级别
2000	0.56	0.05	0.22	Ⅱ
2001	0.10	0.02	0.05	Ⅰ
2002	0.12	0.03	0.08	Ⅰ
2003	0.51	0.05	0.20	Ⅱ
2004	0.09	0.01	0.05	Ⅱ
2005	0.05	0.04	0.04	Ⅰ
2006	0.04	0.02	0.03	Ⅰ
2007	0.03	0.01	0.02	Ⅰ
2008	0.04	0.01	0.03	Ⅰ
2009	0.02	0.01	0.01	Ⅰ

续表

年份	最大值	最小值	平均值	水质级别
2010	0.05	0.02	0.03	Ⅰ
2011	0.18	0.04	0.02	Ⅱ
2012	0.05	0.09	0.03	Ⅰ

由表 6-6 可见，2010 ～ 2012 年渤海湾近岸水体中的石油烃污水平在Ⅰ类水质到Ⅱ类水质之间，属于较轻的污染水平。这也说明石油烃不是渤海湾主要污染物。

本章小结

（1）渤海湾 2000 ～ 2012 年无机氮季节分布呈现丰水期最高、枯水期和平水期相差不明显的特征；空间分布表现为由近岸向外海逐渐降低的趋势；年际变化明显，特别是近几年含量显著增高。2000 ～ 2012 年，无机氮含量仅有 3 个年份的平均值含量低于Ⅱ类海水水质标准，其他年份都达到或超过Ⅲ类海水水质标准，这表明渤海湾近海水域的无机氮污染较为严重。

（2）渤海湾 2000 ～ 2012 年无机磷季节分布呈现以丰水期最高、平水期含量明显高于枯水期的特征；空间分布表现为由近岸到外海逐渐降低的趋势，说明陆源是渤海湾磷的重要来源；无机磷在 2000 ～ 2005 年呈现增加之势，而后开始一直下降。无机磷的污染水平相对较低，大部分年份含量达Ⅱ类海水水质标准，特别是 2010 ～ 2012 年达到Ⅰ类海水水质标准。

（3）渤海湾 2000 ～ 2012 年水体中不同重金属含量的季节变化和空间变化相似。季节上以丰水期最高、平水期次之，而枯水期最低；空间上各重金属的含量均从近岸到外海呈下降趋势。然而不同的重金属年际变化各不相同，Hg、Cu 和 Pb 呈现先升后降再升的变化趋势，Cd 一直呈缓慢上升趋势，Zn 的变化规律则不明显。与国家《海水水质标准》（GB3097—1997）相比，渤海湾近海水域水体中的重金属污染较轻，大多数达到Ⅰ类或Ⅱ类标准，只有 Pb 和 Zn 在某些年份达到Ⅲ类标准，可见重金属并非渤海湾水体的主要污染物。

（4）石油烃季节分布总体上以丰水期含量较高；空间分布基本呈由近岸向外海逐渐降低的趋势，表明陆源石油烃仍是渤海湾石油烃的主要来源；年际变化显著，总体呈现下降趋势。与国家《海水水质标准》（GB 3097—1997）相比，石油烃污水平在Ⅰ类和Ⅱ类之间，污染水平较低，也说明石油烃并非渤海湾水体的重要污染物。

参考文献

国家海洋局 . 2004. 2003 年中国海洋环境质量公报 . http：//www. coi. gov. cn/gongbao/huanjing/201107/t20110729_17479. html［2016-9-30］.

国家海洋局 . 2005. 2004 年中国海洋环境质量公报 . http：//www. coi. gov. cn/gongbao/huanjing/201107/t20110729_17480. html［2016-9-30］.

张路，范成新，秦伯强，等 . 2001. 模拟扰动条件下太湖表层沉积物磷行为的研究 . 湖泊科学，13（1）：35-42.

周然，彭士涛，覃雪波，等 . 2013. 渤海湾浮游植物与环境因子关系的多元分析 . 环境科学，34（3）：864-873.

Bai J，Peng S，Qin X，et al. 2012. Evaluation of anthropogenic influences on rivers by dissolved metals：A case study in Tianjin，China. Fresenius Environmental Bulletin，21：1684-1688.

Duan L，Song J，Li X，et al. 2010. Distribution of selenium and its relationship to the eco-environment in Bohai Bay seawater. Marine Chemistry，121（1-4）：87-99.

Flewelling L J，Naar J P，Abbott J P，et al. 2005. Brevetoxicosis：Red tides and marine mammal mortalities. Nature，435（7043）：755-756.

Gao X，Chen S. 2008. Petroleum pollution in surface sediments of Daya Bay，South China，revealed by chemical fingerprinting of aliphatic and alicyclic hydrocarbons. Estuarine，Coastal and Shelf Science，80：95-102.

Kang J H，Lee Y S，Ki S J，et al. 2009. Characteristics of wet and dry weather heavy metal discharges in the Yeongsan Watershed，Korea. Science of the Total Environment，407（11）：3482-3493.

Li S，Zhang Q. 2010. Risk assessment and seasonal variations of dissolved trace elements and metals in the Upper Han River，China. Journal of Hazardous Materials，181：1051-1058.

Li Y，Zhao Y，Peng S，et al. 2010. Temporal and spatial trends of total petroleum hydrocarbons in the seawater of Bohai Bay，China from 1996 to 2005. Marine Pollution Bulletin，60：238-243.

Liu X，Meng R，Xing Q，et al. 2015. Assessing oil spill risk in the Chinese Bohai Sea：A case study for both ship and platform related oil spills. Ocean and Coastal Management，108：140-146.

Luo C，Liu C，Wang Y，et al. 2011. Heavy metal contamination in soils and vegetables near an e-waste processing site，South China. Journal of Hazardous Materials，186（1）：481-490.

Ma L，Qin X，Sun N，et al. 2014. Human Health risk of metals in drinking-water source areas from a forest zone after long-term excessive deforestation. Human and Ecological Risk Assessment，20（5）：1200-1212.

Marchand C，Lallier-Vergès E，Baltzer F，et al. 2006. Metals distribution in mangrove sediments along the mobile coastline of French Guiana. Marine Chemistry，98：1-17.

Peng S，Qin X，Shi H，et al. 2012. Ding D. Distribution and controlling factors of phytoplankton assemblages in a semi-enclosed bay during spring and summer. Marine Pollution Bulletin，64：941-948.

Peng S T，Dai M X，Hu Y D，et al. 2009. Long-term（1996-2006）variation of nitrogen and phosphorus and their spatial distributions in Tianjin Coastal Seawater. Bulletin of Environmental Contamination and Toxicology，83（3）：416-421.

Pitkänen H，Lehtoranta J，Räike A. 2001. Internal nutrient fluxes counteract decreases in external load：the case of the estuarial eastern Gulf of Finland，Baltic Sea. Ambio：A Journal of the Human Environment，30：195-201.

Pizarro J，Vergara P，Rodríguez J，et al. 2010. Metals in northern Chilean rivers：Spatial variation and temporal trends. Journal of Hazardous Materials，181：747-754.

Ren H，Liu H，Qu J，et al. 2010. The influence of colloids on the geochemical behavior of metals in polluted water using as an example Yongdingxin River，Tianjin，China. Chemosphere，78：360-367.

Richlen M L，Morton S L，Jamali E A，et al. 2010. The catastrophic 2008-2009 red tide in the Arabian Gulf region，with observations on the identification and phylogeny of the fish-killing dinoflagellate Cochlodinium polykrikoides. Harmful Algae，9（2）：163-172.

Sun J，Tao J. 2006. Relation matrix of water exchange for sea bays and its application. China Ocean Engineering，20（4）：529-544.

White E M，Keeler G J，Landis M S. 2009. Spatial variability of mercury wet deposition in eastern Ohio：Summertime meteorological case study analysis of local source influences. Environmental Science and Technology，43（13）：4946-4953.

White H K，Hsing P Y，Cho W，et al. 2012. Impact of the deepwater horizon oil spill on a deep-water coral community in the Gulf of Mexico. Proceedings of the National Academy of Sciences of the United States of America，109（50）：20303-20308.

Zaghden H，Kallel M，Louati A，et al. 2005. Hydrocarbons in surface sediments from the Sfax coastal zone，（Tunisia）Mediterranean Sea. Marine Pollution Bulletin，50：1287-1294.

Zhou R，Qin X，Peng S，et al. 2014. Total petroleum hydrocarbons and heavy metals in the surface sediments of Bohai Bay，China：Long-term variations in pollution status and adverse biological risk. Marine Pollution Bulletin，83：290-297.

第七章 渤海湾沉积物环境化学要素长期变化过程及其潜在风险

海洋沉积物是地球表层生态和地质环境系统中的有机组成部分，也是海洋生态系统中能量转化和碳循环的重要场所（李学刚和宋金明，2004；朱茂旭等，2011）。沉积物还是许多海洋生物的重要栖息地。因此，沉积物质量的高低直接影响海洋生态系统的生态功能。由于海洋的沉积作用，海洋底部的沉积物成为地球表层系统藏污纳垢最重要的场所，进入海洋水体中的各种污染，经过一系列的繁杂的物理、化学和生物过程后，最后通过沉积作用，埋藏于沉积物之中，沉积物因此也成为各种污染物的“汇”（覃雪波等，2014）。因此，一旦沉积物环境遭受了严重的污染，必然导致其生态环境的恶化，造成经济损失，甚至威胁人类的生存。此外，由于沉积物与上覆水体相互间频繁的交换作用，被污染的沉积物环境还将成为海洋污染潜在的来源，此时海洋沉积物又成为海洋污染的“源”。因此，沉积物污染的研究具有重要的理论和实际意义。

从第六章可以看出，重金属、石油烃等污染物在水体中的污染水平并不是非常严重。然而，由于沉积物中有许多有机质及较小的颗粒，它们对各种污染物都具有很强的吸附作用（Qin et al.，2010），经过长期的吸附作用，沉积物中聚集含量较高的污染物形成了潜在的生态风险。因此，本章通过长期监测渤海湾近海沉积物中的重金属和石油烃含量的变化，揭示渤海湾沉积物中污染物的长期演变过程，并对其进行风险评估，为渤海湾的沉积物生态修复提供科学依据。

第一节 研究方法

一、采样与分析

沉积物采样站位与水样站位相同（见第六章图 6-1）。由于沉积物的变化不明显，因此采样时间为每两年一次，即自 2001 年到 2011 年，每两年于 5 月采一次。采用抓斗采泥器采集表层沉积物（8 ～ 10cm）。现场样品过筛以去除一些杂物，如小树、小石块等，同时使样品混合均匀。每个站位采集沉积物样品 3 ～ 5 个，样品低温运回实验，并保存在 -20℃装箱中直至分析。

分析前，沉积物采用冷冻干燥法干燥，然后过 2mm 筛，后测定沉积物的理化特征，包括有机质和粒度。有机质采用重铬酸钾法测定，粒度用 Mastersizer 2000 激光粒度仪测定。

石油烃分析方法如下：20g 沉积物，索氏萃取 24h，然后根据国家标准（GB17378.4—1998）采用紫外荧光法测定，检测限 6.2μg/g。

重金属测定方法如下：沉积物样品在洁净室内冷冻干燥后研磨过 80 目筛，用硝酸 / 高氯酸加热消解；重金属含量分析采用 Agilent 7500a ICP-MS（Agilent，USA）进行，各个重金属的检测限分别为：铜 0.01μg/g、锌 0.02μg/g、铅 0.005μg/g、镉 0.01μg/g、汞 0.005μg/g。铜、锌、铅、镉、汞的回收率分别为 106%、95%、110%、90%和 81%。

二、风险评价方法

沉积物中的污染物的生态风险采用效应浓度区间中值法（effects range median，ERM）进行评估，其规定当在污染物的某一特定浓度时，有 50%左右生物受负面影响，即产生风险（Long et al.，1995）。该方法理论上是评估单一污染物的生态风险，由于环境中多种污染物共存，因此，又提出平均 ERM 法，用来评估多种污染物共存时的生态风险，具体公式如下（Long et al.，1998）。

$$\mathrm{mERM}=\sum(C_i/\mathrm{ERM}_i)/n$$

式中，C_i 是第 i 种污染物的含量；ERM_i 是第 i 种污染物的 ERM 值；n 是污染物种类。mERM ≤ 0.10 表示没有生态风险；0.10 ＜ mERM ≤ 0.50 表示具有潜在的生态风险；0.50 ＜ mERM ≤ 1.5 表示中度生态风险；mERM ＞ 1.5 表示高风险（Long et al.，2000）。

第二节　沉积物理化性质

渤海湾近海海域的沉积物的理化性质见图 7-1。由图 7-1 中可见，有机质（TOC）含量为 0.41%～1.2%，平均为 0.67%。粒度分析表明，黏粒、粉粒和沙粒的比例分别为 45%、45%和 9.6%，这表明渤海近海海域的沉积物的粒度较小，以黏粒和粉粒为主。这与之前的研究得到的结果相似（Qin et al.，2010）。

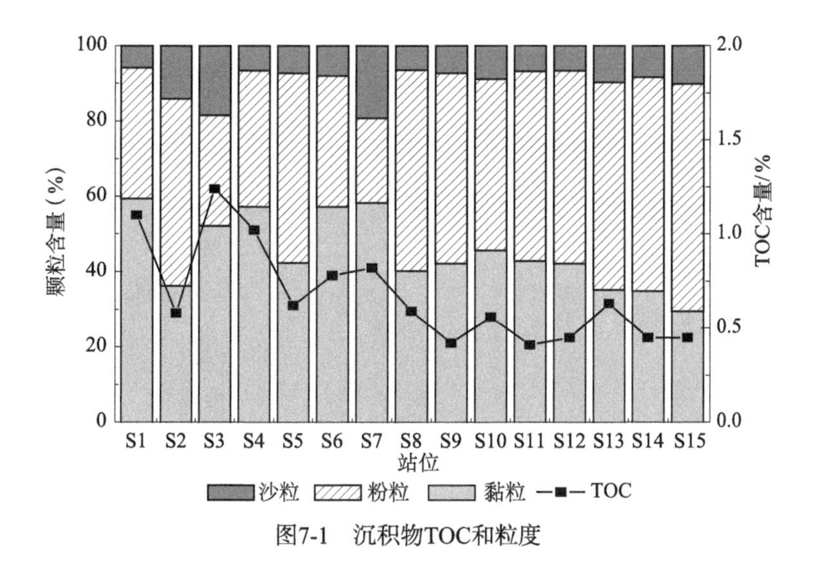

图7-1　沉积物TOC和粒度

第三节　表层沉积物中重金属及石油烃时空变化规律

一、时间分布特征

近 10 年来，渤海湾近海海域沉积物的重金属和石油烃含量时间差异显著（图 7-2）。从图 7-2 中可以看出，石油烃从 2001 年到 2007 年呈现下降的趋势，而后开始上升。最低值出现在 2007 年，为 55μg/g，而最高值出现在 2011 年，为 306μg/g。

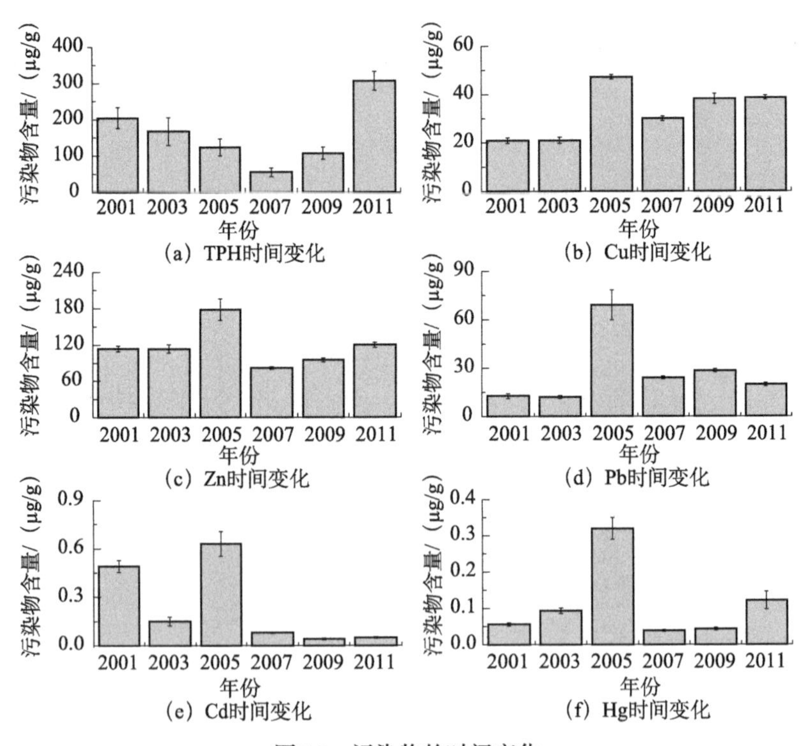

图7-2　污染物的时间变化

本研究是第一次调查渤海湾近海海域沉积物石油烃含量，从图 7-2 中也可以看出，2007 年以后，沉积物中的石油烃含量明显增加。这可能与该地区的工业发展相关。特别是与天津滨海新区发展相关，2006年，天津滨海新区被列为国家级经济开发区，由于便利的海运条件，加上国家的政策支持，滨海新区的经济这几年得到了高速的发展，但是与经济发展并存的是污染，许多污水被排放到渤海湾中，加剧了渤海湾污染水平。另外，也是第六章提到的，海上溢油事故的发生，特别是一些重特大的溢油事故，造成了渤海湾严重的石油污染（Zhou et al.，2014）。

本研究发现，渤海湾近10年来近海海域沉积物重金属含量最高的出现在2005年。总体而言，重金属在2001～2005年呈现上升的趋势，而后开始下降（图7-2）。除了2005年外，Cu和Zn含量在2001～2011年波动不大，另外3种重金属均呈现较大的波动。近10年，有不少相关的重金属调查在渤海开展，得到了不同的结果（表7-1）。例如，2003年的一项调查发现在渤海湾沉积物中的Cu、Zn、Pb、Cd、Hg含量分别是11～27μg/g、69～393μg/g、16.6～34.9μg/g、0.14～1.82μg/g、0.02～0.85μg/g（表7-1）。这表明Pb、Zn和Cd是渤海天津近海海域表层沉积物的主要污染物（Meng et al.，2008）。本研究与其比较可知，Zn几乎没有发生变化，而Pb在本研究呈现较高的含量，因此Zn和Pb仍然是渤海湾的主要污染物。2012年，Gao和Chen报道在同一区域的Zn和Pb的含量分别为131μg/g和35μg/g。相比之下，在本研究中，Zn和Pb含量相对较低。和渤海湾西部及中部相比，本研究得到的重金属含量相对较高（表7-1）。这可能由于本研究调查的站位多位于海岸线，在调查区域内有非常重要的污染源，一是河流的输入，二是工业的输入，这在之前的研究中已得到证实（Wang and Wang，2007）。

二、空间分布特征

在监测的6种污染物中，除了Cd外，各个污染物较高的含量均出现在近岸水域的沉积物中（图7-3）。这表明，陆源的污染是渤海湾近海海域最主要的来源之一。从图7-3中也可以看出，一些污染物在其他站位的含量也较高，例如，Pb和Hg在远离海岸的S13的含量也较高，这又说明了可能有其他的来源。

表7-1 历年渤海湾沉积物重金属含量 （单位：mg/kg）

位置	Cu	Zn	Pb	Cd	Hg	参考文献
渤海湾	7.2～63（33）	58～332（118）	4.3～138（29）	0～0.98（0.25）	0.10～0.68（0.12）	本研究
渤海湾天津部分，2003年	11～27	69～393	16.6～34.9	0.14～1.82	0.02～0.85	Meng et al.，2008
渤海湾，1997～2007年	7～44	57～309	5.9～97	0.04～0.80	0.01～0.18	Zhan et al.，2010
渤海湾西岸，2007年	26.5～45.4	61.6～156	18.3～30.7	0.093～0.252	n.a.	Feng et al.，2011
渤海湾沿岸，2008年	20.1～62.9（38.5）	55.3～457.3（131.1）	20.9～66.4（34.7）	0.12～0.66（0.22）	n.a.	Gao and Chen，2012
渤海湾中部，2008年	7.9～46.7（24.0）	34～123（73）	18.8～39.1（25.6）	0.05～0.19（0.12）	n.a.	Gao and Li，2012

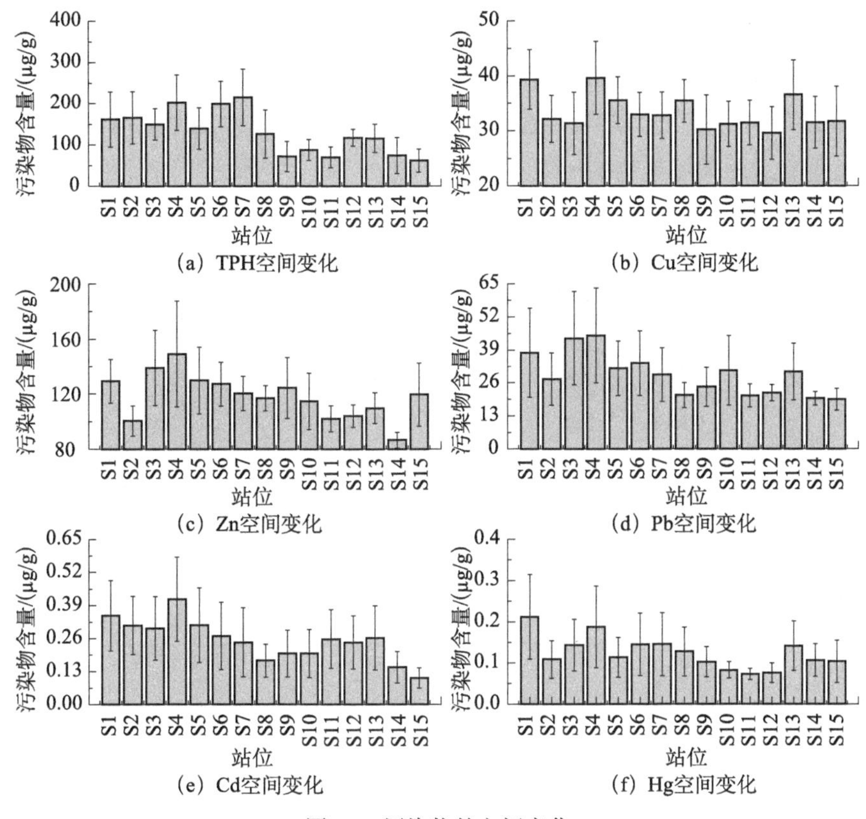

图7-3　污染物的空间变化

第四节　表层沉积物中污染物污染水平

为了反映渤海湾近海海域沉积物的污染水平，将其平均值与国家海洋环境沉积物质量标准进行比较，结果见表 7-2。

从表 7-2 中可以看出，总体上，渤海近海海域沉积物的石油烃和重金属含量较低，大多数站位在大多数年都达到Ⅰ类质量标准。这与之前一些调查研究得到的结果相似（Feng et al.，2011）。实际上，根据吸附理论，粒度越小的沉积物越容易吸附污染物，从沉积物的粒度来看，渤海湾近海海域的沉积物粒度非常小（图 7-1），应该聚集大量的污染物。然而，从石油烃和重金属的含量来看，大多低于国家Ⅰ类标准（表 7-2），这表明渤海湾近海海域沉积物的石油烃和重金属污染水平较低。较低的石油烃含量，也进一步说明了石油烃和重金属不是渤海主要的污染物，这也验证了第六章水质研究得到的结论。尽管如此，但一些站位的石油烃和重金属含量超过了Ⅰ类水平（表7-2），这说明渤海湾近海海域曾经受到这两类污染物的污染。

表7-2 石油烃和重金属污染水平

分类	海洋沉积物质量标准/（mg/kg）			渤海湾/（mg/kg）		超标率/%		
	Ⅰ类	Ⅱ类	Ⅲ类	范围	平均值	Ⅰ类	Ⅱ类	Ⅲ类
TPH	500	1000	1500	6.3～535	159	1.1	0	0
Cu	35	100	200	7.2～63	33	47	0	0
Zn	150	350	600	58～332	118	14	0	0
Pb	60	130	250	1.3～138	29	10	2.2	0
Cd	0.50	1.5	5.0	0～0.98	0.25	20	0	0
Hg	0.20	0.50	1.0	0.03～0.68	0.12	12	4.4	0

为了更深入地了解渤海湾近海海域沉积物石油烃和重金属的污染水平，收集已发表的文献记录世界上其他海域沉积物的这两种污染物的含量进行比较，结果见表7-3。

从表7-3中可以看出，本研究得到的渤海湾近海海域的沉积物中的石油烃含量为6.3～535μg/g，该值不仅远低于城市化水平较高的珠三角和长三角地区，也低于欧洲（如英国）和北美的一些海域的沉积物。然而，该值比印度的孟加拉湾、土耳其的伊兹密尔湾及巴西的托多苏斯桑托斯湾高。由此可以看出，石油烃含量的高低与工业化水平相关，工业化水平越高的地区，石油烃污染水平越高，这是因为工业化高的地区，石油消耗量就越大，所以污染就越高。这也反映了工业发展与污染之间的相互关系。另外也可以看出，与世界上其他地区相比，渤海湾近海海域的石油烃污染水平为中等水平，与中国工业化水平在世界的水平中的位置相一致。

表7-3　世界其他海域沉积物石油烃和重金属含量　　（单位：μg/g）

区域	TPH	Cu	Zn	Pb	Cd	Hg	参考文献
渤海湾	6.3～535（158）	7.2～63（33）	58～332（118）	4.3～138（29）	0～0.98（0.25）	0.10～0.68（0.12）	本研究
厦门港	1 397	19～97（44）	65～223（139）	45～60（54）	0.11～1.0	n.a	Ou et al.，2004；Zhang et al.，2007
长江口	2 200～11 820	6.9～50（30.7）	48～154（94）	18～44（27.3）	0.12～0.75（0.26）	n.a	Bouloubassi et al.，2001；Zhang et al.，2009
珠江口	300～16 500	15～141	240～346	29～39	2.8～4.7	n.a	Peng et al.，2005；Li et al.，2007a
印度孟加拉湾	1.8～40	385～657	71.3～201	25～40	4.6～7.5	n.a	Venkatachalapathy et al.，2010；Raj and Jayaprakash，2008
突尼斯比塞大潟湖	0.05～20	n.a	n.a	32～304	0.395	n.a	Mzoughi et al.，2005；Garali et al.，2010
英国克莱德河口	34～4 386	n.a	n.a	6～631	n.a	n.a	Vane et al.，2011
英国亨伯河口湾	n.a	<3～83	88～395	28～145	n.a	n.a	Lee and Cundy，2001
地中海北亚得里亚海	1 520 ± 76	412 ± 12	500 ± 25	76 ± 6	n.a	n.a	Dell'Anno et al.，2009
土尔其伊兹密尔湾	0.43～7.8	66～993	217～1 031	14～113	0.005～0.82	0.05～1.3	Kucuksezgin et al.，2006；Guven and Akinci，2008
美国巴尼加特湾小蛋河口港	47～1 003（231）	n.a	n.a	n.a	n.a	<0.02～2.6（0.31）	Vane et al.，2008
美国加尔维斯顿湾	4.2～1 814	14	107	27	0.16	0.08	Santschi et al.，2001；Rozas et al.，2000
巴西托多苏斯桑托斯湾	1.6～11	21 ± 4.8	38 ± 10	15 ± 8	0.40 ± 0.20	n.a	Celino et al.，2008
乌拉圭蒙得维的亚港	n.a	59～135	174～491	44～128	<1～1.6	0.30～1.3	Muniz et al.，2004

注：括号中数值为平均值，n.a. 表示没有数据。

第五节　沉积物环境污染风险评估

利用效应浓度区间中值法计算渤海湾近海海域沉积物石油烃和重金属的生态风险值，结果见图 7-4。

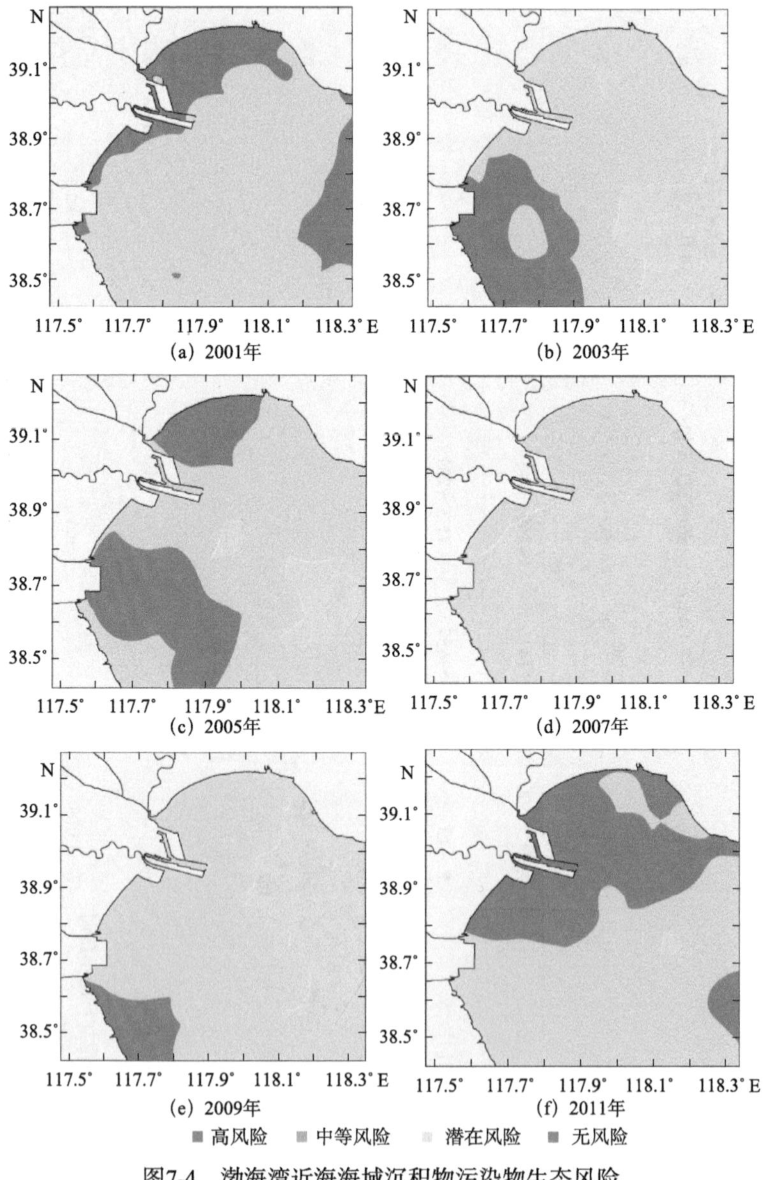

图7-4　渤海湾近海海域沉积物污染物生态风险

由图 7-4 中可见，渤海湾近海海域石油烃和重金属的生态风险时空变化显著。时间上呈现 2001 ～ 2007 年生态风险下降的趋势（2005 年除外），而 2007 年后又有所上升；空间上呈现由近岸到外海逐渐升高之势。

生态风险的升高和下降与沉积物中的污染含量相关。沉积物中的污染物主要为水体中的污染被沉积物颗粒吸附所致，这表明水体中的石油烃和重金属含量显著影响它们在沉积物中的含量。而其在沉积物中含量的大小又决定其生态风险的大小，因此，其生态风险的高低与水体中的重金属的含量息息相关。因此，在本章中，沉积物中污染物的生态风险的年际变化的原因可以利用第六章中的水体中石油烃和重金属含量变化的原因来解释。

值得注意的是，各个年份中，生态风险值均大于 0，这表明，目前的渤海湾近海海域沉积物的石油烃和重金属污染具有潜在的生态风险。特别是由于埋藏在沉积物中的石油烃和重金属会发生各种复杂环境行为，如向水体释放、石油烃被微生物降解、被沉积物中的底栖动物富集等。特别是在最近水体污染源被严格控制的条件下，沉积物中的污染物向水体释放已成为水体中污染物的一个重要来源。因此，必须加强对沉积物中的污染物的监测，加强对其向环境迁移转化过程机制的了解，以期做出早期的预警。

第六节　沉积物中石油烃、重金属及有机质的关系

相关分析表明，除了石油烃和锌外，监测的所有污染物均两两呈显著正相关（表 7-4）。这种显著的相关关系表明它们之间有共同的来源。从表 7-4 中也可以看出，所有的污染物与沉积物的 TOC 含量、粒度呈显著正相关，说明沉积物的 TOC 含量和粒度会对沉积物含量的大小产生深远的影响。这可能是由于 TOC 对石油烃和重金属具有很强的吸附能力，同样，粒度小的沉积物颗粒吸附能力更强。因此，沉积物理化性质的改变也会导致其中污染物的含量和类型发生变化。

表7-4 污染物之间及与沉积物理化性质之间相关分析

分类	Cu	Zn	Pb	Cd	Hg	TOC	黏粒
TPH	0.56*	0.51	0.66**	0.68**	0.71**	0.699**	0.75**
Cu	—	0.67**	0.73**	0.69**	0.85**	0.743**	0.48*
Zn	—	—	0.78**	0.54*	0.61*	0.723**	0.64*
Pb	—	—	—	0.80**	0.70**	0.90**	0.73**
Cd	—	—	—	—	0.60*	0.67**	0.64*
Hg	—	—	—	—	—	0.82**	0.67**

* 表示 $P < 0.05$，** 表示 $P < 0.01$。

在本研究中，在沉积物中同时监测到石油烃和重金属等多种污染物。这表明多种污染物共存于同一的环境界质中。实际上，不同环境界质是一个复杂的体系，同时有多种污染物。例如，在受污染的土壤中就含有多环芳烃、农药、重金属等常见的污染物（Chen et al.，2007）。在本研究中，石油烃和重金属共存于沉积物中，而且它们之间形成显著的正相关关系（表 7-4）。这说明，重金属的存在有利于提高石油烃的含量。造成这种现象可能与两方面原因相关：一是重金属利用腐殖酸凝聚，因此有利于吸附石油烃（Li et al.，2007b）；二是重金属对微生物产生毒性，降低了微生物对石油烃的降解，由此形成沉积物中石油烃含量相对较高的现象（Epelde et al.，2012；Rathnayake et al.，2013），两者（重金属与石油烃）也呈显著正相关。

从上面的论述可知，在渤海湾近海海域的表层沉积物中同时存在多种污染物。这些同时存在的污染物之间可能会发生复合污染。复合污染是近 10 年来特别受关注的一种污染，相对于单一污染物污染，复合污染更加复杂。复合污染的毒性及生物有效性不同于单一污染。相关研究表明，复合污染可能造成增加、协同、抵消等多种情况（Graf et al.，2007）。例如，铬与苯并芘的复合污染要比单一的铬或苯并芘污染产生的后果严重得多（Chigbo and Batty，2013）。在本研究中，石油烃和重金属的复合污染可能存在，这种复合污染可能增加渤海近海海域的生态风险，因此应该加强这方面的研究。

本章小结

（1）渤海湾近海海域的沉积物石油烃从 2001 年到 2007 年呈现下降的趋势，

而后开始上升。最低值出现在 2007 年，最高值出现在 2011 年。

（2）重金属在 2001 ～ 2005 年呈现上升的趋势，而后开始下降；除了 2005 年外，铜和锌含量在 2001 ～ 2011 年波动较大，另外三种重金属均呈现较大的波动。

（3）除了镉外，各个污染物较高的含量均出现在近岸水域的沉积物中，说明陆源的污染是渤海湾近海海域最主要的来源之一。

（4）渤海近海海域沉积物的石油烃和重金属含量较低，大多数的站位在大多数年都达到国家海洋环境沉积物质量标准中的 I 类质量标准；与世界上其他地区相比，渤海湾近海海域的石油烃污染水平为中等水平。

（5）利用效应浓度区间中值法计算渤海湾近海海域沉积物石油烃和重金属的生态风险值，结果表明，渤海湾近海海域石油烃和重金属的生态风险时空变化显著。时间上呈现 2001 ～ 2007 年生态风险下降的趋势（2005 年除外），而 2007 年后又有所上升；空间上呈现由近岸到外海逐渐升高之势。

参考文献

李学刚，宋金明 . 2004. 海洋沉积物中碳的来源、迁移和转化 . 海洋科学集刊，46：106-117.

覃雪波，孙红文，彭士涛，等 . 2014. 生物扰动对沉积物中污染物环境行为的影响研究进展 . 生态学报，34（1）：59-69.

朱茂旭，史晓宁，杨桂朋，等 . 2011. 海洋沉积物中有机质早期成岩矿化路径及其相对贡献 . 地球科学进展，26（4）：355-364.

Bouloubassi I，Fillaux J，Saliot A. 2001. Hydrocarbons in surface sediments from the Changiang（Yangtze River）estuary，East China Sea. Marine Pollution Bulletin，42：1335-1346.

Celino J J，de Oliveira OMC，Hadlich G M，et al. 2008. Assessment of contamination by trace metals and petroleum hydrocarbons in sediments from the tropical estuary of Todos os Santos Bay，Brazil. Brazilian Journal of Geology，38：753-760.

Chen J Y，Zhu D Q，Sun C. 2007. Effect of heavy metals on the sorption of hydrophobic organic compounds to wood charcoal. Environmental Science and Technology，41：2536-2541.

Chigbo C，Batty L. 2013. Effect of combined pollution of chromium and benzo（a）pyrene on seed growth of *Lolium perenne*. Chemosphere，90：164-169.

Dell'Anno A，Beolchini F，Gabellini M，et al. 2009. Bioremediation of petroleum hydrocarbons in anoxic marine sediments: Consequences on the speciation of heavy metals. Marine Pollution Bulletin, 58: 1808-1814.

Epelde L, Martín-Sánchez I, González-Oreja J A, et al. 2012. Impact of sources of environmental degradation on microbial community dynamics in non-polluted and metal-polluted soils. Science of the Total Environment, 433: 264-272.

Feng H, Jiang H, Gao W, et al. 2011. Metal contamination in sediments of the western Bohai Bay and adjacent estuaries, China. Journal of Environmental Management, 92 (4): 1185-1197.

Gao X, Chen C. 2012. Heavy metal pollution status in surface sediments of the coastal Bohai Bay. Water Research, 46: 1901-1911.

Gao X, Li P. 2012. Concentration and fractionation of trace metals in surface sediments of intertidal Bohai Bay, China. Marine Pollution Bulletin, 64: 1529-1536.

Garali AB, Ouakad M, Gueddari M, 2010. Contamination of superficial sediments by heavy metals and iron in the Bizerte lagoon, northern Tunisia. Arabian Journal of Geosciences, 3 (3): 295-306.

Graf M, Lair G J, Zehetner F, et al. 2007. Geochemical fractions of copper in soil chronosequences of selected European floodplains. Environmental Pollution, 148: 788-796.

Guven D E, Akinci G. 2008. Heavy metals partitioning in the sediments of Izmir Inner Bay. Journal of Environmental Sciences, 20 (4): 413-418.

Kucuksezgin F, Kontas A, Altay O, et al. 2006. Assessment of marine pollution in Izmir Bay: Nutrient, heavy metal and total hydrocarbon concentrations. Environment International, 32: 41-51.

Lee S V, Cundy A B. 2001. Heavy metal contamination and mixing processes in sediments from the Humber estuary, eastern England. Estuarine Coastal and Shelf Science, 53 (5): 619-636.

Li J, Zhao B, Shao J, et al. 2007a. Influence of the presence of heavy metals and surface-active compounds on the sorption of bisphenol A to sediment. Chemosphere, 68: 1298-1303.

Li Q, Wu Z, Chu B, et al. 2007b. Heavy metals in coastal wetland sediments of the Pearl River Estuary, China. Environmental Pollution, 149: 158-164.

Long E R, Field L J, MacDonald D D. 1998. Predicting toxicity in marine sediments with numerical sediment quality guidelines. Environmental Toxicology and Chemistry, 17 (4): 714-727.

Long E R, Macdonald D D, Smith S L, et al. 1995. Incidence of adverse biological effects within ranges of chemical concentrations in marine and estuarine sediments. Environmental Management, 19: 81-97.

Long E R, MacDonald D D, Severn C G, et al. 2000. Classifying probabilities of acute toxicity in marine sediments with empirically derived sediment quality guidelines. Environmental Toxicology and Chemistry, 19: 2598-2601.

Meng W, Qin Y, Zheng B, et al. 2008. Heavy metal pollution in Tianjin Bohai Bay, China. Journal of Environmental Science, 20（7）: 814-819.

Muniz P, Danulat E, Yannicelli B, et al., 2004. Assessment of contamination by heavy metals and petroleum hydrocarbons in sediments of Montevideo Harbour（Uruguay）. Environment International, 29: 1019-1028.

Mzoughi N, Dachraoui M, Villeneuve J P. 2005. Evaluation of aromatic hydrocarbons by spectrofluorometry in marine sediments and biological matrix: What reference should be considered? Comptes Rendus Chimie, 8（1）: 97-102.

Ou S, Zheng J, Zheng J, et al. 2004. Petroleum hydrocarbons and polycyclic aromatic hydrocarbons in the surficial sediments of Xiamen Harbour and Yuan Dan Lake, China. Chemosphere, 56: 107-112.

Peng S, Qin X, Shi H, et al. 2012. Ding D. Distribution and controlling factors of phytoplankton assemblages in a semi-enclosed bay during spring and summer. Marine Pollution Bulletin, 64: 941-948.

Peng X, Zhang G, Mai B, et al. 2005. Tracing anthropogenic contamination in the Pearl River estuarine and marine environment of South China Sea using sterols and other organic molecular markers. Marine Pollution Bulletin, 50: 856-865.

Qin X, Sun H, Wang C, et al. 2010. Impacts of crab bioturbation on the fate of polycyclic aromatic hydrocarbons in sediment from the Beitang estuary of Tianjin, China. Environmental Toxicology and Chemistry, 29: 1248-1255.

Raj S M, Jayaprakash M. 2008. Distribution and enrichment of trace metals in marine sediments of Bay of Bengal, off Ennore, south-east coast of India. Environmental Geology, 56（1）: 207-217.

Rathnayake I V N, Megharaj M, Krishnamurti G S R, et al. 2013. Heavy metal toxicity to bacteria—Are the existing growth media accurate enough to determine heavy metal toxicity? Chemosphere, 90: 1195-1200.

Rozas L P, Minello T J, Henry C B. 2000. An assessment of potential oil spill damage to salt marsh habitats and fishery resources in Galveston Bay, Texas. Marine Pollution Bulletin, 40: 1148-1160.

Santschi P H, Presley B J, Wade T L, et al. 2001. Historical contamination of PAHs, PCBs, DDTs, and heavy metals in Mississippi River Delta, Galveston Bay and Tampa Bay sediment cores. Marine Environmental Research, 52: 51-79.

Vane C H, Chenery S R, Harrison I, et al. 2011. Chemical signatures of the Anthropocene in the Clyde estuary, UK: Sediment-hosted Pb, 207/206Pb, total petroleum hydrocarbon, polyaromatic hydrocarbon and polychlorinated biphenyl pollution records. Philosophical Transactions of the Royal Society A, 369: 1085-1111.

Vane C H, Harrison I, Kim A W. 2007. Polycyclic aromatic hydrocarbons (PAHs) and polychlorinated biphenyls (PCBs) in sediments from the Mersey Estuary, U.K. Science of Total Environment, 374: 112-126.

Vane C H, Harrison I, Kim A W, et al. 2008. Status of organic pollutants in surface sediments of Barnegat bay—Little Egg Harbor Estuary, New Jersey, USA. Marine Pollution Bulletin, 56: 1802-1808.

Venkatachalapathy R, Veerasingam S, Basavaiah N, et al. 2010. Comparison between petroleum hydrocarbon concentrations and magnetic properties in Chennai coastal sediments, Bay of Bengal, India. Marine and Petroleum Geology, 27: 1927-1935.

Wang C, Wang X. 2007. Spatial distribution of dissolved Pb, Hg, Cd, Cu and As in the Bohai Sea. Journal of Environmental Sciences, 19 (9): 1061-1066.

Zhan S, Peng S, Liu C, et al. 2010. Spatial and temporal variations of heavy metals in surface sediments in Bohai Bay, North China. Bulletin of Environmental Contamination and Toxicology, 84 (4): 482-487.

Zhang L, Ye X, Feng H, et al. 2007. Heavy metal contamination in western Xiamen Bay sediments and its vicinity, China. Marine Pollution Bulletin, 54: 974-982.

Zhang W, Feng H, Chang J, et al. 2009. Heavy metal contamination in surface sediments of Yangtze River intertidal zone: An assessment from different indexes. Environmental Pollution, 157 (5): 1533-1543.

Zhou R, Qin X, Peng S, et al. 2014. Total petroleum hydrocarbons and heavy metals in the surface sediments of Bohai Bay, China: Long-term variations in pollution status and adverse biological risk. Marine Pollution Bulletin, 83: 290-297.

第八章　渤海湾浮游生态系统变化特征

浮游植物是海洋有机质的主要生产者，它不但是浮游动物的基础饵料，也是海洋食物网结构的基础环节，在海洋生态系统的物质循环与能量转换过程中起着重要作用。浮游植物数量的研究是海洋生态系统容纳量的重要指标。海洋浮游植物群落结构的变化，将改变浮游植物的生物量及生产力，继而影响到整个海洋生态系统。浮游植物群落在环境改变时可以灵敏而迅速地反映环境的变化，而且不同的浮游植物的群落结构决定了其在生态系统中的功能差异。因此，研究浮游植物变化是当今海洋生态学研究的热点之一，深入地研究可为海洋生物资源的开发利用提供科学依据。

渤海的浮游植物研究始于20世纪30年代，但新中国成立前的研究以分类和研究物种的生态习性为主（Wang，1936）。新中国成立后，研究的区域和内容逐步扩大，1957～1959年对渤海整个海区浮游植物进行了调查，经鉴定的浮游植物有81种，其中1959年的研究结果表明，浮游植物群落中以角毛藻为主，但在辽东湾发现圆筛藻属硅藻是该区毛虾的主要饵料（朱树屏和郭玉洁，1957；朱树屏和郭玉洁，1959）。1992年秋到1993年春季对渤海浮游植物种群动态的研究结果表明（王俊和康元德，1998），硅藻门中以角毛藻的种类最多，其次是圆筛藻，甲藻门以角藻的种类数量较多；与1959年历史同期浮游植物群落相比，角毛藻属衰退，浮游甲藻、圆筛藻属和浮动弯角藻兴起；1992～1993年的浮游植物年平均数量低于1959年同期，可能与1992～1993年渤海无机磷的降低有一定关系。近10年来，渤海中部和渤海海峡及其邻近海域的浮游植物受到了广泛的研究（孙军等，2002，2004a，2004b，2004c；孙军和刘东艳，2005；曹春辉等，2006）。作为渤海重要组成部分的渤海湾，位于渤海的西部，是一个典型的半封闭海湾。由于与外海的水交换非常缓慢，导致营养盐容易累积，加速水体富营养化，赤潮现象时有发生（Tang et al.，2006）。赤潮严重影响海洋渔业，危害当地经济（Richlen et al.，2010）。更为严重的是，一些有害的赤潮藻类爆发，这些藻类被鱼类等动物食用，藻类中的有毒有害物质如多莫酸等通过食物链传递和富集，最终危害人类健康（Flewelling et al.，2005）。赤潮是由于海洋浮游植物的过快生长繁殖造成的，它受到各种环境因子的控制，如水温、营养盐、盐度、水体的稳定性等（Byun et al.，2007；Paerl et al.，2011）。因此，了解渤海湾浮游植物与环境因子之间的关系对于制定控制赤潮措施具有重要的现实意义。

渤海湾的浮游植物与环境因子之间的关系受到广泛的研究，然而大多的研究主要基于一元相关关系的分析方法（崔毅等，1992；费尊乐等，1988；王俊，2003）。由于浮游植物的生长繁殖受到多种环境因子共同作用，单一的相关分析难以准确地反映环境因子对浮游植物的影响。冗余分析（redundancy analysis，RDA）是一种线性多元直接梯度分析，它基于统计学的角度评价一个或一组变量与另一组多变量数据之间的关系（Borcard et al.，1992）。RDA 方法能有效地对多个环境指标进行统计检验，并确定对群落变化具最大解释能力的最小变量组，从而更好地反映群落与环境之间的关系（Kristie et al.，2008）。近年来，国内学者已开始将 RDA 方法应用于浮游植物研究，并取得了良好的效果，但多集中于淡水浮游植物（Wang et al.，2010；Xiao et al.，2011），对海洋浮游植物的研究不多。

本章将对自 2000 年以来渤海湾的浮游植物变化进行系统的研究。通过连续长时间的采样和分析，这些数据全面反映了该海域浮游植物种类和群落特征的变化情况，同时，运用多元分析技术分析浮游植物分布特征及其与环境因子之间的关系，识别出影响浮游植物变化的关键环境因子，以期为该海域的赤潮防治提供科学依据。

第一节　研究方法

一、站位布设

从渤海湾南部至北部，均匀设置 30 个站位（图 8-1）。其中，S7 位于南部水域，邻近热电厂；S13 邻近海河河口；S19 位于北塘河口；S25 位于天津市汉沽区附近。

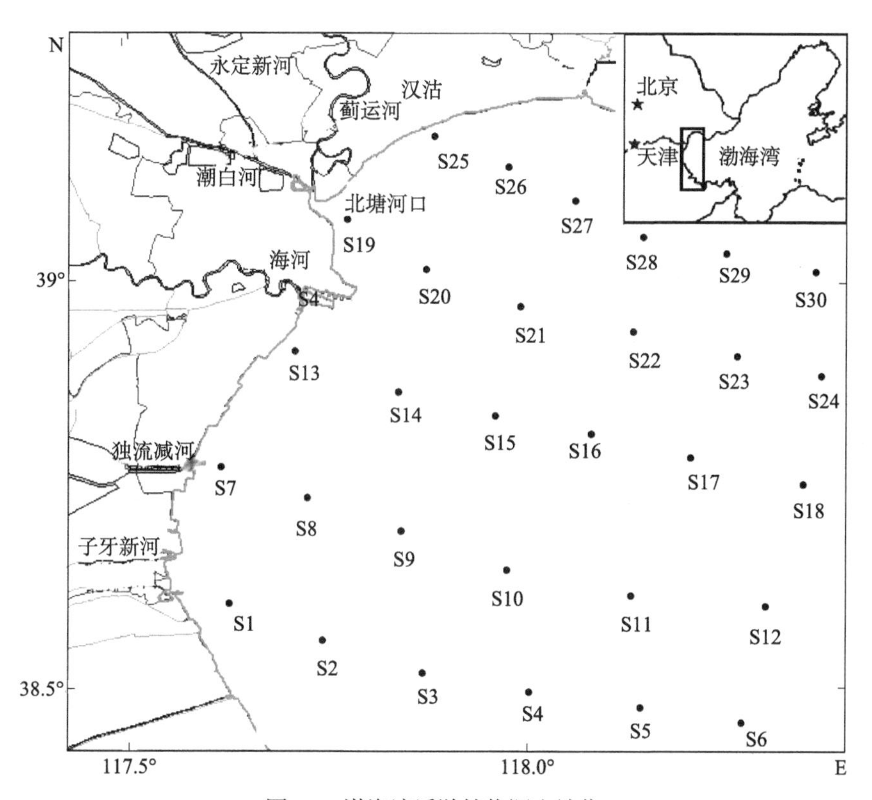

图8-1　渤海湾浮游植物调查站位

二、样品采集与分析

样品采集时间为 2000 ～ 2012 年，于每年的 5 月和 8 月，代表春季和夏季，在各个站位采集表层和底层水样，混合后保存。浮游植物样品分析按 Utermöhl 方法进行：取 25ml 浮游植物样品于 Hyro-bios 的 Utermöhl 计数框，用 AO 倒置显微镜，在 200 倍和 400 倍下进行物种鉴定与计数。浮游植物生物量表示为 cells/m^3。

环境因子包括透明度、水温（WT）、pH、盐度（sal）、溶解氧（DO）、亚硝酸盐（NO^-_2-N）、硝酸盐（NO^-_3-N）、氨氮（NH^+_4-N）、溶解性活性磷酸盐（soluble reactive phosphorus，SRP）和硅酸盐（SiO_4^{2-}），其分析方法参照前第五章的分析方法。

三、数据处理

环境因子和浮游植物生物量的季节间差异采用 t 检验，站位间差异采用单因素方差分析法，数据分析均在 SPSS13.0 上进行。

浮游植物生物多样性采用 Shannon-Veaner 指数（H'）进行多样性分析，公式如下：

$$H' = -\sum_{i=1}^{S} P_i \log_2 P_i$$

式中，S 为总种数，P_i 为第 i 种个体生物量在总个体生物量中的比例。

浮游植物与环境因子的排序分析采用多元分析技术进行，在 Canoco for Windows 4.5 软件包上进行。进入排序的浮游植物要经过筛选，只有至少在一个站位数量占该站位总数量 5%以上的种类才考虑（Leira and Sabater，2005）。分析前，浮游植物生物量和环境因子（除 pH 外）均转换成 lg（x+1）形式。首先对浮游植物生物量进行除趋势对应分析（detrended correspondence analysis，DCA），以确定其属于单峰型分布还是线型分布。DCA 结果表明，春夏两季所有轴中梯度最长的分别为 2.56 和 2.22，小于 3，适合用于基于线性的 PCA 和 RDA。PCA 用于分析浮游植物分布特征；RDA 用于分析浮游植物与环境因子之间的关系，相关显著性用 Monte Carlo 法进行检验。由于环境因子之间可能存在较高的相关性，对于偏相关系数（$r > 0.8$）和变异波动指数大于 20 的环境因子都不进入 RDA。

第二节　浮游植物种类

一、种类组成

自 2000 年以来，渤海湾共发现浮游植物 7 门 99 种（表 8-1）。其中，硅藻最多，72 种，占 73%；甲藻次之，15 种，占 15%；其余 5 门 12 种，占 13%。

表8-1 渤海湾浮游植物组成

序号	中文名	拉丁文学名	序号	中文名	拉丁文学名
（一）	鞭毛藻门	Dinoflagellate	28	虹彩圆筛藻	*Coscinodiscus oculusiridis*
1	海洋卡盾藻	*Chattonella marina*	29	辐射圆筛藻	*Coscinodiscus radiati*
（二）	硅藻门	Bacillariophyta	30	圆筛藻	*Coscinodiscus* sp.
2	茧形藻属	*Amphiprora* sp.	31	威氏圆筛藻	*Coscinodiscus wailesii*
3	日本星杆藻	*Asterionella japonica*	32	小环藻	*Cyclotella* sp.
4	透明辐杆藻	*Bacteriastraceae hyalinum*	33	条纹小环藻	*Cyclotella striata*
5	中华盒形藻	*Biddulphia sinensis*	34	蜂腰双壁藻	*Diploneis bombus*
6	异常角毛藻	*Chaetoceros abnormis*	35	布氏双尾藻	*Ditylum brightwellii*
7	窄隙角毛藻	*Chaetoceros affinis*	36	太阳双尾藻	*Ditylum sol*
8	北方角毛藻	*Chaetoceros borealis*	37	浮动弯角藻	*Eucampia zoodiacus*
9	中肋角毛藻	*Chaetoceros costatus*	38	斑条藻属	*Grammatophora* sp.
10	旋链角毛藻	*Chaetoceros curvisetus*	39	萎软几内亚藻	*Guinardia flaccida*
11	柔弱角毛藻	*Chaetoceros debilis*	40	链状裸甲藻	*Gymnodinium catenatum*
12	并基角毛藻	*Chaetoceros decipiens*	41	娄氏藻	*Lauderia* Cleve
13	密联角毛藻	*Chaetoceros densus*	42	细柱藻属	*Leptocylindrus*
14	双突角毛藻	*Chaetoceros didymus*	43	短楔形藻	*Licmophora abbreviata*
15	克尼角毛藻	*Chaetoceros knipowitschii*	44	直链藻	*Melosira* sp.
16	洛氏角毛藻	*Chaetoceros lorenzianus*	45	具槽直链藻	*Melosira sulcata*
17	日本角毛藻	*Chaetoceros nipponica*	46	膜质舟形藻	*Navicula membrancea*
18	绕孢角毛藻	*Chaetoceros socialis*	47	舟形藻	*Navicula* sp.
19	角毛藻	*Chaetoceros* sp.	48	长菱形藻	*Nitzschia longissima*
20	星脐圆筛藻	*Coscinodiscus asteromphalus*	49	弯端长菱形藻	*Nitzschia longissima f. reversa*
21	有翼圆筛藻	*Coscinodiscus bipartitus*	50	洛氏菱形藻	*Nitzschia lorenziana*
22	中心圆筛藻	*Coscinodiscus centralis*	51	尖刺菱形藻	*Nitzschia pungens*
23	偏心圆筛藻	*Coscinodiscus excentricus*	52	菱形藻属	*Nitzschia* sp.
24	巨圆筛藻	*Coscinodiscus gigas*	53	新月菱形藻	*Nitzshia closterium*
25	格氏圆筛藻	*Coscinodiscus granii*	54	海洋曲舟藻	*Pleurosigma pelagicum*
26	琼氏圆筛藻	*Coscinodiscus jonesianus*	55	羽纹藻属	*Pinnularia* sp.
27	线形圆筛藻	*Coscinodiscus lineatus*	56	相似曲舟藻	*Pleurosigma affine*

续表

序号	中文名	拉丁文学名	序号	中文名	拉丁文学名
57	曲舟藻	*Pleurosigma* sp.	80	漆沟藻	*Gonyaulax* Diesing
58	豪猪棘冠藻	*Pleurosigma* sp.	81	春漆沟藻	*Gonyaulax verior*
59	根管藻	*Rhizosolenia* sp.	82	裸甲藻	*Gymnodinium* sp.
60	印度翼根管藻	*Rhizosolenia alata*	83	夜光藻	*Noctilluca scintillans*
61	柔弱根管藻	*Rhizosolenia delicatula*	84	里昂多甲藻	*Peridinium leonis*
62	半棘钝根管藻	*Rhizosolenia hebetata f. semispina*	85	五角多甲藻	*Peridinium pentagonum*
63	刚毛根管藻	*Rhizosolenia setigera*	86	多甲藻	*Peridinium* sp.
64	斯托根管藻	*Rhizosolenia stolterfotii*	87	斯氏扁甲藻	*Pyrophacus steinii*
65	中肋骨条藻	*Skeletonema costatum*	88	斯克里普藻	*Scrippsiella* sp.
66	扭鞘藻	*streptotheca thamesis*	（四）	金藻门	Chrysophyta
67	菱形海线藻	*Thalassionema nitzschioides*	89	等鞭金藻	*Isochrysis galbana*
68	佛氏海毛藻	*Thalassionthrix frauenfeldii*	（五）	蓝藻门	Cyanophyta
69	诺氏海链藻	*Thalassiosira nordenskioldi*	90	色球藻	*Chroococcus* sp.
70	圆海链藻	*Thalassiosira rotula*	91	尖头藻	*Raphidiopsis* sp.
71	海链藻	*Thalassiosira* sp.	92	螺旋藻	*Spirulina* sp.
72	佛氏海毛藻	*Thalassiothrix frauenfeldii*	（六）	裸藻门	Euglenophyta
73	菱形海线藻	*Thalssionema nitzschiodes*	93	裸藻	*Euglena* sp.
（三）	甲藻门	Pyrrophyta	（七）	绿藻门	Chlorophyta
74	塔玛亚历山大藻	*Alexandrium tamarense*	94	小球藻	*Chlorella* sp.
75	短角藻平行变种	*Ceratium breve* var. *parallelum*	95	四足十字藻	*Crucigenia tetrapedia*
76	叉状角藻	*Ceratium furca*	96	四角网骨藻	*Dictyocha fibula*
77	三角角藻	*Ceratium tripos*	97	扁藻	*Platymonas* sp.
78	渐尖鳍藻	*Dinophysis acuminata*	98	月牙藻	*Scelenastrum* sp.
79	双鞭藻	*Eutreptia pertyi*	99	栅列藻	*Senedesmus* sp.

二、种类季节变化

浮游植物种类的季节分布见表 8-2。浮游植物种类在春、夏分别为 57 种和

73种，分别占已发现的渤海湾浮游植物总种数的57%和74%。由此可见，夏季的浮游植物种类比春季高，这可能与渤海湾的浮游植物以广温性种类为主，夏季较高的水温有利于藻类的出现。在两季节中，均以硅藻种类最多，其次是甲藻，表明渤海湾的浮游植物种类以这两大类群为主，这与之前的研究得到的结论相似（杨世民等，2007）。在渤海的研究中也得到类似的结论（孙军和刘东艳，2005），表明渤海湾的浮游植物种类组成与渤海的整体环境有类似的特征。

表8-2　渤海湾浮游植物种数的季节分布

时间	蓝藻	绿藻	硅藻	金藻	黄藻	裸藻	甲藻	合计
春季	2	3	42	1	—	1	7	56
夏季	1	4	55	1	1	0	11	73
总量	3	5	72	2	1	1	15	99

三、种类空间变化

渤海湾浮游植物在两个季节的空间分布见图8-2。由图8-2中可见，各站位的浮游植物种类存在明显的差异。春季种类最多的是S7，达到27种，最低值出现在S5，仅发现13种；夏季种类最多的是S18，达到30种，最低值出现在S24，和春季一样，也只发现13种。30个站位浮游植物种类组成季节差异明显，反映了渤海湾各个站位生境的异质性。

从图8-2中也可以看出，两个季节种数超过20的站位主要分布于渤海湾的中部水域，如S7～S13。这可能与其受到的干扰相关，中度理论为认为如果干扰处于中等强度，就会给先驱种（r）再次重建的机会而不至于被竞争排挤掉，后来种（k）不需要完全征服先驱种就能抵抗干扰而生存下来，从而导致物种种类增加（Padisak，1993）。在本研究中，这些站位大多位于中部海域，这些区域既不是港口所在地，也不是河口区，但同时他们距离河口或港口有一定的距离，可推测其受到的干扰处于中度水平，有利于物种的增加。

四、种类年际变化

浮游植物种类年际变化见图8-3。由图8-3中可见，近13年来，渤海湾浮

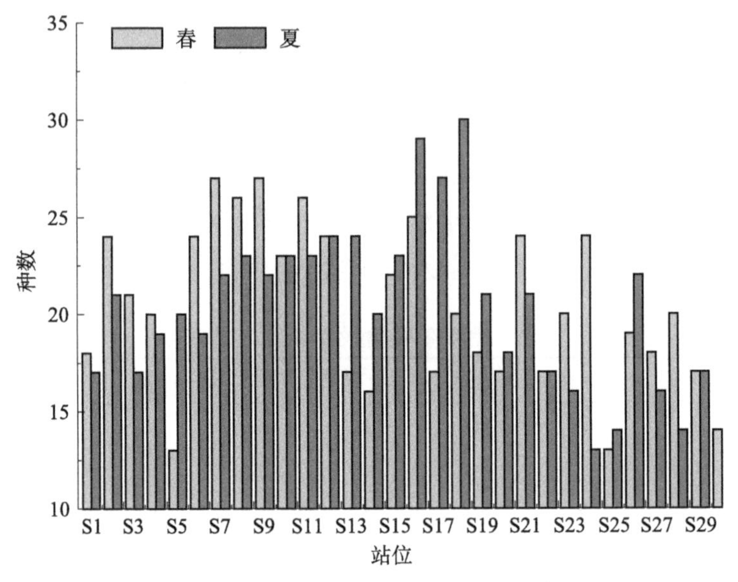

图8-2　渤海湾浮游植物种类空间分布

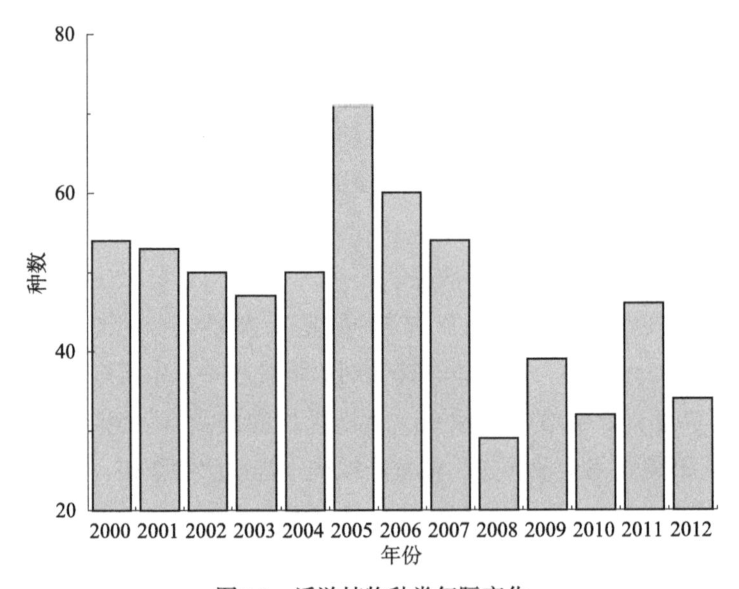

图8-3　浮游植物种类年际变化

游植物总物种数呈现先增后降再升的变化特征，其中 2005 年是由增转降的转折点，2008 年又是由降转升的转折点。种数最高的年份是 2005 年，达到 71 种，最低的年份是 2008 年，仅为 29 种（图 8-3）。特别值得注意的是，2008 年后，渤海湾的浮游植物种数处于振荡的变化中，反映海洋环境的变化过程，这可能与这一段时期渤海湾大规模的海岸工程相关，影响了渤海湾的近海生态系统的稳定。

第三节　浮游植物生物量变化

一、浮游植物平均生物量

渤海湾浮游植物的平均生物量为 118×10^4cells/m^3。其中，硅藻生物量最大，为 109×10^4cells/m^3，占总生物量的 91.84%；甲藻次之，为 8.6×10^4cells/m^3，占总丰度的 7.3%，其他门类较少（图 8-4）。可见，从生物量来看，渤海湾的浮游植物以硅藻为主，甲藻也占有一定的比例，其他藻类较少。这与之前的一些研究得到的结果相似（杨世民等，2007）。

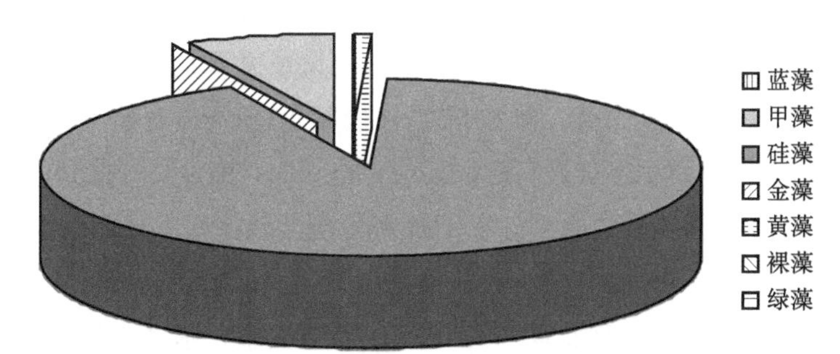

图8-4　渤海湾浮游植物生物量组成（单位：10^4cells/m^3）

二、浮游植物生物量季节空间变化

春季浮游植物平均生物量为 134×10^4cells/m^3，显著高于夏季（104×10^4cells/m^3，$P<0.01$）。由此可见，渤海湾浮游植物的季节变化明显，这种变化与多种原因相关。一是水温。水温作为控制浮游植物季节变化最重要的环境因子之一，水温的变化导致浮游植物种类和生物量的变化（Dupuis and Hann，2009）。在本研究中，硅藻是最重要的类群，种类和生物量均占到总数的 95%以上。硅藻喜低温，最适合的温度通常低于 18℃（da Silva et al.，2005；Turner et al.，2009；Wasmund et al.，2011）。春季，渤海湾平均水温为 16℃，是硅藻生长的理想温

度，能促进其大量繁殖，形成明显的优势种。因此，春季浮游植物的生物量远高于夏季。这与之前 Sun 等（2001）报道的渤海浮游植物季节变化受水温控制的结论相一致。二是营养盐。营养盐同样是影响浮游植物季节变化的关键因子之一（Lope et al.，2009；Ward et al.，2011；邱小琮等，2012）。在海洋生态系统中，浮游植物对氮磷的利用通常按照 Redfield 比率（N ： P=15 ： 1）进行，当氮磷比超过 15 时，磷是限制性因子，低于 15 时，氮是限制性因子。在本研究中，N ： P 比（DIN/SRP，DIN 为三个氮盐之和）春季为 128，夏季为 46，均表现为磷限制。春季 SRP 含量为 0.004mg/L，明显低于夏季（0.018mg/L），然而，春季的浮游植物生物量（115×10^4cells/m^3）却高于夏季（3.1×10^4cells/m^3），似乎又不能确定磷是限制因子。这可能与渤海春季的硅藻水华爆发造成营养盐急剧下降有关（Sun et al.，2001），这也表明，浮游植物不仅受到环境因子的影响，它本身也影响着环境。三是盐度，这也是一个控制浮游植物季节变化的重要环境因子（McQuoid，2005）。渤海湾夏季的盐度较低，这是由于夏季是丰水期，大量的河水入海稀释了海水的盐度，从而造成夏季盐度相对较低。尽管近海的浮游植物多为广盐种类，能适应各种盐度（Balzano et al.，2011），然而，它们也存在沿盐度梯度变化的特征（Bergesch et al.，2009），由此可以解释春季浮游植物生物量高于夏季的原因。以圆筛藻为例，该藻在春夏两季均是优势种，但春季的生物量是夏季的近 7 倍，这与其喜高盐度水域的生态习性相关（Varona-Cordero et al.，2010）。四是水动力条件。在本研究中，水动力控制浮游植物季节变化可能通过水体不同层次的交换过程而达到。在渤海湾，春季大风频繁，水体受到强烈扰动，使上下层水层充分混合，有利于沉积物中的营养盐被输送到水体表层中，为浮游植物生物提供充足的营养盐。相反，夏季，由于水位较高，水体容易分层，特别是还有来自渤海海峡的冷水团的闯入，进一步加剧了渤海湾水体的分层。水体分层的结果是导致底层的营养盐不能被输送到水体表层，使得水体表层的浮游植物生长繁殖受到限制（Doyon et al.，2000）。由此可见，渤海湾浮游植物生物量呈现出春季大于夏季的现象。

浮游植物空间分布见图 8-5。由图 8-5 中可见，春季，最高值出现在 S25，高达 644×10^4cells/m^3，最低值出现在 S30（12×10^4cells/m^3）；夏季，最高值出现在 S19（1116×10^4cells/m^3），最低值出现在 S14（8×10^4cells/m^3）。无论是春季还是夏季，浮游植物生物量较高的站位均主要分布于近岸水域（图 8-5）。造成这种

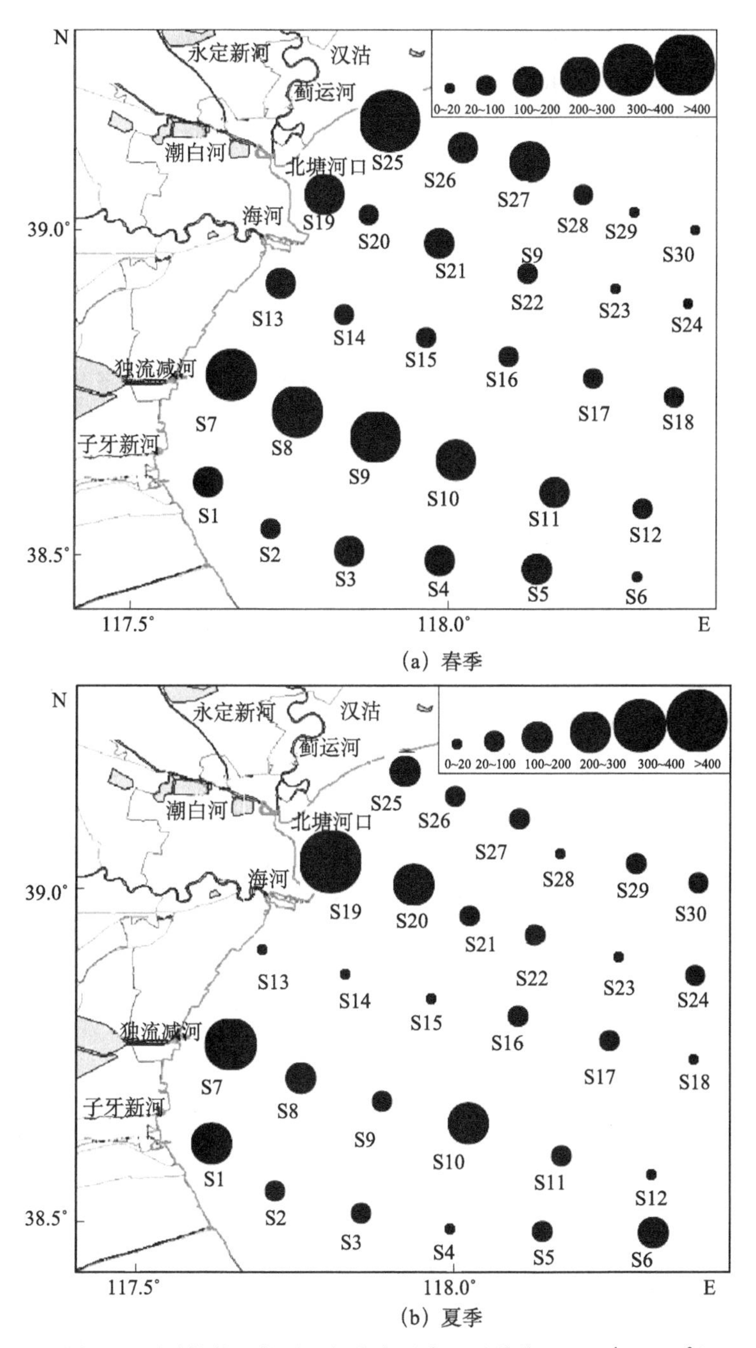

(a) 春季

(b) 夏季

图8-5 浮游植物生物量空间分布示意图（单位：$\times 10^4$cells/m^3）

生物量空间差异的原因可能与营养盐相关。从第六章可知，影响浮游植物生长的关键氮、磷营养盐的含量由近海到外海呈现逐步降低的趋势。由于氮、磷营养盐是浮游植物生物生长的关键因子（Lope et al.，2009；Ward et al.，2011），因此水体中氮、磷含量的多少在很大程度上决定了浮游植物生物量的大小。由此可见，渤海湾浮游植物生物量的这种空间分布特别与其水体中的氮、磷营养盐含量相关。

三、浮游植物生物量年际变化

渤海湾浮游植物生物量年际变化见图 8-6。从图 8-6 中可以看出，2000 ～ 2002 年，浮游植物生物量呈现增加趋势，而后开始下降，但不同的年份中，其变化又各不相同，呈现无规律的变化趋势。最高值出现在 2002 年，为 336×10^4cells/m^3，而最低值出现在 2004 年，仅为 7.2×10^4cells/m^3（图 8-6）。从总体看上，在 13 年中，大部分（7/13）年份的浮游植物生物量均超过了 100×10^4cells/m^3（图 8-6），而平均值也为 118×10^4cells/m^3。通过与历年同期的数据相比较发现，进入 21 世纪以来，渤海湾的浮游植物生物量大幅增长，如 1992 年为 20×10^4cells/m^3（王俊，2003），而本研究为 118×10^4cells/m^3，增加了近 5 倍。这种变化反映了渤海湾进入 21 世纪以后的环境变化过程。作为重要的经济区，渤海湾所在区域经济比较发达，特别是近年来该地区工农业、养殖业及港口等行业快速发展，各种经济活动产生的大量废水通过河流排入渤海湾。据统计，渤海湾每年接收大约 1 亿 t 来自北京、天津和河北等环渤海地区的废水（Duan et al.，2010）。由于废水中含有大量的氮、磷等元素，渤海湾无机氮和无机磷含量严重超标（Peng et al.，2009），加剧了渤海湾的富营养化，造成浮游植

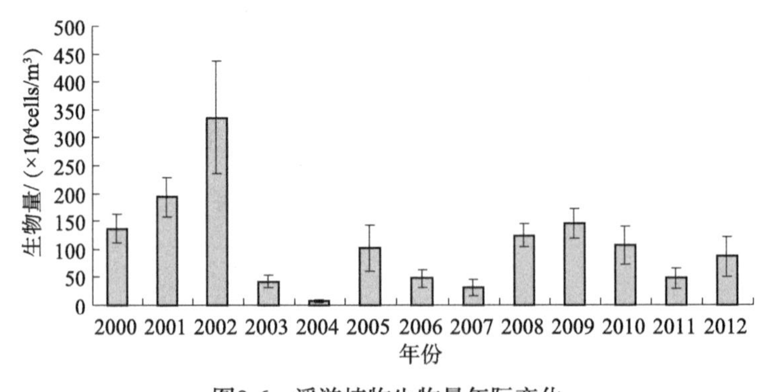

图8-6　浮游植物生物量年际变化

物大量增长。这同时也表明，渤海湾有赤潮爆发的潜在风险。因此必须控制氮、磷营养盐的输入。

第四节 浮游植物优势种变化

浮游植物优势种变化反映了群落变化的过程，也反映了环境的变化。进入21世纪以来，渤海湾浮游植物优势种发生了明显的变化（表8-3）。

表8-3 不同年份渤海湾浮游植物优势种

年份	优势种
2000	偏心圆筛藻、叉状角藻、洛氏角毛藻、浮动弯角藻、佛氏海线藻、粗刺角藻、尖刺伪菱形藻、布氏双尾藻
2001	偏心圆筛藻、叉状角藻、浮动弯角藻、佛氏海线藻、尖刺伪菱形藻、布氏双尾藻
2002	圆筛藻、星脐圆筛藻、浮动弯角藻
2003	星脐圆筛藻、半棘钝根管藻
2004	裸甲藻、海洋卡盾藻、琼氏圆筛藻、夜光藻、相似曲舟藻、浮动弯角藻、柔弱根管藻、海链藻
2005	中肋骨条藻、菱形海线藻、星脐圆筛藻、布氏双尾藻、异常角毛藻、佛氏海毛藻
2006	格氏圆筛藻、星脐圆筛藻、琼氏圆筛藻、中华盒形藻、夜光藻、中肋骨条藻
2007	格氏圆筛藻、琼氏圆筛藻、圆筛藻、夜光藻、布氏双尾藻、中华盒形藻
2008	叉状角藻、格氏圆筛藻、尖刺菱形藻、中肋骨条藻
2009	中肋骨条藻、尖刺菱形藻、圆筛藻
2010	格氏圆筛藻、琼氏圆筛藻、巨圆筛藻、尖刺菱形藻、中肋骨条藻
2011	中肋骨条藻、尖刺菱形藻、克尼角毛藻、浮动弯角藻
2012	中肋骨条藻、旋链角毛藻

从表8-3中可以看出，渤海湾浮游植物的优势种类组成在各个年份中有所不同。有些种在多个年份均成为优势种，如中肋骨条藻，自2005年以来，一直是优势种（2007年除外）；而有一些则仅在某一年份中成为优势种，如海洋卡盾藻，只在2004年成为优势种。历史上，角毛藻属和圆筛藻属一直是渤海优势物种，而浮动弯角藻在以往历年调查中均能够成为优势物种（孙萍等，2008）。然

而，在本研究中发现，圆筛藻属在 2010 年以前是常见的优势种，但此后不再是优势种，另外两个优势种在某些年份仍是优势种（表 8-3）。这表明，渤海湾的浮游植物群落发生了演替。特别是中肋骨条藻成为近年来的优势种，且所占的比例逐年增加（图 8-7）。中肋骨条藻属粒径较小的浮游植物种类，这种优势种的变化说明了渤海湾水体营养盐结构的变化。通常认为，氮营养盐的增加，使分裂快速的小细胞硅藻增加（Yu et al.，1999）。这就说明了中肋骨条藻成为近年来渤海湾的优势种。

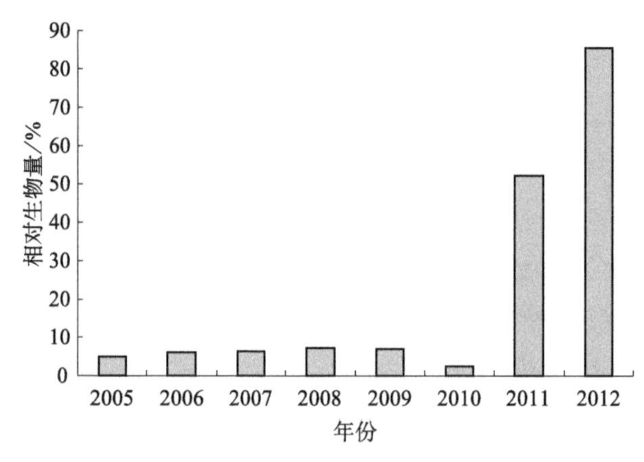

图8-7　中肋骨条藻相对生物量年际变化

第五节　浮游植物生物多样性变化

每种海洋生物都有自己适应生存的最佳环境，当环境改变时，生物的种类也发生相应的变化。因此，生物多样性指数可以显示环境条件的优劣。根据 Shannon-Veaner 指数，计算各年份渤海湾浮游植物生物多样性，结果见图 8-8。

从图 8-8 中可以看出，自 2000 年以来，渤海湾浮游植物多样性变化可以分为三个阶段：2000 ～ 2005 年，多样性呈现上升趋势；2005 ～ 2009 年，浮游植物多样性呈现下降趋势；2009 年后又开始上升。这种变化反映了渤海湾水体环境的变化过程。作为水环境的重要环境指示种，浮游植物对环境的变化非常敏感（胡韧等，2015）。水体一旦发生变化，其浮游植物的种类组成和生物量都会发

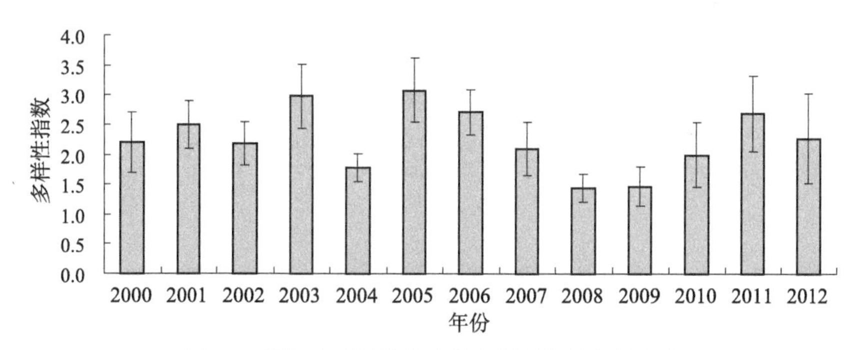

图8-8　渤海湾浮游植物生物多样性指数年际变化

生改变，从而导致多样性发生变化。从本研究结果来看，2000～2005年生物多样性呈上升趋势，这与当时碧海蓝天计划开始实施相关，该计划为了提高渤海湾水质环境，加强控制各省市向渤海湾排放各种污水，降低了渤海湾各种污染物特别是氮、磷营养盐的输入，由此提高了水环境质量，因而浮游植物生物多样性呈现较高的趋势。出乎意料的是，碧海蓝天计划执行到2006年就停止，加之环渤海经济圈的提出和实施，又增加了各种污染物向渤海的排放，特别是一些化工、电子、皮革、钢铁等，都加剧了该区域的环境污染，因此浮游植物多样性又呈现降低之势。从第六章可知，近年来（2009年以后）渤海湾水体中的各种污染物并没有降低，而是有所增加，但浮游植物的生物多样性却增加，两者形成矛盾。与水体的理化监测相比，生物监测可以反映长期的环境变化，据此可以推测，渤海湾水体环境质近年来应该是有改善之势，尽管理化监测表明渤海湾的污染情势仍很严峻。将结果对照生物多样性指数用于表征环境质量的标准（表8-4），除了2005年，渤海湾浮游植物生物多样性值略高于3以外（3.07），其他年份均在1～3，表明渤海湾水环境总体上属于轻度污染水平。

表8-4　生物多样性指数与水质污染程度的关系

多样性指数	污染程度
0～1.0	重度污染
1.0～3.0	中度污染
＞3.0	轻度或无污染

第六节　浮游植物分布特征及其与环境因子的关系

浮游植物分布特征不仅受到环境因子的影响，也与浮游植物自身的生态习性相关，是研究浮游植物变化的一个重要内容。而浮游植物与环境因子的关系是揭示浮游植物分布特别的原因，为海洋环境管理提供科学依据的重要技术手段之一，同样是浮游植物研究的重要内容之一。在本部分中，由于2007年的浮游植物种类、生物量、优势种等与总体平均水平非常相似，而且2007年位于13年的中间位置，具有较强的代表性。因此，本部分以2007年为代表，研究渤海湾浮游植物的分布特征及与环境因子的关系。

一、环境因子

2007年，渤海湾水环境因子见表8-5，t检验表明，除了透明度（SD）和pH外，各个环境因子在春夏两季间差异明显（$P < 0.01$），水温和营养盐表现为春季低于夏季，溶解氧和盐度则表现为春季高于夏季。

表8-5　环境因子平均值及变化范围

环境因子	春季				夏季				P
	平均值	标准差	最大值	最小值	平均值	标准差	最大值	最小值	
WT/℃	17.96	0.27	21.50	16.00	27.12	0.19	28.60	25.10	0.001
SD/m	0.54	0.04	1.00	0.20	0.49	0.02	0.80	0.30	0.45
pH	8.18	0.01	8.28	8.05	7.98	0.02	8.09	7.79	0.62
DO/（mg/L）	8.31	0.22	9.93	5.66	6.20	0.09	6.95	5.31	0.009
sal/psu	32.07	0.05	32.84	31.61	31.10	0.15	31.89	29.19	0.001
NO^{2-}-N/（mg/L）	0.04	0.01	0.10	0.00	0.08	0.01	0.21	0.02	0.001
NO^{3-}-N/（mg/L）	0.44	0.03	0.66	0.17	0.55	0.06	1.38	0.14	0.001
NH^{4+}-N/（mg/L）	0.03	0.00	0.11	0.00	0.20	0.05	0.89	0.02	0.004
SRP/（mg/L）	0.004	0.001	0.014	0.000	0.018	0.004	0.067	0.000	0.008
SiO_4/（mg/L）	0.32	0.02	0.51	0.07	0.74	0.07	1.47	0.21	0.006

二、主要浮游植物

2007年，渤海湾共发现浮游植物26种，其中春季17种，夏季23种。春夏分别有8种、16种浮游植物至少在一个站位的生物量占该站位总生物量5%以上（表8-6）。

表8-6　渤海湾主要浮游植物名录

代码	中文名	拉丁文学名	春季	夏季
n1	日本星杆藻	*Asterionella japonica*	−	+
n2	中华盒形藻	*Biddulphia sinensis*	+	+
n3	叉状角藻	*Ceratium furca*	−	+
n4	窄隙角毛藻	*Chaetoceros affinis*	−	+
n5	角毛藻	*Chaetoceros* sp.	+	+
n6	格氏圆筛藻	*Coscinodiscus granii*	−	+
n7	琼氏圆筛藻	*Coscinodiscus jonesianus*	+	+
n8	圆筛藻	*Coscinodiscus* sp.	+	+
n9	威氏圆筛藻	*Coscinodiscus wailesii*	−	+
n10	布氏双尾藻	*Ditylum brightwelii*	+	−
n11	夜光藻	*Noctilluca scintillans*	+	+
n12	相似曲舟藻	*Pleurosigma affine*	+	+
n13	柔弱根管藻	*Rhizosolenia delicatula*	−	+
n14	刚毛根管藻	*Rhizosolenia setigera*	−	+
n15	扭鞘藻	*streptotheca thamesis*	+	+
n16	海链藻	*Thalassiosira* sp.	−	+
n17	菱形海线藻	*Thalssionema nitzschiodes*	−	+

注：+表示出现；−表示未出现。

三、浮游植物分布特征

应用PCA分析浮游植物分布特征，结果表明，春夏两季的前2个特征值的累计贡献率分别为73.3%和50%，可以较好地反映浮游植物空间分布特征（图8-9）。春季，8种重要浮游植物（包括优势种中华盒形藻、圆筛藻、布氏双尾）中有6种位于第一轴的右边，即渤海湾的中北部水域，该水域硝酸盐含量较高，另外2种（其中夜光藻为优势种）分布于第一轴左边，即渤海湾的南部水域，该水域溶解性活性磷酸盐含量较高。夏季，大多浮游植物主要分布于第一轴的左边，站位遍布各水域，既有南部（如S1、S2、S5），也有北部（S26～S29），还有中部（S13、S15、S18），但优势种主要分布于近岸的河口附近，这些水域氨氮含量较高。可见，浮游植物这种分布特征与环境因子相关。

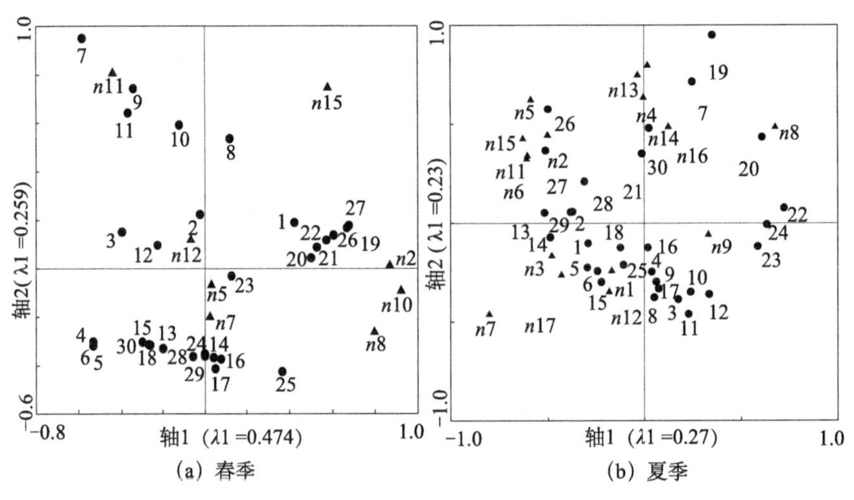

(a) 春季　　(b) 夏季

图8-9　浮游植物分布特征的主成分分析

四、浮游植物与环境因子关系

对两季节的环境因子进行偏相关分析发现，春季，氨氮与盐度、pH与盐度之间偏相关系数大于0.8，因此盐度不进入RDA；夏季，盐度与pH、pH与硅酸盐、溶解性活性磷酸盐与盐度、硅酸盐与盐度、硅酸盐与溶解性活性磷酸盐、亚硝酸盐与硝酸盐等6对环境因子之间偏相关系数均大于0.8，因此，pH、溶解性活性磷酸盐、盐度和亚硝酸盐不进入RDA。RDA结果表明，两个季节Monte Carlo置换检验所有排序轴均达到显著水平（$P < 0.001$），说明排序效果理想。所选择的环境因子共解释了春季56.6%、夏季39.9%的物种变化信息，前两轴累计解释了春季49.1%、夏季31.2%的物种变化信息和春季86.7%、夏季78.2%的物种－环境关系信息（表8-7）。

表8-7　浮游植物与环境因子的RDA分析

项目		特征值	物种-环境相关性	累积百分比／%		总典特征值
				物种	物种-环境相关性	
春季	轴 1	0.358	0.894	35.8	63.2	0.566
	轴 2	0.133	0.699	49.1	86.7	
	轴 3	0.031	0.664	52.1	92.1	
	轴 4	0.022	0.674	54.3	95.9	
夏季	轴 1	0.198	0.871	19.8	49.5	0.399
	轴 2	0.114	0.755	31.2	78.2	
	轴 3	0.044	0.674	35.6	89.2	
	轴 4	0.027	0.695	38.3	96.0	

利用向前引入法（forward selection）对环境因子进行逐步筛选，Monte Carlo 置换检验结果显示，春季硝酸盐（F=8.44，P=0.002）、亚硝酸盐（F=6.56，P=0.002）和溶解性活性磷酸盐（F=3.28，P=0.016），夏季氨氮（F=6.36，P=0.002）和水温（F=3.58，P=0.002），对渤海湾浮游植物分布的影响达到显著水平，而其他环境因子影响达不到显著水平（$P > 0.05$），表明硝酸盐、亚硝酸盐和溶解性活性磷酸盐是影响春季渤海湾浮游植物分布的关键环境因子，而夏季则是氨氮和水温。

为揭示关键环境因子各自对浮游植物分布的影响，运用偏冗余分析（variation partitioning analysis）对各个显著环境因子进行分析，结果见表 8-8。春季，硝酸盐、亚硝酸盐和溶解性活性磷酸盐分别解释了 20%、14.8%和 6.9%浮游植物变化，夏季氨氮和水温分别解释了 18.2%和 9.5%的浮游植物变化。

表8-8　浮游植物与显著环境因子的偏冗余分析

环境因子		特征值	解释变量	F	P
春季	NO_3^--N	0.200	20.0	8.44	0.002
	NO_2^--N	0.148	14.8	6.56	0.002
	SRP	0.069	6.9	3.28	0.016
	共同作用	0.451	45.1	7.35	0.002
夏季	NH_4^+-N	0.182	18.2	6.36	0.002
	WT	0.095	9.5	3.58	0.002
	共同作用	0.280	28.0	5.86	0.002

渤海湾浮游植物与环境因子之间的关系可以很好地在 RDA 排序图中表现出来（图 8-10）。春季，第一轴与溶解性活性磷酸盐呈显著正相关（r=0.503，P < 0.001），与硝酸盐呈显著负相关（r=−0.7085，P < 0.001），代表硝酸盐和溶解性活性磷酸盐的浓度变化特征。沿第一轴，浮游植物变化由栖息于高硝酸盐含量的圆筛藻过渡到喜欢高磷酸盐的夜光藻；第二轴与亚硝酸盐含量呈显著负相关（r=−0.6192，P < 0.001），代表亚硝酸盐浓度变化特征，表明浮游植物主要分布亚硝酸盐较高的水域（图 8-10）。夏季，第一轴与氨氮呈显著正相关（r=0.844，P < 0.001），代表氨氮含量变化，浮游植物沿氨氮呈现梯度变化；第二轴与水温呈显著负相关（r=−0.6604，P < 0.001），代表水温的变化，浮游植物由广温种的圆筛藻类过渡到暖温种的夜光藻。

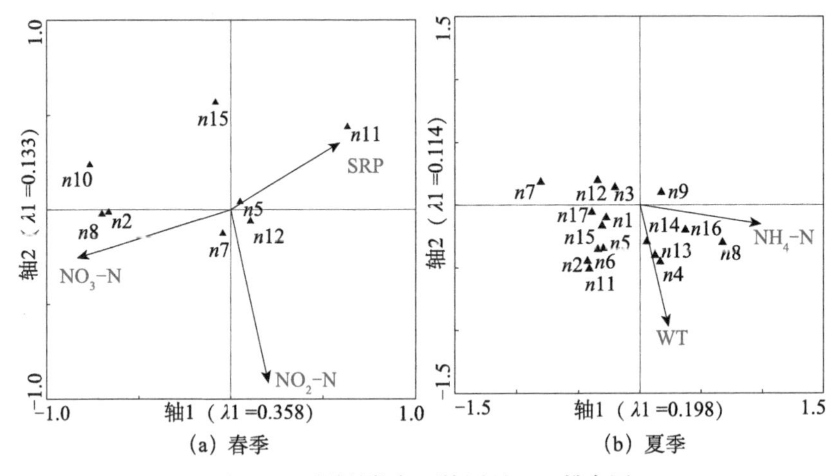

（a）春季　　（b）夏季

图8-10　浮游植物与环境因子RDA排序图

在渤海湾，春夏两季的浮游植物分布受不同的环境因子影响。对渤海湾的浮游植物与环境因子的 RDA 表明，不同季节影响浮游植物分布的关键环境因子不同。

春季，影响浮游植物分布的关键环境因子是硝酸盐、亚硝酸盐和溶解性活性磷酸盐。在本研究中，中华盒形藻、圆筛藻、布氏双尾藻和夜光藻是优势种，它们数量之和占到总数量的 98.45%。由于优势种对整个群落具有控制性影响，因此分析优势种与环境的关系可以代表整个群落与环境的关系。从排序图中可以看出，中华盒形藻、圆筛藻和布氏双尾藻距硝酸盐向量垂直距离最近，说明硝酸盐是影响它们分布的重要原因之一。与此同时，3 种浮游植物与硝酸盐呈正相关（图 8-10），表明它们主要分布于硝酸盐含量较高海域。3 种优势浮游植物的分布特征与它们的生态习性相关，它们均为硅藻，相关研究表明，硅藻偏好于硝酸盐丰富的水体，其快速增殖与硝酸盐的增加密切相关（Brussaard et al.，1998；Lomas and Glibert，2000）。以布氏双尾藻为例，室内培养实验表明，加入等量的不同的氮盐、硝酸盐更能提高布氏双尾藻的生长率（蒲新明和吴玉霖，2000）。因此，在 PCA 排序图中，这 3 种优势浮游植物主要分布于渤海湾中北部水域，特别是河口附近，如 S19、S25 等，这几个站位在春季硝酸盐含量均较高。夜光藻在 RDA 排序图上与溶解性活性磷酸盐呈正相关，表明夜光藻主要分布于磷酸盐含量较高的水域，同样与其生态习性相关。夜光藻是一种甲藻，喜欢生活在磷浓度高的环境中（Strom and Bright，2009）。因此在本研究中，夜光藻分布于渤海湾南部水域的站位（S7 ～ S11），这些站位的溶解性活性磷酸盐相对较高，特别是 S7，是所有站位中溶解性活性磷酸盐含量最高的，达到 0.0091mg/L。

夏季，氨氮和水温是控制渤海湾浮游植物分布的关键环境因子。在本研究中，圆筛藻是夏季优势种之一，与氨氮关系最为密切，表明氨氮对圆筛藻影响最为明显。圆筛藻夏季在渤海湾主要分布于南部的 S7 和北部的 S19，两站位均位于河口附近，由于夏季是丰水期，河流携带的大量营养盐入海，使其氨氮含量相对较高。作为一种重要的氮源，氨氮同样影响浮游植物的生长繁殖，一方面，氨氮能被海洋浮游植物直接利用，但利用程度取决于浮游植物种类（Newman and Perry，1989；Balode et al.，1998）。在本研究中，圆筛藻与氨氮向量呈正相关（图 8-10），可以推测圆筛藻能够直接利用氨氮。另一方面，氨氮对生物产生直接或协同的毒性效应（Choudhury and Pal，2010）。在本研究中，琼氏圆筛藻位于 RDA 排序图中左上角，与氨氮向量呈反方向，表明其可能受到氨氮的毒害作用，因此主要分布于氨氮含量较低的水域，即除了北部北塘河口（S19 ～ S24）以外的水域。水温作为浮游植物生长发育的重要的环境因子，也影响浮游植物的分布（Dupuis and Hann，2009）。格氏圆筛藻位于 RDA 排序图中的左下角，与水温呈正相关，表明其喜欢水温较高的海域。通常认为硅藻喜欢栖息于水温较低的水域中（da Silva et al.，2005），但本研究发现，格氏圆筛藻却主要分布于水温较高的水域，如 S26、S27（图 8-9），这与其生态习性相关，因为它是广温性藻类，对水温适应范围很广，可以在不同的水温中生活

（Varona-Cordero et al.，2010）。

本章小结

（1）2000 ～ 2012 年渤海湾共发现浮游植物 7 门 99 种，以硅藻和甲藻为主。浮游植物种类在春夏两季分别为 56 种和 73 种，种数呈现先增后降再升的变化特征，最高年份为 2005 年，达到 71 种，最低年份为 2008 年，仅为 29 种。

（2）渤海湾浮游植物的平均生物量为 118×10^4cells/m^3，以硅藻为主，甲藻也占一定比例，其他藻类较少。春季浮游植物平均生物量显著高于夏季。浮游植物数量空间分布呈现近岸水域高于外海的特征。浮游植物生物量年际变化呈现先增加后下降的趋势。

（3）渤海湾浮游植物的优势种更替明显，但优势度不明显。

（4）渤海湾浮游植物多样性 2000 ～ 2005 年呈上升趋势；2005 ～ 2009 年呈下降趋势；2009 年后又开始上升。

（5）渤海湾浮游植物分布受到环境因子的影响，春季硝酸盐、亚硝酸盐和溶解性活性磷酸盐对浮游植物影响最明显，而夏季则是氨氮和水温。

参考文献

曹春辉，孙之南，王学魁，等 . 2006. 渤海天津海域的网采浮游植物群落结构与赤潮植物的初步研究 . 天津科技大学学报，21（3）：34-37.

崔毅，宋云利，杨琴芳，等 . 1992. 渤海浮游植物与理化环境关系初探 . 海洋环境科学，11（3）：56-59.

费尊乐，毛兴华，朱明远，等 . 1988. 渤海生产力研究——Ⅰ . 叶绿素 a 的分布特征和季节变化 . 海洋学报，10（1）：99-96.

胡韧，蓝于倩，肖利娟，等 . 2015. 淡水浮游植物功能群的概念、划分方法和应用 . 湖泊科学，（1）：11-23.

蒲新明，吴玉霖 . 2000. 浮游植物的营养盐限制研究进展 . 海洋科学，24（2）：27-30.

邱小琮，赵红雪，孙晓雪 . 2012. 宁夏沙湖浮游植物与水环境因子关系的研究 . 环境科学，33（7）：2265-2271.

孙军，刘东艳 . 2005. 2000 年秋季渤海的浮游植物群落 . 海洋学报，27（3）：124-132.

孙军，刘东艳，白洁，等 . 2004a. 2001 年冬季渤海的浮游植物群落结构特征 . 中国海洋大学学报, 34（3）：413-422.

孙军，刘东艳，王威，等 . 2004b. 1998 年秋季渤海中部及其邻近海域的网采浮游植物群落 . 生态学报, 24（8）: 1644-1656.

孙军，刘东艳，徐俊，等 . 2004c. 1999 年春季渤海中部及其邻近海域的网采浮游植物群落 . 生态学报，24（9）: 2003-2016.

孙军，刘东艳，杨世民，等 . 2002. 渤海中部和渤海海峡及邻近海域浮游植物群落结构的初步研究 . 海洋与湖沼, 33（5）: 461-471.

孙萍，李瑞香，李艳，等 . 2008. 2005 年夏末渤海网采浮游植物群落结构 . 海洋科学进展, 26（3）: 354-363.

王俊 . 2003. 渤海近岸浮游植物种类组成及其数量变动的研究 . 海洋水产研究, 24（4）: 44-50.

王俊，康元德 . 1998. 渤海浮游植物种群动态的研究 . 海洋水产研究, 19（1）：51-59.

杨世民, 董树刚, 李锋，等 . 2007. 渤海湾海域生态环境的研究——Ⅰ . 浮游植物种类组成和数量变化 . 海洋环境科学, 26（5）：442-445.

朱树屏，郭玉洁 . 1957. 烟台、威海鲐鱼渔场及其附近海区角毛硅藻属的研究 . 海洋与湖沼, 1（1）: 27-94.

朱树屏，郭玉洁 . 1959. 我国十年的海洋浮游植物研究 . 海洋与湖沼, 2（4）：223-232.

Balode M, Purina I, Beéchemin C, et al. 1998. Effects of nutrient enrichment on the growth rates and community structure of summer phytoplankton from the Gulf of Riga, Baltic Sea. Journal of Plankton Research, 20(12): 2251-2272.

Balzano S, Sarno D, Kooistra W H C F. 2011. Effects of salinity on the growth rate and morphology of ten *Skeletonema strains*. Journal of Plankton Research, 33（6）: 937-945.

Bergesch M, Garcia M, Odebrecht C. 2009. Diversity and morphology of *Skeletonema* species in Southern Brazil, Southwestern Atlantic Ocean. Journal of Phycology, 45（6）: 1348-1352.

Borcard D, Legendre P, Drapeau P. 1992. Partialling out the spatial component of ecological variation. Ecology, 73（3）: 1045-1055.

Brussaard C P D, Brookes R, Noordeloos A A M, et al. 1998. Recovery of nitrogen-starved cultures of the diatom *Ditylum brightwellii*（Bacillariophyceae）upon nitrogen resupply. Journal of Experimental Marine Biology and Ecology, 227（2）: 237-250.

Byun D S, Wang X, Zavatarelli M, et al. 2007. Effects of resuspended sediments and vertical mixing on phytoplankton spring bloom dynamics in a tidal estuarine embayment. Journal of

Marine Systems, 67（1-2）: 102-118.

Choudhury A K, Pal R. 2010. Phytoplankton and nutrient dynamics of shallow coastal stations at Bay of Bengal, eastern Indian coast. Aquatic Ecology, 44（1）: 55-71.

da Silva C A, Train S, Rodrigues L C. 2005. Phytoplankton assemblages in a Brazilian subtropical cascading reservoir system. Hydrobiologia, 537（1-3）: 99-109.

Doyon P, Klein B, Ingram R G, et al. 2000. Influence of wind mixing and upper-layer stratification on phytoplankton biomass in the Gulf of St. Lawrence. Deep-Sea Research Part II: Topical Studies in Oceanography, 47: 415-433.

Duan L, Song J, Li X, et al. 2010. Distribution of selenium and its relationship to the eco-environment in Bohai Bay seawater. Marine Chemistry, 121（1-4）: 87-99.

Dupuis A, Hann B J. 2009. Warm spring and summer water temperatures in small eutrophic lakes of the Canadian prairies: Potential implications for phytoplankton and zooplankton. Journal of Plankton Research, 31（5）: 489-502.

Flewelling L J, Naar J P, Abbott J P, et al. 2005. Brevetoxicosis: Red tides and marine mammal mortalities. Nature, 435（7043）: 755-756.

Kristie N, Sven U, Robert H. 2008. Is light the limiting factor for the distribution of benthic symbiont bearing foraminifera on the Great Barrier Reef? Journal of Experimental Marine Biology and Ecology, 363（1-2）: 48-57.

Leira M, Sabater S. 2005. Diatom assemblages distribution in catalan rivers, NE Spain, in relation to chemical and physiographical factors. Water Research, 39（1）: 73-82.

Lomas M W, Glibert P M. 2000. Comparisons of nitrate uptake, storage, and reduction in marine diatoms and flagellates. Journal of Phycology, 36（5）: 903-913.

Lope M, Chan K S, Ciannelli L, et al. 2009. Effects on environmental conditions on the seasonal distribution of phytoplankton biomass in the North Sea. Limnology and Oceanography, 54（2）: 512-524.

McQuoid M R. 2005. Influence of salinity on seasonal germination of resting stages and composition of microplankton on the Swedish west coast. Marine Ecology-Progress Series, 289（3）: 151-163.

Newman R M, Perry J A. 1989. The combined effects of chlrine and ammonia on litter breakdown in outdoor experimental streams. Hydrobiologia, 184（1-2）: 69-78.

Padisak J. 1993. The influence of different disturbance frequencies on the species richness, diversity and equitability of phytoplankton in shallow lakes. Hydrobiologia, 249: 134-156.

Paerl H W, Xu H, McCarthy M J, et al. 2011. Controlling harmful cyanobacterial blooms in a hyper-eutrophic lake (Lake Taihu, China): The need for a dual nutrient (N & P) management strategy. Water Research, 45 (5): 1973-1983.

Peng S, Dai M, Hu Y, et al. 2009. Long-term (1996–2006) variation of nitrogen and phosphorus and their spatial distributions in Tianjin Coastal Seawater. Bulletin of Environmental Contamination and Toxicology, 83 (3): 416-421.

Richlen M L, Morton S L, Jamali E A, et al. 2010. The catastrophic 2008-2009 red tide in the Arabian Gulf region, with observations on the identification and phylogeny of the fish-killing dinoflagellate *Cochlodinium polykrikoides*. Harmful Algae, 9 (2): 163-172.

Strom S L, Bright K J. 2009. Inter-strain differences in nitrogen use by the coccolithophore *Emiliania huxleyi*, and consequences for predation by a planktonic ciliate. Harmful Algae, 8 (5): 811-816.

Sun J, Liu D, Qian S. 2001. Preliminary study on seasonal succession and development pathway of phytoplankton community in the Bohai Sea. Acta Oceanologica Sinica, 20 (2): 251-260.

Tang D, Kawamura H, Oh I S, et al. 2006. Satellite evidence of harmful algal blooms and related oceanographic features in the Bohai Sea during autumn 1998. Advances in Space Research, 37 (4): 681-689.

Turner J W, Good B, Cole D, et al. 2009. Plankton composition and environmental factors contribute to Vibrio seasonality. ISME Journal, 3: 1082-1092.

Varona-Cordero F, Gutiérrez-Mendieta F, Castillo M E M. 2010. Phytoplankton assemblages in two compartmentalized coastal tropical lagoons (Carretas-Pereyra and Chantuto-Panzacola, Mexico). Journal of Plankton Research, 32 (9): 1283-1299.

Wang C C. 1936. Dinoflagellata of the Gulf of pe-Hei. Sinensia, 7 (2): 128-171.

Wang L, Cai Q H, Xu Y, et al. 2010. Weekly dynamics of phytoplankton functional groups under high water level fluctuations in a subtropical reservoir-bay. Aquatic Ecology, 45 (2): 197-212.

Ward B B, Rees A P, Somerfield P J, et al. 2011. Linking phytoplankton community composition to seasonal changes in f-ratio. ISME Journal, 5: 1759-1770.

Wasmund N, Tuimala J, Suikkanen S, et al. 2011. Long-term trends in phytoplankton composition in the western and central Baltic Sea. Journal of Marine Systems，87（2）：145-159.

Xiao L J，Wang T，Hu R，et al. 2011. Succession of phytoplankton functional groups regulated by monsoonal hydrology in a large Canyon-shaped Reservoir. Water Research，45（16）：5009-5019.

Yu Z G，Zhang J，Yao Q Z，et al. 1999. Nutrients in the Bohai Sea//Hong G H，Zhang J，Chung C S. Biogeochemical Processes in the Bohai and Yellow Sea. Seoul：The Dongjin Publication Association：11-20.

第九章　渤海湾赤潮发生规律及其风险评估

近年来，随着现代化工农业生产的迅猛发展，以及沿海地区人口的增多，大量工农业废水和生活污水排入海洋，其中相当一部分未经处理就直接排入海洋，导致近海、港湾富营养化程度日趋严重，赤潮频繁发生，并且发生的范围和规模越来越大，持续时间越来越长，不仅出现在夏季，春秋两季也时有发生。

赤潮是一种严重的海洋灾害（宋琍琍等，2010），对沿岸的水产养殖业和渔业造成巨大的经济损失（Richlen et al.，2010）。更为严重的是，一些有害的赤潮藻类爆发，这些藻类被鱼类等动物食用，藻类中的有毒有害物质如多莫酸等通过食物链传递和富集，最终危害人类健康（Flewelling et al.，2005）。此外，赤潮对滨海旅游、海洋生态环境的破坏更是难以估计。赤潮也因此受到了全球的关注（李绪兴，2006）。

渤海湾是一个典型的半封闭海湾，由于与外海的水交换非常缓慢，导致营养盐容易累积，加速水体富营养化，赤潮现象时有发生（Tang et al.，2006）。因此，本章在对渤海湾赤潮的长期监测的基础上，对其赤潮的发生规律进行总结分析，并对其风险进行评估，为渤海湾的赤潮防治提供借鉴。

第一节　赤潮概况

一、赤潮定义及分类

1. 赤潮定义

赤潮（red tide），世界上多数学者对赤潮的定义为“有害藻类的水华”

（Harmful Algal Blooms，HABs），是指海洋中某些浮游植物（尤指藻类）、原生动物或细菌等在一定环境条件下爆发性增殖或聚集达到某一水平，引起水色变化或对其他海洋生物产生危害作用的一种生态异常现象（国家海洋局，2002）。赤潮是一个历史沿用名，实际上赤潮并不一定都是红色的，它可因引发赤潮的生物种类和数量的不同而呈现出不同颜色。例如，夜光藻、中缢虫等形成的赤潮是红色的；裸甲藻赤潮多呈深褐色、红褐色；角毛藻赤潮一般为棕黄色；绿藻赤潮是绿色的；一些硅藻赤潮一般为棕黄色；还有一些赤潮生物（如膝沟藻、梨甲藻等）引起的赤潮有时并不引起海水呈现任何特别的颜色。

2. 赤潮分类

赤潮有多种分类，一是根据赤潮藻有无毒性，分为有毒赤潮与无毒赤潮两类。有毒赤潮是指赤潮生物体内含有某种毒素或以能分泌出毒素的生物为主形成的赤潮。无毒赤潮是指赤潮生物体内不含毒素，基本不产生毒害作用。二是根据海洋学进行分类，分为四大类：①河口、近岸、内湾型赤潮，主要与水体富营养化有关；②外海（洋）型赤潮，大多数出现在上升流区或水团交汇处，营养物质丰富；③外来型赤潮，属于外源性的，指的是非原地形成，由于外力（如风、潮汐等）的作用而被带到该地，这类赤潮持续时间短暂，或者具有“路过性”的特点；④养殖型赤潮，主要是养殖区饵料残余在沉积物中的积累和养殖区的高浓度氮和磷，导致养殖环境二次污染（自身污染）引发的赤潮。养殖型赤潮受化学因素、生物因素（细菌）影响非常显著。

二、赤潮成因

赤潮是一种复杂的生态异常现象，发生的原因也比较复杂。至今，赤潮发生的机理尚无定论（许佳，2005）。然而，大多数学者认为，近海水域有机污染（富营养化）是形成赤潮的主因。在正常情况下，海洋环境中营养盐（氮、磷）含量低，往往成为浮游植物繁殖的限制因子。但当大量含营养物质的生活污水、工业废水（主要是食品、印染和造纸有机废水）和农业废水入海，加之海区的其他理化因子（如温度、光照、风向、潮汐类型和微量元素）对生物的生长和繁殖又有利，赤潮生物便急剧繁殖形成赤潮（Kudela，2000；Townsend et al.，2001；Tada et al.，2001）。总体而言，赤潮形成原因主要包括生物因素、化学因素和物理因素。

（1）生物因素。生物因素主要指的是赤潮生物，它是水体中引发赤潮的藻类或胞囊，是赤潮发生的最基本条件。这些藻类或胞囊可能是本区域已有的，也可能是从其他区域迁移和扩散出来的。另外，赤潮种群之间的相互竞争，赤潮生物自身具有的生物学特征如生活周期、增殖率和胞囊形成与萌发等也决定着赤潮发生的周期性和赤潮的持续性。

（2）化学因素。化学因素主要是指海洋水体中的营养盐（氮、磷、硅）、微量元素和某些特殊的有机物，其中最主要的是氮、磷含量及其比例。例如，低 TN/TP 可减少有毒涡鞭毛藻（*Alexandrium datenlla*）细胞数和毒素产量（Siu et al.，1997），而高 P、低 TN/TP，有利于玛丽港（芬兰）的赤潮异弯藻（*Heterosig maakashiwo*）赤潮形成等（Lindholm and Nummelin，1999）；低 N/Si 摩尔比（< 0.5）对硅藻生长有利，但由于限制氮素的输入，光周期碳水化合物合成与暗周期蛋白质合成分离，硅藻在整个暗周期不能满足各种能量需求，导致整个硅藻群落的崩溃（Alvarez-Salgado et al.，1998）。微量元素同样影响赤潮的形成。相关研究表明，络合铁在富营养海水中是触发赤潮爆发的诱因之一（Lindholm and Nummelin，1999）。例如，1989 年河北省黄骅沿岸的裸甲藻赤潮就是由于水体富营养化，Fe、Mn 过量而形成的（高素兰，1997）。

（3）物理因素。影响赤潮形成的物理因素包括水温、盐度、水体稳定性、水体交换率、上升流的存在，以及风力、风向、气温、光照强度、降雨和淡水注入等。这些因素对赤潮生物细胞的生长、分布等产生直接影响，在某种程度上决定了赤潮的形成与消亡。

从上可知，赤潮的形成受到赤潮生物本向以及所处的水环境的理化性质影响，但在赤潮的不同阶段，这些影响因素发挥的作用是不一样的（表 9-1）。

表9-1　赤潮不同阶段及影响因素

赤潮阶段	生物因素	化学因素	物理因素
起始阶段	赤潮种子群落，动物摄食，物种间的竞争	营养盐，微量元素，赤潮生物生长促进剂	底部湍流，上升流，底层水体温度，水体垂直混合
发展阶段	赤潮生物种群，缺少摄食者和竞争者	营养盐和微量元素	水温、盐度、光照等

续表

赤潮阶段	生物因素	化学因素	物理因素
维持阶段	过量吸收的营养盐和微量元素，溶胞作用，聚结作用，直迁移和扩散	营养盐或微量元素限制	水团稳定性（风、潮汐、辐合、辐散、温盐跃层、淡水注入）
消亡阶段	沉降作用，被摄食和分解，孢囊的形成，物种间的竞争	营养盐耗尽，产生有毒物质	水体水平与垂直混合

三、赤潮危害及分级

1. 赤潮危害

赤潮的发生都会产生许多危害，主要有以下几种。

（1）危害海产养殖业和渔业资源。赤潮生物的异常发制繁殖，可引起鱼、虾、贝等经济型生物瓣机械堵塞，造成这些生物窒息而死。与此同时，赤潮生物还破坏渔场的饵料基础，造成渔业减产。赤潮后期，赤潮生物大量死亡，在细菌分解作用下，可造成环境严重缺氧或者产生硫化氢等有害物质，使海洋生物缺氧或中毒死亡。有些赤潮的体内或代谢产物中含有生物毒素，能直接毒死鱼、虾、贝类等生物。

（2）破坏海洋生态平衡。海洋是一种生物与环境、生物与生物之间相互依存、相互制约的复杂生态系统。系统中的物质循环、能量流动都是处于相对稳定、动态平衡的。赤潮发生时，由于少数赤潮藻的爆发性异常增殖，造成海水的 pH 升高，黏稠度增大，改变浮游生物的群落结构，当赤潮藻过度密集而死亡腐解时，又造成了海域大面积的缺氧，甚至无氧。同时，藻体分解还会产生大量有害气体和毒素，使海水变色、变臭，造成海洋环境严重恶化，破坏原有的生态系统结构和功能，降低海水的使用价值。这种环境因素的改变，致使一些海洋生物不能正常生长、发育、繁殖，导致一些生物逃避甚至死亡，破坏了原有的生态平衡。

（3）危害人类健康。有些赤潮生物分泌赤潮毒素，当鱼、贝类处于有毒赤潮区域内时，摄食这些有毒生物，虽不能被毒死，但生物毒素可在体内积累，其含量大大超过食用时人体可接受的水平。这些鱼虾、贝类如果被人食用，就引起人体中毒，严重时可导致死亡。赤潮毒素引起人体中毒事件在世界沿海地区时有发生。据统计，全世界因赤潮毒素的贝类中毒事件约 300 起，死亡 300 多人。

2. 赤潮灾害分级

赤潮灾害所造成的损害主要集中在对海洋生态系统的影响、对海洋经济的影响，以及对人体健康的危害三个方面。灾害等级和灾度等级是灾害分等定级的两个重要内容。前者是从灾害的自然属性出发反映自然灾害的活动强度或活动规模，后者则是根据灾害破坏损失程度反映自然灾害的后果。根据我国多年赤潮发生的规模（面积）、造成的经济损失、贝毒对人体健康的影响等方面的统计，灾害等级可分为五级（表 9-2）。

表9-2　赤潮灾害分级

等级	人员伤亡	单次发生面积/km^2	经济损失/万元
特大赤潮	死亡10人以上	＞1000	＞5000
重大赤潮	死亡1～10人	500～1000	1000～5000
大型赤潮	出现贝毒症状，中毒50人以上	100～500	500～1000
中型赤潮	中毒10～50人	50～100	100～500
小型赤潮	中毒10人以下	＜50	＜100

第二节　渤海湾赤潮

一、渤海湾赤潮生物种类

根据历年在渤海湾发生过的赤潮，对其赤潮种类进行统计，结果见表 9-3。从表 9-3 中可以看出，渤海湾赤潮种类以硅藻为主，在发现的 52 种赤潮种类中，硅藻有 33 种，占到 63%。其次是甲藻，9 种，占 17%。可见，渤海湾赤潮生物以硅藻和甲藻为主。

表9-3 渤海湾赤潮种类

中文名	拉丁文学名	中文名	拉丁文学名
日本星杆藻	*Asterionella japonica*	尖刺菱形藻	*Nitzschia pungens*
中华盒形藻	*Biddulphia sinensis*	曲舟藻	*Pleurosigma* sp.
窄隙角毛藻	*Chaetoceros affinis*	柔弱根管藻	*Rhizosolenia delicatula*
旋链角毛藻	*Chaetoceros curvisetus*	刚毛根管藻	*Rhizosolenia setigera*
柔弱角毛藻	*Chaetoceros debilis*	斯托根管藻	*Rhizosolenia stolterfotii*
双突角毛藻	*Chaetoceros didymus*	中肋骨条藻	*Skeletonema costatum*
克尼角毛藻	*Chaetoceros knipowitschii*	菱形海线藻	*Thalassionema nitzschioides*
洛氏角毛藻	*Chaetoceros lorenzianus*	佛氏海毛藻	*Thalassionthrix frauenfeldii*
星脐圆筛藻	*Coscinodiscus asteromphalus*	诺氏海链藻	*Thalassiosira nordenskioldi*
巨圆筛藻	*Coscinodiscus gigas*	圆海链藻	*Thalassiosira rotula*
格氏圆筛藻	*Coscinodiscus granii*	海洋卡盾藻	*Chattonella marina*
琼氏圆筛藻	*Coscinodiscus jonesianus*	塔玛亚历山大藻	*Alexandrium tamarense*
辐射圆筛藻	*Coscinodiscus radiatus*	叉状角藻	*Ceratium furca*
威氏圆筛藻	*Coscinodiscus wailesii*	三角角藻	*Ceratium tripos*
浮动弯角藻	*Eucampia zoodiacus*	渐尖鳍藻	*Dinophysis acuminata*
萎软几内亚藻	*Guinardia flaccida*	夜光藻	*Noctilluca scintillans*
舟形藻	*Navicula* sp.	五角多甲藻	*Peridinium pentagonum*
长菱形藻	*Nitzschia longissima*	四角网骨藻	*Dictyocha fibula*
叉状角藻	*Ceratium furca*	海洋褐胞藻	*Chattonella marina*
赤潮异弯藻	*Heterosigma akashiwo*	海洋卡盾藻	*Chattonella marina*
丹麦细柱藻	*Leptocylindrus danicus*	红色中缢虫	*Mesodinium rubrum*
短角弯角藻	*Eucompia zoodiacus*	米氏凯伦藻	*Karenia mikimotoi*
尖刺拟菱形藻	*Pseudo-nitzschia pungens*	球形棕囊藻	*Phaeocystis globosa*
具刺膝沟藻	*Gonyaulax spinifera*	柔弱拟菱形藻	*Pseudo-nitzschia delicatissima*
血红哈卡藻	*Akashiwo sanguinea*	小新月菱形藻	*Nitzschia closteriumfminu*
窄面角毛藻	*Chaetoceros paradoxus*	棕囊藻	*Phaeocystis* sp.

二、渤海湾赤潮发生特点

天津近海是渤海湾最重要海域，该区域有众多的入海河口，是渤海湾典型的代表性海域。本部分以天津近海海域的赤潮发生概况为例，分析渤海湾赤潮发生的特点和规律。

1. 年发生次数

自 2000 年以来，天津近海海域共发生赤潮 32 次，年均 2.5 次，除了 2011 年没有发生外，其余年份均发生（图 9-1）。

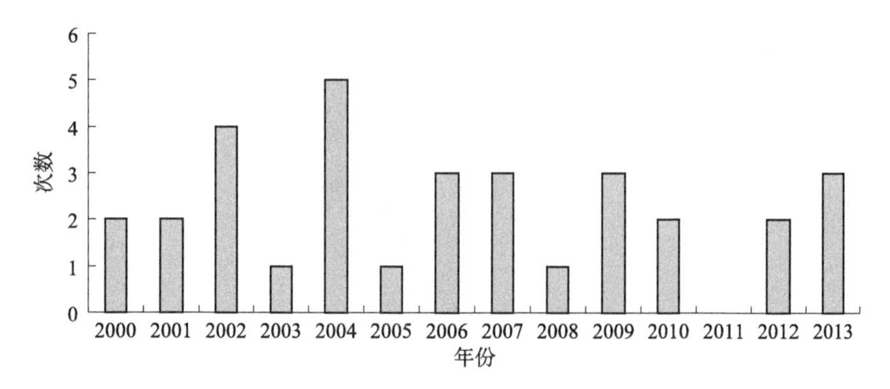

图9-1 天津近海赤潮年发生次数

从各个年份来看，2004 年发生次数最多，达到 5 次，表明该年份的赤潮灾害严重，最少则是 2011 年，没有发生赤潮灾害。从图 9-1 中也可以看出，天津近海海域赤潮灾害发生并无明显的年际变化，每年在 2 ～ 3 次居多。据统计，1952 ～ 1989 年的 37 年中，渤海共记录到赤潮 3 次，平均每年发生赤潮接近 0.1 次，20 世纪 90 年代后，10 年共记录到赤潮 27 次（林凤翱等，2008）。而进入 21 世纪以来，仅天津海域每年就发生赤潮 2.5 次，这表明渤海湾的赤潮仍较为频繁，防治情势严峻。

2. 赤潮发生海域面积

天津海域赤潮面积见图 9-2。由图 9-2 中可见，13 年来，天津海域赤潮面积在 0 ～ 860km^2，平均为 295km^2，最高值出现在 2006 年，而最低值出现在 2011 年，没有发生赤潮。13 年来，2001 ～ 2006 年，赤潮面积呈现扩大趋势，而后开始下降。

3. 赤潮发生及持续时间

天津海域的赤潮爆发时间集中在每年的 4 ～ 11 月，即除了冬季外，其他季节均有可能发生赤潮（图 9-3）。

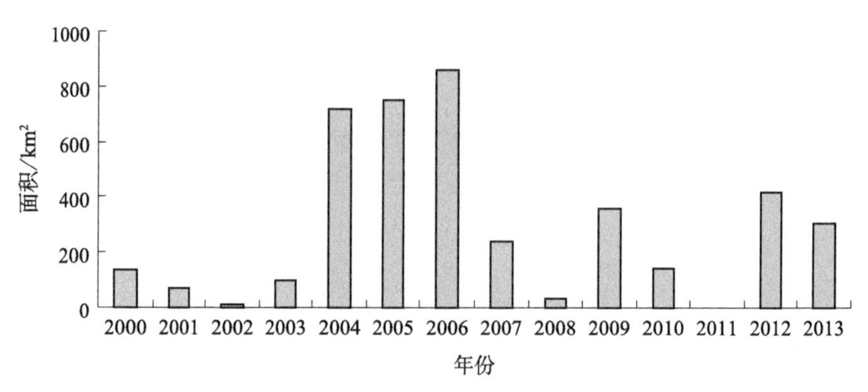

图9-2　天津近海赤潮面积

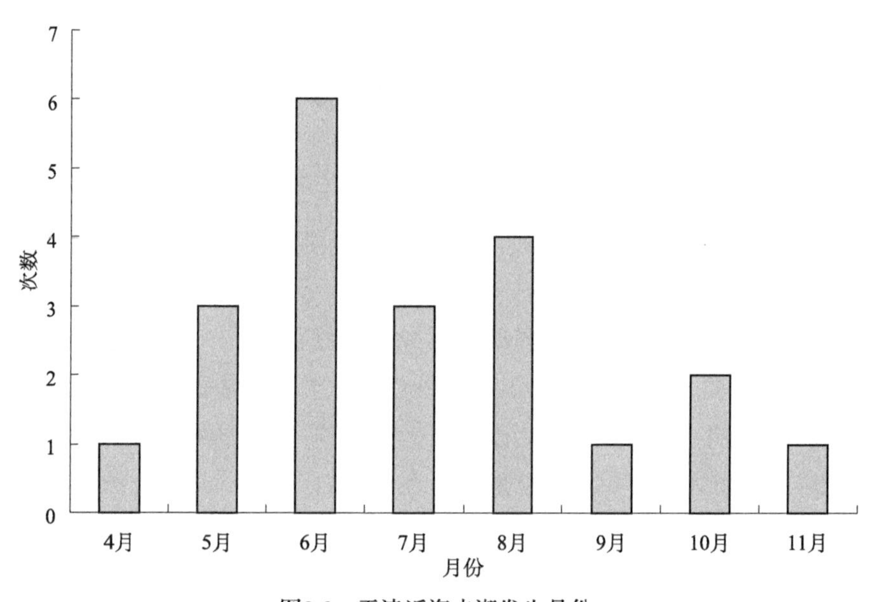

图9-3　天津近海赤潮发生月份

从各个月份的统计来看，在近十年主要在 6 月发生赤潮次数最多，即春末夏初的季节。这与这一段时间适合藻类大量生长繁殖相关，一方面，这一时间气温较好，水温适中，适合以硅藻为主的浮游植物大量繁殖，同时也适合其他藻类的生长繁殖；另一方面，这一季节开始进入雨季，河流径流量开始增大，为近海带来大量的营养盐，促进浮游植物的生长繁殖。因此，这一期间容易发生赤潮。

统计各年赤潮持续的时间发现，除了2010年持续时间超过2个月以外，其他年份的持续时间均小于1个月（图9-4）。然而，从最近两年来看，赤潮持续时间均超过15天，同样说明赤潮情势不容乐观。

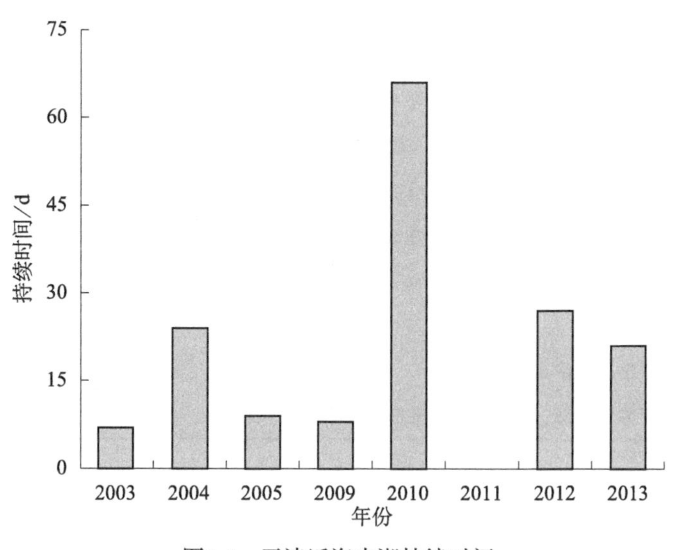

图9-4　天津近海赤潮持续时间

4. 赤潮发生区域

天津海域是渤海湾最重要的区域，也是多条大河的入海之处。大量的污染物被输入到海洋中，导致了海洋水体的富营养化，容易诱发赤潮。在天津海域的各个区域都有可能发生赤潮。近十年，天津海域发生赤潮的区域主要集中于天津赤潮监控区及其附近的海域（表9-4），即塘沽、汉沽交界处的北塘入海口处，这可能与该区域是许多河流的入海处相关，北京排污河也在此汇入渤海湾（Qin et al.，2010）。而且此处还是天津重要的海产养殖区（Li et al.，2010）。这些因素都可以给该区域带来大量的营养盐，导致水体的富营养化，进而引起赤潮。与此同时，天津港及其附近的海域也是常发生赤潮的重点区域之一。一方面，该区域也是海河和大沽河入海口，同样接受大量的污染物，显著提高该区域海水中营养盐。另一方面，港口的各种排放，包括生活区排放、船舶排放等，都给海洋带来了额外的营养盐。因此对于这些区域需要重点监测，以期早期做好预警。

表9-4 天津近海赤潮发生区域

年份	赤潮发生区域
2001	天津港航道附近海域
2002	海河入海河口附近海域和天津港港池
2003	天津港大沽锚地以东
2006	天津赤潮监控区及其附近海域
2007	天津赤潮监控区及其附近海域
2008	天津赤潮监控区及其附近海域
2009	天津港外海域、蔡家堡外海域、天津港主航道以北至汉沽海域
2010	天津港航道以北至汉沽海域、汉沽附近海域
2011	无
2012	汉沽、汉沽-塘沽
2013	天津港东部、临港经济区东部、天津港航道附近

5. 赤潮生物优势种

在天津海域发生的赤潮过程中，共检测到21种优势种（表9-5）。从优势种种类数量来看，由2003年的夜光藻1种逐渐增加到2013年的7种，表明赤潮优势种呈现增加之势。这与渤海赤潮优势种数量呈现逐年增加的变化趋势相似（林凤翱等，2008）。值得注意的是，近年来，赤潮优势种除了之前常出的夜光藻、中肋骨条藻外，一些对海洋生物有毒害作用甚至可能会产生贝类毒素的种类也开始出现，如球型棕囊藻（*Phaeocystis globosa*）、米氏凯伦藻（*Karenia mikimotoi*）等。这表明，渤海湾的赤潮风险增加，危害加重。

6. 天津近海赤潮发生原因（房恩军等，2006）

（1）入海污染物大，水交换慢。渤海是一个半封闭的海域，由陆地所环抱，只有渤海海峡与黄海相通，海水循环交换能力弱，专家预计，海水全部交换一次，需要16年以上的时间。渤海湾位于渤海的最西部，污染状况非常严重。近年来，渤海每年接纳陆源污水量28亿t，各类污染物质70万t，入海污染物大幅度增加，致使渤海环境质量急剧恶化，几乎成了一个巨大的纳污池。

（2）陆域排放污水尚未得到有效的控制。天津入海口断面14个，由于天津市连续多年干旱，除南、北排污河和北京排污河外，多条河流无地表径流，汛

表9-5　天津近海赤潮优势种及其年际分布

赤潮生物	2003年	2004年	2005年	2006年	2007年	2008年	2009年	2010年	2011年	2012年	2013年
叉状角藻						√					
赤潮异弯藻			√	√							
丹麦细柱藻										√	
短角弯角藻										√	
浮动弯角藻					√						
海洋褐胞藻		√									
红色中缢虫											√
尖刺菱形藻								√			
尖刺拟菱形藻											√
米氏凯伦藻		√									
诺氏海链藻										√	√
球形棕囊藻				√	√						
柔弱拟菱形藻										√	√
威氏圆筛藻								√			
微型原甲藻			√								
小新月菱形藻						√					
旋链角毛藻										√	
夜光藻	√			√			√	√			√
窄面角毛藻											√
中肋骨条藻					√		√			√	√
棕囊藻			√								

期偶有水量但不大。随着人民生活水平的提高，其生活污水排放量约占全市污水排放量的50%。到2002年年底，全市城市污水处理率为51%（没有脱磷脱氮），尚有49%的污水未经过处理经南、北排污河直接入海，其水质监测结果显示为劣V类。污染物排放量大大超过海域环境承受能力，使环境容量达到极限。

（3）汛期突发性大量排污。汛期突发性大量排污，造成水产养殖业和海洋捕捞业受损。渔业资源逐渐朝低龄化、小型化、低质化方向演变，海洋生物多样性受到一定损害。据统计，10年间平均数量减少49%，底栖动物甲壳动物比例增加，软体动物比例减少，鱼类群落优势种和多样性指数下降了 30%以上。同时，汛期雨水分布南北不均，造成北部排水量远大于南部，加之北部扩散条件劣于南部，造成北部污染相对较严重，要尽快实施本市的北水南调，在增加南部水资源的同时，减少北部入海流量及带入海洋的污染物量。

（4）养殖业发展迅速，造成近岸海域水体富营养化。天津沿海近岸已开发数十万亩养虾池，由于不合理投放饵料，虾池水质恶劣，直接入海后也是造成近岸海域水体富营养化的原因之一。海水养殖生产的污染物主要来源包括过剩饵料、药物、清池废水和污泥等。

（5）工程施工对海域生态环境的影响。航道开挖和疏浚物倾弃入海对海洋生物产生影响的主要因素是悬浮疏浚物，施工过程中大量悬浮物悬浮于施工海域水体中，造成水体浑浊、透明度下降、光线透射率降低，因而对水生生态环境产生不利影响。尤其是对底栖动物造成了毁灭性的影响，如贝类的死亡使得氮、磷的流通渠道被切断，浮游生物的摄食者减少，所以导致浮游植物无节制地大量增殖，从而引起赤潮。

（6）近海海域水温的上升增加了赤潮的发生概率。不同种类的赤潮生物对温度的需求不同，在适合赤潮生长的温度范围内，如果温度逐渐升高，则有利于赤潮生物的繁殖。天津近岸海域的赤潮大都是发生在水温上升阶段，全球性的气候变暖，近岸浅海水域水温大幅上升，也是赤潮发生的催化剂之一。

（7）水团的移动。某些浮游生物的分布与水团的移动较一致，如一些硅藻在沿海的季节变化和黑潮暖流密切相关，有些种类喜生于低温高盐水等，直接影响着赤潮生物的繁殖和聚集。

三、渤海湾赤潮风险及其预警

赤潮的发生主要是由于赤潮生物的爆发造成的。因此在赤潮风险评估中，就应该对赤潮生物的风险进行评估。在渤海湾中，很多种藻类都潜在地可以爆发形成赤潮，然而，根据近年来的监测，只有少数种是多次或大面积引发赤潮的赤潮生物，这些种类可以称为多发性赤潮生物。因此，应该重点对这些多发性赤潮生物进行风险评估。

1. 多发性赤潮生物赤潮风险值划分

根据赤潮的定义，当赤潮生物量达到一定程度时才确定为赤潮。不同的赤潮生物由于个体大小不同，其形成赤潮的生物量也不一样。目前，主要根据赤潮生物个体大小确定其赤潮基准，基准值主要根据《赤潮监测技术规程》以及日本学者安达六郎给出的判断标准（安达六郎，1973；国家海洋局，2005a）。与此同时，根据赤潮生物量的大小可以确定其风险值。目前常运用附值法进行赤潮风险划分，共分为 0 ～ 10 十个等级来表示不同的风险等级，级别越大，风险越高（表 9-6，郭皓等，2014）。

表9-6　多发性赤潮生物风险值划分

赤潮风险值	赤潮生物量 /（个/L）				叶绿素 /（μg/L）
	一类	二类	三类	四类	
1	＜10	＜5.0×10^2	＜5.0×10^3	＜5.0×10^4	＜2
2	10	5.0×10^2	5.0×10^3	1.0×10^4	2～3
3	50	8.0×10^2	8.0×10^3	5.0×10^4	3～4
4	90	1.0×10^3	1.0×10^4	8.0×10^4	4～5
5	1.0×10^2	1.0×10^3	5.0×10^4	1.0×10^5	5～6
6	5.0×10^2	1.0×10^4	1.0×10^5	5.0×10^5	6～7
7	1.0×10^2	5.0×10^4	5.0×10^5	1.0×10^6	7～8
8	2.0×10^2	1.0×10^5	1.0×10^6	5.0×10^6	8～9
9	（2.0～5.0）$\times10^2$	（1.0～5.0）$\times10^5$	（1.0～5.0）$\times10^6$	（1.0～5.0）$\times10^5$	9～10
10	≥5.0×10^2	≥5.0×10^5	≥5.0×10^6	≥1.0×10^7	≥10

2. 赤潮风险指数分级预警

参照监测海域海水营养状态质量指数（徐宁等，2004；国家海洋局，2005b），根据赤潮风险值的不同分以下四级预警。

（1）一级预警。无毒赤潮生物：赤潮风险值 9 ～ 10，监测海域水体富营养化程度高（Ni ＞ 4）。有毒赤潮生物：赤潮风险值 8 ～ 10，监测海域水体富营养化程度较高（Ni ＞ 3）。

预警及处置：赤潮即将或已经发生。应随时关注赤潮生物增殖或聚集情况，发布赤潮一级（红色）预警，及时通报有关管理部门，随时准备启动赤潮应急预案（国家海洋局，2008）。建议管理部门根据赤潮应急预案要求，告知区域内敏感行业（如水产养殖、娱乐休闲等）合理规避，做好关闭海水浴场和禁止养殖贝类上市的准备，以减少赤潮灾害损失和避免对人类健康造成危害。

（2）二级预警。无毒赤潮生物：赤潮风险值 8 ～ 9，监测海域水体富营养化程度较高（Ni ＞ 3）。有毒赤潮生物：赤潮风险值 6 ～ 8，监测海域水体属于中营养化水平（Ni：2 ～ 3）。

预警及处置：赤潮发生风险较高。应每天一次开展赤潮监视监测，根据赤潮生物增殖或聚集情况，发布赤潮二级（橙色）预警，及时通报并建议有关管理部门根据赤潮应急预案要求，告知区域内敏感行业（如水产养殖、娱乐休闲等）合理规避，做好关闭海水浴场和禁止养殖贝类上市的准备。

（3）三级预警。无毒赤潮生物：赤潮风险值 7 ～ 8，监测海域水体属于富营养化水平（Ni ≥ 3）。有毒赤潮生物：赤潮风险值 4 ～ 6，监测海域水体属于中营养化水平（Ni：2 ～ 3）。

预警及处置：近期发生赤潮的风险很大。应每 2d 一次开展赤潮监视监测，根据赤潮生物增殖或聚集情况，发布赤潮三级（黄色）预警。通知有关管理部门赤潮发生的可能性，以做好赤潮灾害防范准备。

（4）四级预警。无毒赤潮生物：赤潮风险值 6 ～ 7，监测海域水体属于中营养化水平（Ni：2 ～ 3）。有毒赤潮生物：赤潮风险值 2 ～ 4，监测海域水体有一定的富营养化（Ni ≤ 4）。

预警及处置：近期发生赤潮的风险较大。应每 3d 一次开展赤潮监视监测，根据赤潮生物增殖或聚集情况，发布赤潮四级（蓝色）预警。通知有关管理部门赤潮发生的可能性，及时了解赤潮发生的风险。

3. 渤海湾多发性赤潮生物风险评估

根据多年的监测，在渤海湾共发现 9 种多发性赤潮生物，可以分为四类（表 9-7）。

表9-7　渤海湾海域多发性赤潮生物分类

类别	中文名称	拉丁文学名	个体长×宽或直径/μm
一类	夜光藻	*Noctilluca scintillans*	150～2000
二类	血红哈卡藻	*Akashiwo sanguinea*	（55～57）×（40～50）
二类	具刺膝沟藻	*Gonyaulax spinifera*	（30～60）×（20～50）
二类	海洋卡盾藻	*Chattonella marina*	（33～55）×（20～32）
二类	红色中缢虫	*Mesodinium rubrum*	30～50
三类	米氏凯伦藻	*Karenia mikimotoi*	（16～31）×（13～24）
三类	中肋骨条藻	*Skeleonema costatum*	6～22
四类	赤潮异湾藻	*Heterosigma akashiwo*	（8～25）×（6～15）
四类	球形棕囊藻	*Phaeocystis globosa*	2.5～7.0

上述渤海湾 9 种多发性赤潮生物是监测的重点，应该根据监测结果进行风险评估，并采取相应的防治措施。

夏季是渤海湾赤潮的高发期，本章根据第八章的浮游植物监测数据对其赤潮风险进行评估。共发现多发性赤潮生物 2 种，分别为夜光藻和中肋骨条藻。其在不同站位的生物量见图 9-5。

从图 9-5 可以看出，两种多发性赤潮生物在渤海湾各站位的生物量是不同的。夜光藻在 9 个站位都有出现，而且数量较高，而多肋骨条藻仅在 2 个站位发现（S7、S20）。这可能与各站位的营养盐及水理化性质相关。这种分布也表明赤潮发生呈现区域性，因此需要加强监测。

根据图 9-5 中两种多发性赤潮生物的实际生物，与表 9-6 的风险标准相比较，两种多发性赤潮生物在不同站位的赤潮风险值见表 9-8。

可以看出，2007 年夏季，渤海湾两种赤潮生物在不同站位的赤潮风险不同，值得注意的是，夜光藻在所出现的站位都是风险值最高，表明应该做好预警，及时采取措施进行防治，而中肋骨条藻在出现的两个站位中的赤潮风险也不低，同样需要加强监测与防治。因此可以看出，渤海湾一旦监测到多发性赤潮生物，其风险值均较高。这是渤海湾氮磷含量过高所致。因此要控制渤海湾的赤潮风险，控制营养等污染物的输入是关键。

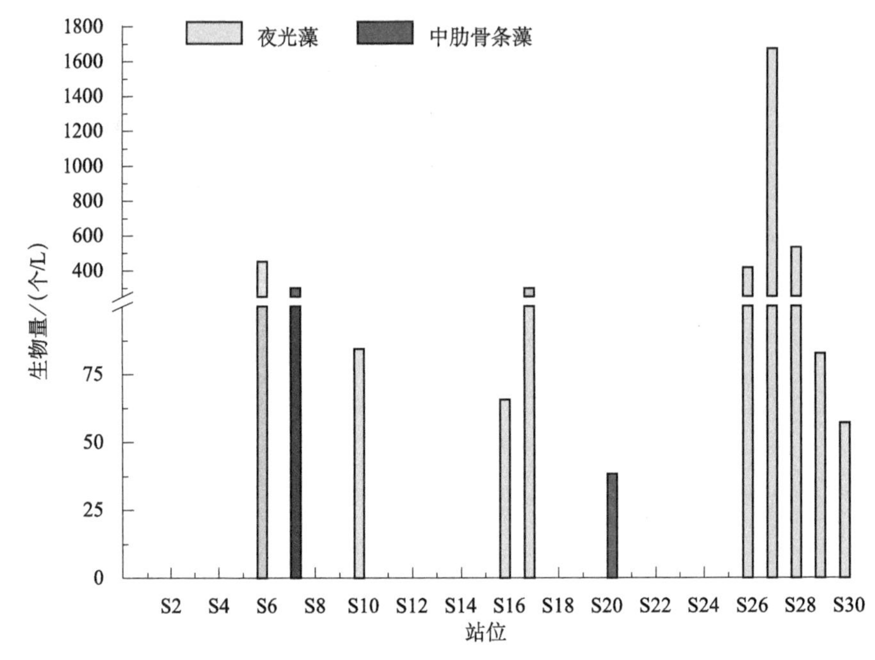

图9-5 渤海湾两种多发性赤潮生物在各个站位的生物量

表9-8 赤潮生物风险值

赤潮生物	S6	S7	S10	S16	S17	S20	S26	S27	S28	S29
夜光藻	10	0	10	10	10	0	10	10	10	10
中肋骨条藻	0	10	0	0	0	6	0	0	0	0

本章小结

（1）渤海湾主要赤潮种为硅藻和甲藻，分别占63%和17%。

（2）天津近海海域年均发生2.5次赤潮，与过去相比，年发生赤潮次数有增加之势，表明赤潮防治形势严峻。

（3）天津海域赤潮爆发面积2001～2006年呈现扩大趋势，而后开始下降。

（4）天津海域的赤潮爆发时间集中在每年的4～11月，其中在6月发生赤潮次数最多，即春末夏初的季节。赤潮持续时间大多小于1个月。

（5）天津海域发生赤潮的区域主要集中于塘沽、汉沽交界处的北塘入海口处，这可能与该区域是许多河流的入海处相关。

（6）天津海域共检测到21种优势种，2000～2013年，赤潮优势种数量呈现增加之势。

（7）渤海湾共有9种多发性赤潮生物。其中在2007年的夏季发现两种，分别为夜光藻和中肋骨条藻，两者的赤潮风险值均较高。

参考文献

安达六郎 . 1973. 赤潮生物と赤潮实态 . 水产土木，9（1）：31-36.

房恩军，李文抗，陈卫，等 . 2006. 渤海湾天津近海海域赤潮发生及防范措施 . 现代渔业信息，21（2）：15-17.

高素兰 . 1997. 营养盐和微量元素与黄骅赤潮的相关性 . 海洋科学进展，（2）：59-63.

郭皓，林凤翱，刘永健，等 . 2014. 近年来我国海域多发性赤潮生物种类以及赤潮风险指数分级预警方法 . 海洋环境科学，33（1）：94-98.

国家海洋局 . 2002. 中国近海赤潮生物图谱 . 北京：海洋出版社 .

国家海洋局 . 2005a. 赤潮监测技术规程（HY/T 069—2005）.

国家海洋局 . 2005b. 海湾生态监测技术规程（HY/T 084—2005）.

国家海洋局 . 2008. 赤潮灾害应急预案 . 北京：国家海洋局.

李绪兴 . 2006. 赤潮及其对渔业的影响 . 水产科学，25（1）：45-47.

林凤翱，卢兴旺，洛昊，等 . 2008. 渤海赤潮的历史、现状及其特点 . 海洋环境科学，27（S2）：1-5.

宋琍琍，龙华，余骏，等 . 2010. 赤潮对浙江省海洋渔业的危害及防治对策 . 中国水产，（5）：14-16.

徐宁，吕颂辉，段舜山，等.　2004. 营养物质输入对赤潮发生的影响 . 海洋环境科学，23（2）：20-24.

许佳 . 2005. 渤海赤潮随机非线性动力学研究与随机回归分析 . 天津：天津大学 .

Alvarez-Salgado X A，Figueiras F G，Villarino M L，et al.1998. Hydrodynamic and chemical conditions during onset of a red-tide assemblage in an estuarine upwelling ecosystem. Marine Biology，130（3）：509-519.

Flewelling L J，Naar J P，Abbott J P，et al. 2005. Brevetoxicosis：Red tides and marine mammal mortalities. Nature，435（7043）：755-756.

Kudela R M. 2000. Nitrogen and carbon uptake kinetics and the influence of irradiance for a red tide bloom off southern California. Aquatic Microbial Ecology, 21（1）: 31-47.

Li Y, Zhao Y, Peng S, et al. 2010. Temporal and spatial trends of total petroleum hydrocarbons in the seawater of Bohai Bay, China from 1996 to 2005. Marine Pollution Bulletin, 60: 238-243.

Lindholm T, Nummelin C. 1999. Red tide of the dinoflagellate *Heterocapsa triquetra*（Dinophyta）in a ferry-mixed coastal inlet. Hydrobiologia, 393（1）: 245-251.

Qin X, Sun H, Wang C, et al. 2010. Impacts of crab bioturbation on the fate of polycyclic aromatic hydrocarbons in sediment from the Beitang estuary of Tianjin, China. Environmental Toxicology and Chemistry, 29: 1248-1255.

Richlen M L, Morton S L, Jamali E A, et al. 2010. The catastrophic 2008–2009 red tide in the Arabian Gulf region, with observations on the identification and phylogeny of the fish-killing dinoflagellate *Cochlodinium polykrikoides*. Harmful Algae, 9（2）: 163-172.

Siu G K Y, Young M L C, Chan D K O. 1997. Environmental and nutritional factors which regulate population dynamics and toxin production in the dinoflagellate *Alexandrium catenella*. Hydrobiologia, 352（1）: 117-140.

Tada K, Morishita M, Hamada K, et al. 2001. Standing stock and production rate of phytoplankton and a red tide outbreak in a heavily eutrophic embayment, Dokai Bay, Japan. Marine Pollution Bulletin, 42（11）: 1177-1186.

Tang D, Kawamura H, Oh I S, et al. 2006. Satellite evidence of harmful algal blooms and related oceanographic features in the Bohai Sea during autumn 1998. Advances in Space Research, 37（4）: 681-689.

Townsend D W, Pettigrew N R, Thomas A C. 2001. Offshore blooms of the red tide dinoflagellate, Alexandrium sp., in the Gulf of Maine. Continental Shelf Research, 21（4）: 347-369.

第十章　渤海湾底栖生态系统变化特征

海洋底栖动物是指栖息于海洋基质表面或沉积物中的生物，主要由软体动物、甲壳动物、棘皮动物、多毛类和水生昆虫及其幼虫等构成。作为海洋生态系统的重要组成部分，底栖动物通过作用于底层水体环境，参与水体营养物质循环，影响污染物的迁移转化与沉积物的稳定性，对海洋生态系统的能流和物流有重要影响（Bilkovic et al.，2006；黄洪辉等，2002；Nordhaus et al.，2009）。底栖动物全部或大部分时间生活于水体底部，特点是生命周期长、区域性强、迁移能力弱、对污染等不利环境因素没有或很少有回避，能够反映生态系统环境因子的空间异质性，一直是监测人为扰动对生态系统影响的环境指示物种（Heino et al.，2004；Pelletier et al.，2010；Carvalho et al.，2011）。因此，全面深入地了解海洋底栖动物的生物组成、群落结构、优势度等状况，对实现海洋生态系统的健康评价、保护海洋环境的相对稳定、保护生物多样性等具有重要意义。

近海由于环境特殊，成为底栖动物最丰富的区域之一，近海底栖动物也因此成为人们研究的重点。国内外开展了大量的相关研究，包括群落结构、与环境因子的关系、生物多样性、利用底栖动物评价海洋环境等。与欧美等发达国家相比，我国对底栖动物的研究起步相对较晚，1919 年“五四运动”之后才开始相关研究，先后对北戴河、烟台、青岛、厦门、香港、海南岛等沿海地区进行了调查，发表了一些调查报告，并有一些涉及软体动物、甲壳类动物和棘皮动物等方面的研究论文。新中国成立后，底栖动物的研究开始受到重视，相继开展了一些研究，如 1958 ～ 1959 年的中国近海海洋普查、1959 ～ 1962 年的北部湾调查、1975 ～ 1976 年的东海大陆架综合海洋调查、1980 ～ 1985 年的全国海岸带和海涂综合资源调查、1989 ～ 1993 年的全国海岛调查。

渤海湾底栖动物的研究也主要集中于这几次全国大范围的海洋资源调查中，如 1980 ～ 1985 年的全国海岸带和海涂综合资源调查。真正对渤海湾底栖动物进行研究是始于 20 世纪 70 年代末，崔玉珩和孙道元（1983）于 1978 ～ 1980 年对渤海湾排污区的底栖动物进行了调查；谭燕翔等（1983）研究了渤海湾毛蚶对汞的富集规律。张志南等（1990）于 1985 年 5 ～ 6 月对黄河口及其邻近海域的 27 个站位进行了大型底栖动物的首次定量调查，包括渤海湾东部，对 68 个优势种和常见种进行了聚类分析，同时探讨了大型底栖动物和沉积速率之间的关系。进入 21 世纪后，先后对渤海湾底栖动物开展了一系列的研究，但这些研究多为本底调查研究，如房恩军等（2006）、王瑜等（2010）、蔡文倩等（2013）、张青田和胡桂坤（2013）。

与渤海湾浮游植物的研究类似，底栖动物的研究时间尺度大多较短，难以反映长期的环境变化过程。关于环境因子对底栖动物的影响，近年来也有一些研究利用多元分析方法研究了 2009 年春季渤海湾大型底栖动物与环境因子的关系，但该研究仅考虑了水环境因子。对于底栖动物而言，它不仅受水环境的影响，同时也受沉积物环境的影响（张莹等，2011）。因此，研究底栖动物与环境因子之间的关系，必须考虑水和底质双重环境因子的影响，但相关的研究未见报道。

第一节　研究方法

一、站位布设

底栖动物采集站位与浮游植物相同，详见第八章。

二、样品采集与分析

采样使用取样面积为 0.1m^2 的抓斗式采泥器，每站取样 5 次，合并为 1 个样品，用 0.5mm 孔径的网筛分选样品。样品的处理、保存、计数等均按《海洋调查规范》操作。

三、数据处理

1.优势种

优势种由公式 $y=f_i \times p_i$ 来确定，式中，y 为优势度，f_i 为第 i 种个体在采样点中出现的频率，p_i 为第 i 种个体生物量在总生物量中的比例，$y > 0.02$ 时，定为优势种。

2.多样性指数

生物多样性采用 Shannon-Veaner 指数（H'）进行多样性分析，公式如下：

$$H' = -\sum_{i=1}^{S} P_i \log_2 P_i$$

式中，S 为总种数；P_i 为第 i 种个体生物量在总个体生物量中的比例。

3.时空差异分析

环境因子和大型底栖动物生物量的季节间差异采用 t 检验，站位间差异采用单因素方差分析法进行分析，在 SPSS13.0 上进行。

第二节 底栖动物种类

一、种类组成

自 2000 年以来，渤海湾共发现底栖动物 10 门 136 种（表 10-1），其中软体动物和环节动物最多，分别为 47 种和 45 种，其次是节肢动物，29 种，其余 7 门 15 种。

与邻近海域相比，渤海湾的大型底栖动物种类高于胶州湾（59 种，张崇良等，2011），但低于莱州湾（214 种，周红等，2010）和渤海（306 种，韩洁等，2001）。这可能是因为渤海湾受到日益严重的人类活动的影响，导致了底栖动物种类减少。

表10-1　渤海湾底栖动物组成

中文名	拉丁文学名	门
涡虫	*Planocera* sp.	扁形动物门Platyhelminthes
中华内卷齿蚕	*Aglaophamus sinensis*	环节动物门Annelida
双栉虫科	*Ampharetidae*	环节动物门Annelida
仙虫科	*Amphinomidae*	环节动物门Annelida
独指虫	*Aricidea fragilis*	环节动物门Annelida
海稚虫	*Australospio* sp.	环节动物门Annelida
小头虫	*Capitellidae*	环节动物门Annelida
红角沙蚕	*Ceratonereis erythraeensis*	环节动物门Annelida
细丝鳃虫	*Cirratulus fi liformis*	环节动物门Annelida
巢沙蚕	*Diopatra* sp.	环节动物门Annelida
持真节虫	*Euclymene annandalei*	环节动物门Annelida
小瘤疣带虫	*Euryth e parvecarunculata*	环节动物门Annelida
头吻沙蚕	*Glycera capitata*	环节动物门Annelida
长吻沙蚕	*Glycera chirori*	环节动物门Annelida
浅古铜吻沙蚕	*Glycera subaenea*	环节动物门Annelida
日本角吻沙蚕	*Goniada japonica*	环节动物门Annelida
长锥虫	*Haploscoloplos elongates*	环节动物门Annelida
丝异蚓虫	*Heteromastus liformis*	环节动物门Annelida
无疣齿蚕	*Inermonephtys cf.inermis*	环节动物门Annelida
那不勒斯膜帽虫	*Lagis neapolitana*	环节动物门Annelida
有齿背鳞虫	*Lepidasthenia dentatus*	环节动物门Annelida
软背鳞虫	*Lepidonotus helotypus*	环节动物门Annelida
含糊拟刺虫	*Linopherus ambigua*	环节动物门Annelida
扁蛰虫	*Loimia medusa*	环节动物门Annelida
异足索沙蚕	*Lumbrineris heteropoda*	环节动物门Annelida
日本索沙蚕	*Lumbrineris japanica*	环节动物门Annelida
岩虫	*Marphysa sanguinea*	环节动物门Annelida
琥珀刺沙蚕	*Neanthes succinea*	环节动物门Annelida
强壮头栉虫	*Neoamphitrite roustarobusta*	环节动物门Annelida
寡鳃齿吻沙蚕	*Nephtys oligobranchia*	环节动物门Annelida

续表

中文名	拉丁文学名	门
沙蚕	*Nereis* sp.	环节动物门Annelida
带楯征节虫	*Nicomache personata*	环节动物门Annelida
叉毛矛毛虫	*Phylo ornatus*	环节动物门Annelida
白毛虫	*Pilargiidae*	环节动物门Annelida
树蛰虫	*Pista*	环节动物门Annelida
蛇杂毛虫	*Poecilochaetus serpens* sp.	环节动物门Annelida
多鳞虫科	*Polynoidae*	环节动物门Annelida
帚毛虫	*Sabellaridae*	环节动物门Annelida
鳞腹沟虫	*Scolelepis squamata*	环节动物门Annelida
深沟毛虫	*Sigambra bassi*	环节动物门Annelida
海稚虫	*Spionidae*	环节动物门Annelida
不倒翁虫	*Sternaspis scutata*	环节动物门Annelida
强鳞虫	*Sthenolepis japonica*	环节动物门Annelida
鳞虫	*Sthenolepis* sp.	环节动物门Annelida
梳鳃虫	*Terebellides stroemii*	环节动物门Annelida
蜇龙介科	*Terebllidae*	环节动物门Annelida
中华倍棘蛇尾	*Amphilplus sinicus*	棘皮动物门Echinodermata
海百合	*Bathycrinidae* sp.	棘皮动物门Echinodermata
海胆	*Echinoidea*	棘皮动物门Echinodermata
棘刺锚参	*Protankyra bidentata*	棘皮动物门Echinodermata
鼓虾	*Alpheidae* sp.	节肢动物门Arthroplda
日本鼓虾	*Alpheus japonicus*	节肢动物门Arthroplda
双眼钩虾	*Ampelidae* sp.	节肢动物门Arthroplda
华岗沟裂虫	*Ancistrosyllis hanaokai*	节肢动物门Arthroplda
蝼蛄虾	*Austinogebia edulis*	节肢动物门Arthroplda
藤壶	*Balanus*	节肢动物门Arthroplda
涟虫	*Bodotria* sp.	节肢动物门Arthroplda
泥足隆背蟹	*Carcinoplax vestita*	节肢动物门Arthroplda
日本浪漂水虱	*Cirolana japonensis*	节肢动物门Arthroplda

续表

中文名	拉丁文学名	门
大裸赢蜚	*Corophium major*	节肢动物门Arthroplda
中华蜾赢蜚	*Corophium Sinensis*	节肢动物门Arthroplda
日本关公蟹	*Dorippe japonica*	节肢动物门Arthroplda
泥沟虾	*Eriopisella* sp.	节肢动物门Arthroplda
隆线强蟹	*Eucrata crenata*	节肢动物门Arthroplda
钩虾	*Gammarus* sp.	节肢动物门Arthroplda
近方蟹	*Hemigrapsus sinensis*	节肢动物门Arthroplda
马耳他钩虾	*Melitidae* sp.	节肢动物门Arthroplda
日本游泳水虱	*Natatolana japonensis*	节肢动物门Arthroplda
口虾蛄	*Oratosquilla oratoria*	节肢动物门Arthroplda
寄居蟹	*Paguridae* sp.	节肢动物门Arthroplda
豆形拳蟹	*Philyra pisum*	节肢动物门Arthroplda
宽腿巴豆蟹	*Pinnixa penultipedalis*	节肢动物门Arthroplda
锯额瓷蟹	*Porcellana serratifrons*	节肢动物门Arthroplda
三疣梭子蟹	*Portunus trituberculatus*	节肢动物门Arthroplda
细足绒毛蟹	*Raphidopus ciliatus*	节肢动物门Arthroplda
绒毛细足蟹	*Raphidopus ciliatus*	节肢动物门Arthroplda
霍氏三强蟹	*Triodynamia horvathi*	节肢动物门Arthroplda
中型三强蟹	*Tritodynamia intermedia*	节肢动物门Arthroplda
沟纹拟盲蟹	*Typphlocarcinops canaliculata*	节肢动物门Arthroplda
纽虫	*Lineidae*	纽形动物门Nemertea
马氏球指海葵	*Anemonactis mazelii*	腔肠动物门Coelenterata
太平洋黄海葵	*Anthopleura pacifica*	腔肠动物门Coelenterata
纵条肌海葵	*Haliplanella lineata*	腔肠动物门Coelenterata
沙箸海鳃	*Virgulariidae*	腔肠动物门Coelenterata
小月阿布蛤	*Abrina lunella*	软体动物门Mollusca
高塔捻塔螺	*Actaeopyramis eximia*	软体动物门Mollusca
中国不等蛤	*Anomia chinensis*	软体动物门Mollusca
轮螺	*Architectonicidae* sp.	软体动物门Mollusca

续表

中文名	拉丁文学名	门
泥螺	*Bullacta exarata*	软体动物门Mollusca
篮蛤	*Corbulidae*	软体动物门Mollusca
小刀蛏	*Cultellus attenuatus*	软体动物门Mollusca
青蛤	*Cylina sinensis*	软体动物门Mollusca
薄壳镜蛤	*Dosinia corrugate*	软体动物门Mollusca
凸镜蛤	*Dosinia derupta*	软体动物门Mollusca
镜蛤	*Dosinia* sp.	软体动物门Mollusca
日本镜蛤	*Dosiniajaponica*	软体动物门Mollusca
艾氏海葵	*Edwardsidae*	软体动物门Mollusca
圆筒原盒螺	*Eocylichna cylindrella*	软体动物门Mollusca
灰双齿蛤	*Felaniella usta*	软体动物门Mollusca
日本石磺海牛	*Homoiodoris japonica*	软体动物门Mollusca
鸭嘴蛤	*Laternula anatina*	软体动物门Mollusca
四角蛤蜊	*Mactra veneriformis*	软体动物门Mollusca
彩虹明樱蛤	*Moerella iridescens*	软体动物门Mollusca
明樱蛤	*Moerella* sp.	软体动物门Mollusca
秀丽织纹螺	*Nassarius festiva*	软体动物门Mollusca
红带织纹螺	*Nassarius succinctrus*	软体动物门Mollusca
双带玉螺	*Natica bibalteata*	软体动物门Mollusca
扁玉螺	*Neverita didyma*	软体动物门Mollusca
小亮樱蛤	*Nitidotellina minuta*	软体动物门Mollusca
虹彩亮樱蛤	*Nitidotellina nitidula*	软体动物门Mollusca
亮樱蛤	*Nucula nitidula*	软体动物门Mollusca
小胡桃蛤	*Nucula paulula*	软体动物门Mollusca
橄榄胡桃蛤	*Nucula temuis*	软体动物门Mollusca
长牡蛎	*Ostrea gigas*	软体动物门Mollusca
牡蛎	*Ostrea gigas*	软体动物门Mollusca
猫爪牡蛎	*Ostrea pestigris*	软体动物门Mollusca
扁玉螺	*Polynices didyma*	软体动物门Mollusca

续表

中文名	拉丁文学名	门
黑龙江河篮蛤	*Potamocorbula amurensis*	软体动物门Mollusca
光滑河篮蛤	*Potamocorbula laevis*	软体动物门Mollusca
菲律宾蛤仔	*Ruditapes philippinarum*	软体动物门Mollusca
魁蚶	*Scapharca broughtonii*	软体动物门Mollusca
毛蚶	*Scapharca subcrenata*	软体动物门Mollusca
小荚蛏	*Siliqua fasciata*	软体动物门Mollusca
薄荚蛏	*Siliqua pulchella*	软体动物门Mollusca
短竹蛏	*Solen dunkerianus*	软体动物门Mollusca
竹蛏	*Solen strictus*	软体动物门Mollusca
樱蛤	*Tellinidae*	软体动物门Mollusca
脆壳理蛤	*Theora fragilis*	软体动物门Mollusca
白带三角口螺	*Trigonaphera bocageana*	软体动物门Mollusca
金星蝶铰蛤	*Trigonothracia jinxingae*	软体动物门Mollusca
薄云母蛤	*Yoldia similis*	软体动物门Mollusca
海豆芽	*Lingula unguis*	腕足动物门Brachiopoda
小头栉孔鰕虎鱼	*Ctenotrypauchen microcephalus*	尾索动物门Urochordata
鰕虎鱼	*Gobiidae*	尾索动物门Urochordata
斑尾复鰕虎鱼	*Synechogobius ommaturus*	尾索动物门Urochordata
短吻铲荚螠	*Listriolobus brevirostris*	螠虫动物门 Echiura

二、种类季节变化

渤海湾底栖动物春季为 101 种，夏季为 91 种（表 10-2），分别占总种数的 75%和 67%。由此可见，渤海湾底栖动物总体上表现为春季高于夏季，这与之前得到的研究结果相似（陈卫等，2013）。这可能与春季的水环境相关，春季入海径流小，环境稳定性高，易于底栖动物生存，而夏季环境变化明显，容易形成明显的优势种，一些种类被排斥，从而呈现较低的种数。

表10-2　渤海湾底栖动物种数的季节分布

时间	扁形动物	环节动物	棘皮动物	节肢动物	纽形动物	腔肠动物	软体动物	腕足动物	尾索动物	螠虫动物	合计
春季	1	33	3	29	1	2	35	1	2	0	101
夏季	1	28	3	26	1	3	31	0	3	1	91

从表10-2中也可以看出，环节动物、节肢动物和软体动物仍是两个季节的重要组成部分，它们的种类占据了整个种类数90%以上。三大类群的种数也呈现了春季高于夏季的现象。

三、种类空间变化

渤海湾底栖动物在两个季节在各个站位的分布见图10-1。由图10-1中可见，各站位的底栖动物种类存在明显的差异。春季种类最多的是S13，达到26种，最低值出现在S18，仅发现4种；夏季种类最多的是S1和S2，达到20种，最低值出现在S30，仅发现6种。不同站位底栖动物种类数的不一样，反映了渤海湾各个站位生境的异质性。

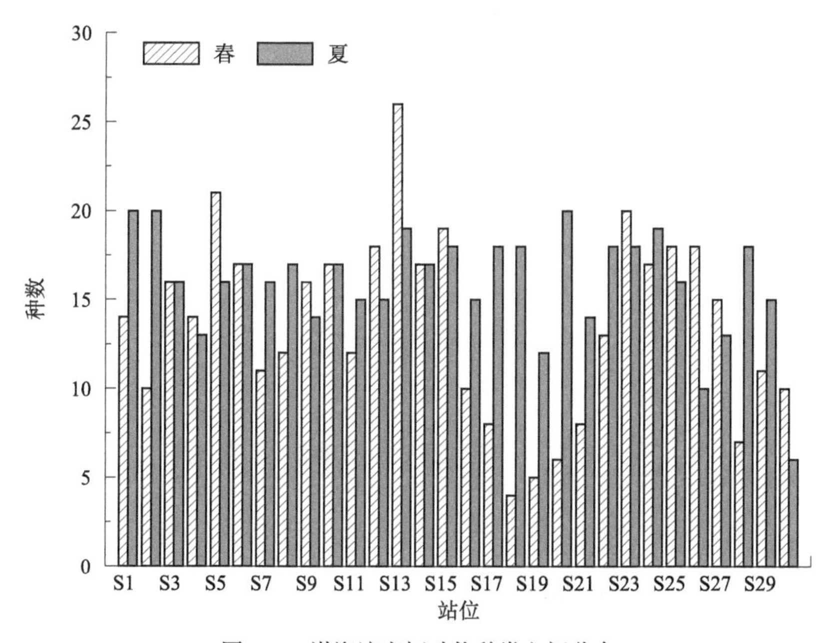

图10-1　渤海湾底栖动物种类空间分布

从图 10-1 中也可以看出，两个季节种数超过 15 的站位主要分布于渤海湾的近岸水域，特别是河口区域，如 S1、S25 等。这可能是因为近岸食较为丰富，为底栖动物提供充足的食来源。然而，S19 也在河口附近，但其种类较少（图 10-1），这可能与 S19 距离港口较近，受到一定的影响相关。

四、种类年际变化

渤海湾底栖动物种类年际变化见图 10-2。总体而言，渤海湾底栖动物总物种数呈现两个变化趋势：一是 2000 ～ 2006 年，总体上呈现下降的趋势，但其中不同年份有升高而后又降的变化趋势；二是 2006 ～ 2012 年，总体上呈现上升的趋势。种数最高的年份是 2011 年，达到 98 种，最低的年份是 2006 年，仅为 48 种（图 10-2），这可能与近年来渤海的环境变化相关。

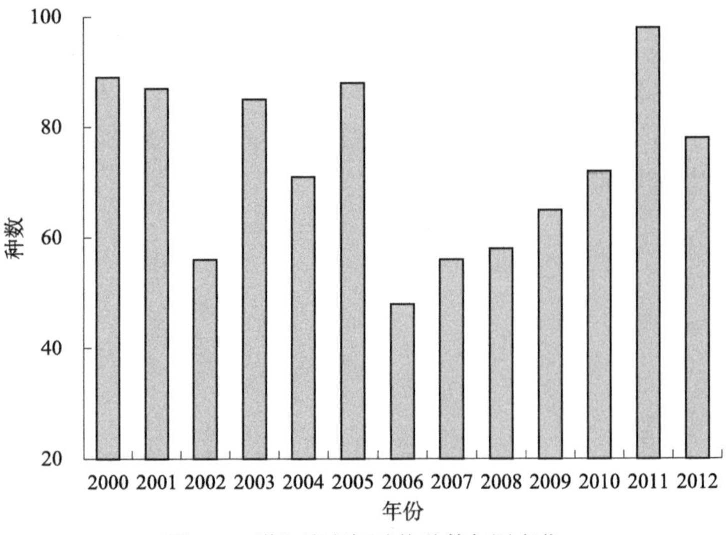

图10-2　渤海湾底栖动物种数年际变化

第三节　底栖动物数量变化

一、底栖动物平均数量

渤海湾底栖动物的平均数量为 149 个 /m²，其中软体动物数量最高，为

111 个 /m²，占总数量的 74.50%；其次是节肢动物，为 17 个 /m²，占总数量的 11.41%；再次是环节动物，8 个 /m²；其他门类较少（图 10-3）。可见，数量与种类相一致，渤海湾的底栖动物以软体动物、节肢动物和环节动物三大门类为主，它们之和占到绝对优势。

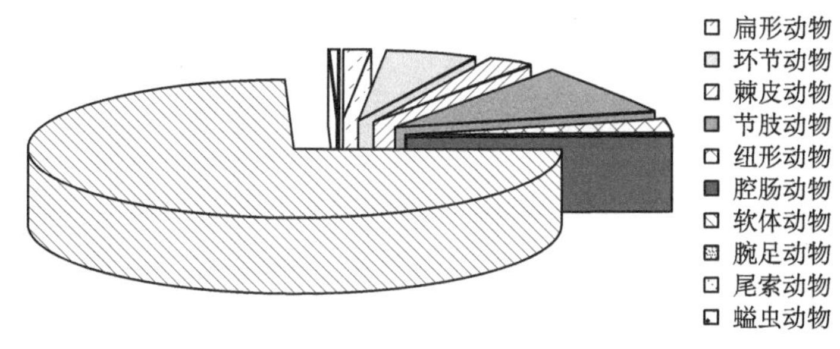

图10-3　渤海湾底栖动物数量

二、底栖动物数量季节变化

渤海湾底栖动物数量季节变化明显，呈现春季（161 个 /m²）显著高于夏季（135 个 /m²）的变化特征（$P < 0.01$，表 10-3）。通常，海湾底栖动物在夏季的数量要高于春季，如我国的杭州湾，夏季为（30.15 ± 5.09）个 /m²，而春季为（25.01 ± 7.66）个 /m²（寿鹿等，2013）。而本研究却发现渤海湾春季底栖动物的数量要高于夏季，这可能是由春季中的脆壳理蛤数量过高所致。在本研究中，脆壳理蛤春季的数量达到 97.79 个 /m²，占总数量的 60%以上。在其他的一些研究中也发现类似的现象。例如，在我国深圳湾的春季底栖动物（24 953 个 /m²）显著高于夏季（6649 个 /m²），是由于斜肋齿蜷（*Sermyla riqueti*）在春季在某些站位过高的数量所导致的（厉红梅和孟海涛，2004）。

表10-3　渤海湾底栖动物数量季节变化　（单位：个/m²）

季节	扁形动物	环节动物	棘皮动物	节肢动物	纽形动物	腔肠动物	软体动物	腕足动物	尾索动物	螠虫动物	合计
春季	3	8	4	9	4	0.22	132	0.04	0.53	0	161
夏季	2	8	3	25	5	0.22	91	0	0.71	0.18	135

从各个门类的数量的季节变化也可看出，大多数底栖动物的数量均在夏季

高于春季（表 10-3）。进一步证实了春季数量高是由于某些种类的数量的大爆发所致。夏季高于春季一方面可能是由于夏季水温较高，适合底栖动物的生长繁殖。另一方面，夏季入海河流径流大，可以为底栖动物带来陆源性的食物，如有机质等，可以有效地提高底栖动物的数量。与此同时，相对于春季，夏季的渤海湾风浪小，底栖动物受到的扰动也较小，有利于其生长繁殖。

三、底栖动物数量空间变化

底栖动物的空间分布见图 10-4。总体而言，底栖动物数量较高的站位均主要分布于近岸水域，特别是河口区域，如 S1、S7、S13 等（图 10-4）。这可能与河口特殊的环境相关。河口是陆海交错区，是连接河流与海洋的通道，也是生物多样性和生物量最富有的区域之一。许多研究证明了河口具有众多的底栖

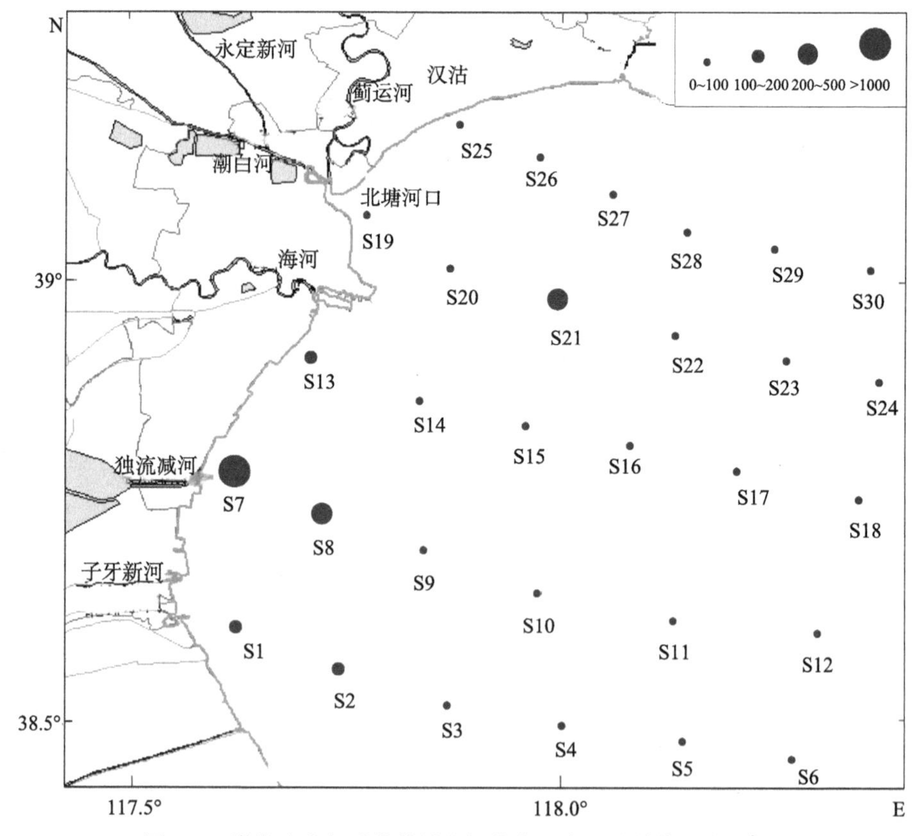

图10-4　渤海湾底栖动物数量空间分布示意图（单位：个/m^2）

动物，如先前的一项研究发现，在渤海湾的北塘河口，厚蟹、沙蚕、青蛤和泥螺的密度分别是 50 个 /m²、199 个 /m²、50 个 /m² 和 697 个 /m²（覃雪波等，2010）。这也表明了底栖动物是河口生态系统的次级生产者，构成了底栖亚系统（Reise，1985）。

四、底栖动物数量年际变化

渤海湾底栖动物数量年际变化见图 10-5。从图中可以看出，2000 ～ 2012 年，渤海湾底栖动物数量呈现先降后升的趋势。2000 ～ 2005 年，底栖动物数量呈现缓慢的下降趋势。而 2005 年后，又开始上升，但到 2009 年之前，上升幅度较小，在 2010 年还出现短暂的下降之势，2011 年后呈现突然增加之势。这种变化反映了渤海湾底栖动物生态系统的变化状态。

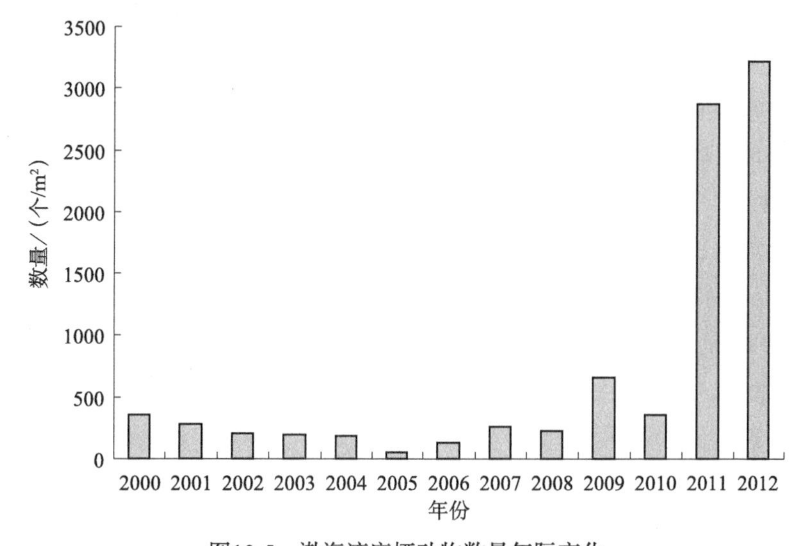

图10-5　渤海湾底栖动物数量年际变化

底栖动物数量的变化受多种环境因子的影响，包括物理、化学和生物等。在本研究中，2000 ～ 2005 年，数量呈现下降趋势（图 10-5）。这可能与近年来海洋环境的恶化相关。因为进入 21 世纪以来，渤海湾所在区域经济快速发展，特别是工农业、养殖业及港口等行业快速发展。一方面，各种经济活动产生的大量废水通过河流排入到渤海湾，造成了海洋生态环境的恶化（Peng et al.，2009）。由此影响底栖动物，使其数量减少。另一方面，大量的围海造陆使得大量的底栖动物丧失。一是围海造陆直接破坏底栖动物的栖息地，使其全部消失。二是围海造陆改变了潮水的扩散规律。研究表明，大量围海造陆工程实施后，渤海湾西北角的顺时针环流转换为逆时针沿岸流，渤海湾南部的流速辐聚区被减弱，沿岸余流速度变慢（王悦和林霄沛，2006）。同时，围海造陆工程还会造成海湾纳潮量的减小，直接影响到海湾与外海的海水交换强度，潮流水动力作用减弱，会引起泥沙淤积，造成底质改变，对底栖动物的生存环境造成影响（聂红涛和陶建华，2008）。

2005 年后，渤海湾底栖动物数量又开始上升。同样受到多种环境因素的影响。一方面是环境政策的影响，2008 年的北京奥运会使得环渤海地区的环境质量受到了空前的关注，各种严厉的措施使得排放渤海湾的污染物大量减少，有利于改善渤海湾环境质量，从而提高底栖动物数量（Zhou et al.，2014）。另一方面，渤海湾底栖动物数量的提高还受到生物因素的影响，特别是其天敌，如鸟类、鱼类等的影响。例如，如果鱼类和海鸟等捕食者的捕食强度高，就会导致底栖动物某些种群的丰度以及新个体的补充速度快速降低（Virnstein，1977；Dauver et al.，1982），由此造成底栖动物数量的减少。据统计，20 世纪 80 ~ 90 年代，渤海湾渔业资源日渐衰竭，营养结构呈现低级化发展趋势，草食性和浮游动物食性的鱼类增加，而游泳和底栖动物食物性的鱼类减少。例如，1982 ~ 1983 年的调查发现，底栖动物食性的鱼类占总鱼类的 31%，而到 1991 ~ 1992 年，下降到 18.2%（赵章元和孔令辉，2000）。底栖鱼类的减少使得底栖动物的天敌丧失，有利于其生长和繁殖。这也从另一方面说明了渤海湾渔业资源受到过度捕捞。此外，2005 年以后，为了修复受损的渤海湾生态系统，大量的底栖动物被用于生态修复中（覃雪波，2010），也增加了底栖动物的数量。这些都有利于底栖动物数量的增加。

第四节　底栖动物优势种变化

根据底栖动物优势种计算不同年际底栖动物的优势度，在 13 年间，共发现 8 种优势种，优势度在 0.02 ~ 0.22（表 10-4）。

表10-4 渤海湾底栖动物优势种

底栖动物优势种	2001年	2002年	2003年	2004年	2005年	2006年
绒毛细足蟹	0.02	0.03	0.04	0.13	0.06	0.04
小月阿布蛤	0.05	0.04	0.03	0.06	0.04	0.03
篮蛤	0.02	N	0.05	N	0.12	0.18
亮樱蛤	0.02	N	N	N	0.02	N
小胡桃蛤	0.02	0.02	0.03	0.04	0.06	0.05
脆壳理蛤	0.03	0.03	0.03	0.04	0.03	0.02
日本鼓虾	N	N	N	0.13	N	N
涡虫	0.02	N	0.04	N	N	N
底栖动物优势种	2007年	2008年	2009年	2010年	2011年	2012年
绒毛细足蟹	N	N	0.02	0.03	0.04	N
小月阿布蛤	0.02	0.02	0.05	0.04	N	0.04
篮蛤	0.14	N	N	0.04	N	0.04
亮樱蛤	0.04	N	0.03	N	0.04	N
小胡桃蛤	0.04	0.03	0.02	0.04	0.02	0.04
脆壳理蛤	0.02	0.22	0.02	0.03	N	N
日本鼓虾	N	N	N	N	N	N
涡虫	0.03	N	N	0.02	N	N

注：N 代表非优势种。

从表 10-4 中可以看出，渤海湾底栖动物优势种不仅种类少，而且优势度也不高。这可能与各站位种类相似性低，大部分种类是低频度种相关（房恩军等，2006）。从表 10-4 中还可以看出，13 年来，渤海湾底栖动物群落结构发生了较大变化。首先从优势种的数量来看，由 2000 年的 7 种降到 2012 年的 3 种。其次是优势种的优势度也发生了较大的变化，如篮蛤，在 2006 年优势度最高，达到 0.18，而在 2011 年却不是优势种。这些变化反映了环境变化的过程。

优势种的变化反映了底栖动物群落结构的变化。例如，1982 年的一项对渤海湾底栖动物的研究表明，渤海湾底栖动物优势种为不倒翁虫、日本鼓虾、豆形胡桃蛤、绒毛细足蟹、葛氏长臂虾等（韩洁等，2004）。然而，经过20年的变化，只有绒毛细足蟹仍为优势种，而其他种类均不再是优势种。这种优势种的变化反映了渤海湾20年来的环境变化过程。

第五节　底栖动物生物多样性变化

一、生物多样性季节变化特征

渤海湾底栖动物平均生物多样性指数值为2.23，其中春季为1.93，夏季为2.53。可见，夏季的生物多样性要高于春季。通常认为生物多样性与种类成正比。然而在本研究中，春季的种类要高于夏季，但生物多样性恰恰相反，夏季高于春季。这是因为生物多样性不仅与种数相关，还与生物的数量相关。通常个体分布均匀的，生物多样性指数较高（章家恩等，2002）。这表明，夏季渤海湾底栖动物的个体分布较为均匀。

二、生物多样性空间变化特征

渤海湾底栖动物生物多样性指数空间分布见图10-6。由图中可见，渤海湾底栖动物生物多样性分布不呈现明显的规律。然而，从图中也可以看出，在北部区域，以近岸较高，而在南部地区则是近岸较低。生物多样性受到多种因素的影响，这些影响包括物理、化学和生物等因素的影响（蔡文倩等，2012）。与此同时，正如上述的，物种的个体数量也影响，因此其物种多样性的形成原因错综复杂。由于生物多样性也反映了生境异质性，因此这也可以看出渤海湾环境的异质性。

三、生物多样性年际变化特征

渤海湾底栖动物生物多样性年际变化见图10-7。从图中可以看出，2000～2012年，渤海湾底栖动物生物多样性变化在1.54～2.87。

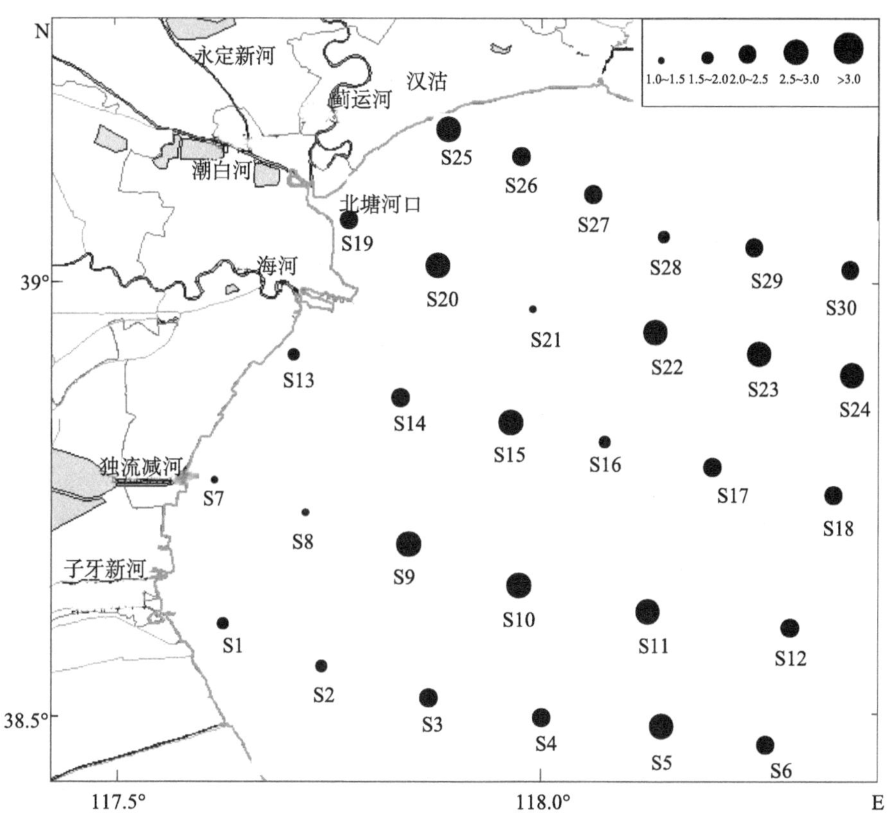

图10-6　渤海湾底栖动物生物多样性空间分布

总体而言，近十几年来，渤海湾底栖动物生物多样性呈现增加的趋势。这与第八章中的浮游植物多样性变化分为三个阶段（2000～2005年浮游植物多样性呈现上升趋势，2005～2009年呈现下降趋势，2009年后又开始上升）不同。第八章推测认为，渤海湾水体环境质量近年来应该是有改善之势。而本章的底栖动物生物多样性监测结果验证了第八章的推测。底栖动物作为环境中最重要的类群，特别是其移动范围小，特别容易反映环境的长期变化（Pelletier et al., 2010）。本章通过13年的监测发现渤海湾底栖动物生物多样性总体上呈现上升之势。这表明，渤海湾自进入21世纪以来，环境的确有所改善。这得益于各个方面的利好因素。一方面是环境政策，如碧海蓝天计划、奥运环境政策等。这些环境政策都加大了环境执法力度，特别是显著地降低了入海污染排放量，减轻了渤海湾的环境压力（Peng et al., 2013），由此改善了渤海湾环境质量。另一方面，近年来的大量环境宣传工作也取得了显著的效果，提高了人们的环境保护意识，同样有助于改善渤海湾环境（Li et al.，2010）。

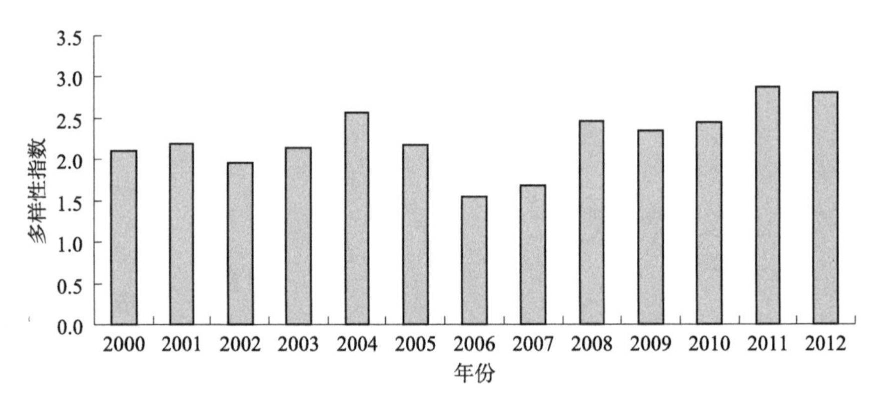

图10-7　渤海湾底栖动物生物多样性年际变化

尽管渤海湾底栖动物生物多样性自2000年以来呈现增加之势（图10-7）。但从生物多样性指数的值来看，总体上较低，均在3以下。通常认为生物多样性指数低于3的，表明环境属于中污染状态。这就说明渤海湾环境质量仍属于较差的水平，仍需要加大环境保护力度，并进行相关的生态修复，不断改善和提高其环境质量。

第六节　底栖动物分布特征及其与环境因子的关系

为了揭示渤海湾底质环境变化对底栖动物的影响，以2008年为例，利用多元分析方法分析底栖动物与底质环境之间的关系。底栖动物不仅受沉积物影响，也受水环境影响，而同时沉积物也受到水层的影响。因此本章研究底栖动物与环境之间的关系，除了考虑沉积物的有机质、重金属和石油烃，也考虑了水层底部的一些环境因子如营养盐、水温等。

一、种类组成

调查期间，在渤海湾发现大型底栖动物45种。而1983年的平均数量为153 ind/m^2（房恩军等，2006），呈现减少之势。种类减少意味着生物多样性的降低，表明人类活动严重地降低了生物多样性（冯剑丰等，2011）。

出现频率最高的是小胡桃蛤，达到77%，涡虫、棘刺锚参、绒毛细足蟹等3种大型底栖动物的出现频率也达到了50%。共有35种大型底栖动物至少在一个站位数量占该站位总数量5%以上（表10-5）。

表10-5 渤海湾主要大型底栖动物

代码	大型底栖动物	代码	大型底栖动物
n1	小月阿布蛤*Abrina lunella*	n19	异足索沙蚕 *Lumbrineris heteropoda*
n2	日本鼓虾*Alpheus japonicus*	n20	明樱蛤 *Moerella* sp.
n3	倍棘蛇尾 *Amphioplus* sp.	n21	寡鳃齿吻沙蚕 *Nereis oligobranchia*
n4	华岗钩裂虫*Ancistrosyllis hanaokai*	n22	沙蚕 *Nereis* sp.
n5	轮螺*Architectonicidae* sp.	n23	扁玉螺 *Neverita didyma*
n6	日本圆柱水虱*Cirolana japonensis*	n24	亮樱蛤 *Nitidotellina nitidula*
n7	大蜾蠃蜚*Corophium major*	n25	小胡桃蛤 *Nucula paulula*
n8	小头栉孔蝦虎鱼*Ctenotrypauchen microcephalus*	n26	蛇尾 *Ophiuroidea*
n9	小刀蛏*Cultellus attenuatus*	n27	口虾蛄 *Oratosquilla oratoria*
n10	巢沙蚕*Diopatra* sp.	n28	涡虫 *Planocera* sp.
n11	薄壳镜蛤*Dosinia corrugaia*	n29	光滑河篮蛤 *Potamocorbula laevis*
n12	镜蛤*Dosinia* sp.	n30	棘刺锚参 *Protankyra bidentata*
n13	圆筒原盒螺*Eocylichna cylindrella*	n31	绒毛细足蟹 *Raphidopus ciliatus*
n14	泥钩虾*Eriopisella* sp.	n32	短竹蛏 *Solen dunkerianus*
n15	灰双齿蛤*Felaniella usta*	n33	脆壳理蛤 *Theora fragilis*
n16	蝦虎鱼*Gobiidae* sp.	n34	中型三强蟹 *Tritodynamia intermedia*
n17	无疣齿蚕*Inermonephtys* cf. *inermis*	n35	薄云母蛤 *Yoldia similis*
n18	纽虫*Nem ertinea*		

二、数量分布

渤海湾大型底栖动物平均数量为406个/m^2，而1983年的平均数量为153个/m^2（房恩军等，2006），密度呈现增高趋势，可能与脆壳理蛤在S7和S8的异常高相关，两个密度分别为5980个/m^{2}和2600个/m^2。

大型底栖动物数量分布特征呈现从近海到外海降低的趋势（图10-8），最高值出现在南部海域的S7，达到6008个/m^2，而位于天津港附近的S20，没有采集到大型底栖动物。

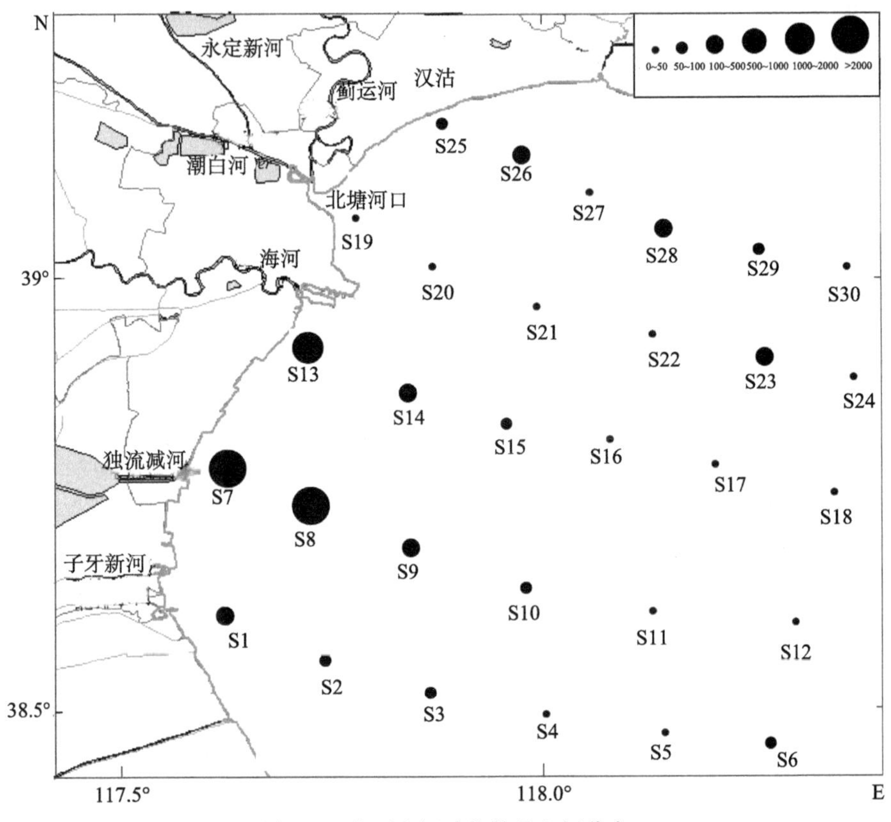

图10-8　大型底栖动物数量空间分布

三、优势种

根据各种优势度确定优势种，共发现 3 个优势种，分别是小月阿布蛤、小胡桃蛤和脆壳理蛤，优势度分别为 0.02、0.03、0.22，其中小月阿布蛤和小胡桃蛤分布于多个站位，而脆壳理蛤主要分布于 S7 和 S8（图 10-9）。

四、大型底栖动物与环境因子的 CCA 分析

大型底栖动物与环境因子之间的关系用 CCA 进行分析。前两个排序轴的特征值分别为 0.36 和 0.31，环境因子轴与物种排序轴之间的相关系数分别为 0.8985 和 0.9017。两个物种排序轴近似垂直，相关系数为 −0.0967，两个环境排

序轴的相关系数为 0（表 10-6），说明排序轴与环境因子间线性结合的程度较好地反映了物种与环境之间的关系，排序的结果是可靠的（ter Braak，1986）。所选择的环境因子共解释了 29.8％的物种变化信息，前两轴累计解释了 30.1％的物种 - 环境关系信息（表 10-6）。

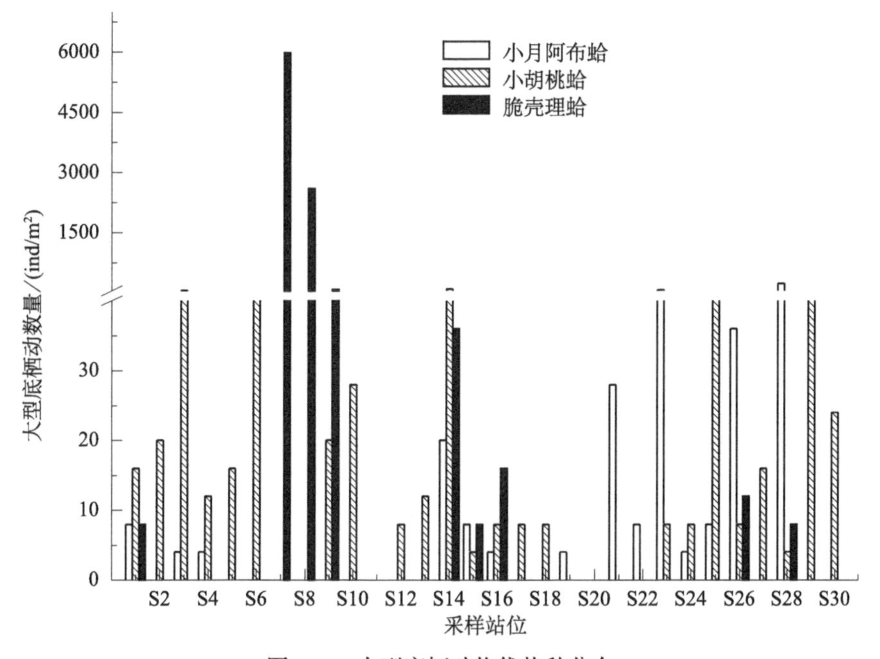

图10-9　大型底栖动物优势种分布

CCA 分析结果用双序图表示（图 10-10）。其中，箭头表示环境因子，箭头所处的象限表示环境因子与排序轴之间的正负相关性，箭头连线长度代表着某个环境因子与群落分布和种类分布之间的相关程度大小，连线越长，相关性越大，反之越小；箭头连线与排序轴的夹角代表着某个环境因子与排序轴的相关性大小，夹角越小，相关性越高，反之越低。

表10-6　底栖动物与环境因子的CCA分析

项目	特征值	物种-环境相关性	累积百比分/%	
			物种	物种-环境相关性
轴 1	0.494	0.950	10.6	18.2
轴 2	0.322	0.951	17.4	30.1
轴 3	0.297	0.939	23.8	41.8
轴 4	0.280	0.959	29.8	51.3

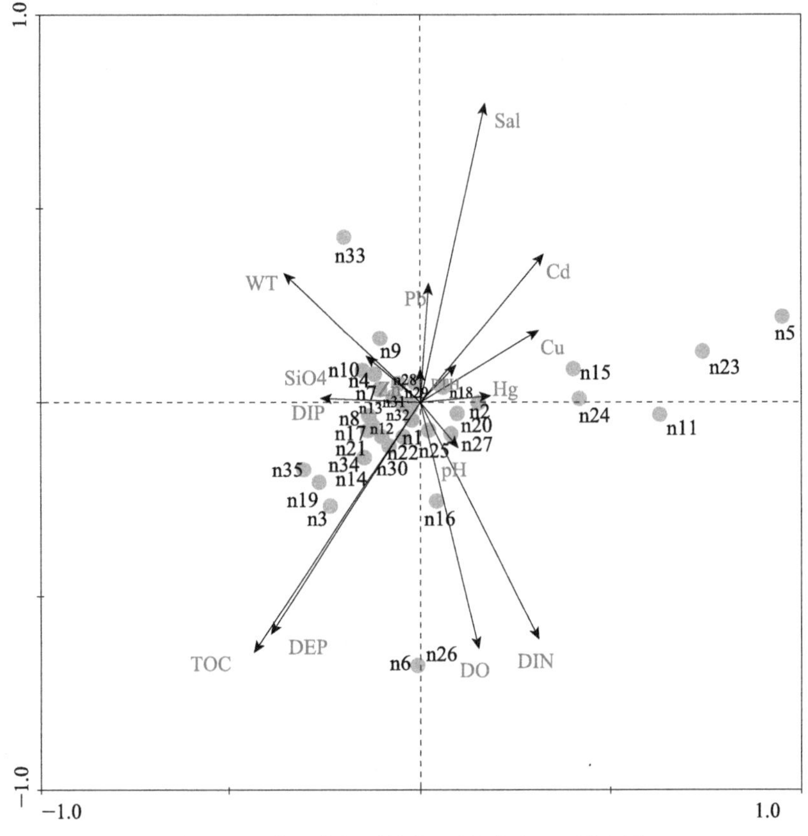

图10-10　大型底栖动物与环境因子CCA排序图

CCA 第一、第二排序轴表明：在 8 个环境因子中，连线长度较长的环境因子有水深、无机氮、水温和盐度，且水深与第一轴夹角较小，无机氮、水温和盐度均与第二轴夹角较小。这表明，水温、水深、无机氮和盐度对渤海湾大型底栖动物分布有重要影响。因此，可以认为第一排序轴是一个水深梯度的变化轴，从图 10-10 左到右，水深有降低的趋势；而第二排序轴是营养盐、盐度和水温的梯度变化，从图 10-10 上到下，水温和盐度降低，但无机氮增加。

图 10-10 反映了底栖动物与环境之间的关系。在本研究中，所选择的 15 个环境因子包括沉积物理化性质和水环境理化因子。可以看出，底栖动物不仅受到沉积物理化性质的影响，也受到底层水质的影响。在本研究中，沉积物的 TOC 对底栖动物影响最大（图 10-10）。这是因为大多底栖动物以沉积物为食，沉积物中的有机质含量的高低直接反映了沉积物的质量，通常有机质含量较多

的沉积物中，底栖动物较多（Gage and Tyler，1991；覃雪波等，2014）。因此，在本研究中发现，位于河口区域的站位的底栖动物数量较大，与河口沉积物有机质含量较高相关。然而，沉积物中的重金属及石油烃对底栖动物的影响不大（图 10-10）。这可能与其含量较低相关。实际上重金属和石油烃等污染物对底栖动物的毒害作用表现为急性或慢性过程。污染物含量低，表现为慢性过程，相反则呈现急性作用。从第七章的结果来看，渤海湾沉积物中的重金属和石油泾含量多在 I 类，表明污染较低，构不成急性毒害作用，所以影响底栖动物较小。但是近年对底栖动物体内的重金属或其他污染物的调查发现，渤海湾的底栖动物体内富集有较高的污染物。例如，四角蛤蜊体内的 Cu、Pb、Zn、Cd、Hg、As 含量分别为 0.39mg/kg、0.02mg/kg、13.1mg/kg、0.08mg/kg、0.01mg/kg、0.90mg/kg（张晓举等，2014）。这些表明，底栖动物对污染物具有富集作用。尽管沉积物中有较低的污染物，但通过富集作用，累积于底栖动物体内，最终影响底栖动物的存活，进而影响生态系统。

从图 10-10 可以看出，水体中有多个环境因子对底栖动物的分布产生明显的影响，如水深、水温、无机氮和盐度。水深影响底栖动物的分布，可能与两方面相关。一是水深与透明度相关。水体透明度影响光在水中的强度。动物的生长需要一定的光照，过高或过低都会影响动物的生长发育。从图 10-10 中可以看出，渤海湾的大多底栖动物分布于中等深度的海域中，这是由于水深太小，说明离岸最近，受到的人为扰动最大（张伟等，2009），水体透明度小，不利于动物生长发育，同样水深过高也使得进入水中的光强不够，从而影响动物的生长发育。二是可能与不同的底栖动物的生活习性相关。通常，水深是影响多毛类分布的主要环境因子（Mutlu et al.，2010）。因此，在图 10-10 中，异足索沙蚕、寡鳃齿吻沙蚕和沙蚕与水深向量显著相关。本研究与 Glockzin 和 Zettler 的研究结果相似，他们发现水深显著影响南波罗的海的波美拉尼亚海湾大型底栖动物的分布（Glockzin and Zettler，2008）。

温度是动物生长发育的关键环境因子。在本研究中，大型底栖动物数量最高值出现在 S7 附近。与其他站位相比，该站位最大的特点是水温最高（21.5 ℃），这是由于离热电厂最近，接收到来自热电厂的热水，从而导致水温升高（Peng et al.，2012）。由于采样期间属于春季，渤海湾水域水温普遍较低，不利于动物的生长发育，而 S7 较高的水温，极大地促进动物生长发育，从而拥有较高的生物数量。这与之前调查该站位的浮游植物得到的结论相似，即浮游植物在该站位数量也是较高水平（Peng et al.，2012）。

Dippner 和 Ikauniece（2001）认为，人类活动造成的富营养化较气候因素对大型底栖动物群落的影响更显著。作为评价富营养化水平的重要因子之一的无机氮在本研究中显著影响大型底栖动物的分布。一项对山东半岛南部海湾底栖动物的研究表明，水体中营养盐物质增加时，大型底栖动物多样性会相应降低（张莹等，2011）。在本研究中，大型底栖动物主要分布于较低无机氮含量的水域中（图 10-10），表明渤海湾水体中的无机氮含量已经对该海域的大型底栖动物产生了负面影响。因此，控制氮的输入是维持渤海湾生态平衡的重要举措之一。

盐度是影响海洋生物生存及生长发育的重要因素，海洋动物的分布、种群形成和数量变动都与水体含盐量的情况和动态特点密切相关（张伟等，2009）。在本研究中，大部分的大型底栖动物主要分布于盐度较低的近岸水域（图 10-10），数量分布也呈现近岸水域高于外海水域的特点（图 10-8）。这表明，分布于渤海的大型底栖动物多为近海种类，喜欢生活于低盐度的海域。例如，轮螺喜欢分布于浅海水域，在本研究中仅在 S13 发现，密度高达 660 个 /m^2，这可能与该站位位于河口附近，盐度较低相关。

由此可见，大型底栖动物同时受到底层水环境和底质环境影响（张莹等，2011）。因此，底栖动物更能反映水环境的变化。

本章小结

（1）自 2000 年以来，渤海湾共发现底栖动物 9 门 136 种，其中软体动物、环节动物、节肢动物三大门最多。底栖动物季节变化为春季高于夏季，空间变化差异显著，反映了渤海湾各个站位生境的异质性；年际变化为 2000 ～ 2006 年呈现下降的趋势，2006 ～ 2012 年呈现上升的趋势。

（2）渤海湾底栖动物的平均数量表现为春季显著高于夏季；数量较高的站位均主要分布于近岸水域，特别是河口区域；2000 ～ 2005 年，底栖动物数量呈现缓慢的下降趋势，而 2005 年后，又开始上升，但到 2009 年之前，上升幅度较小，在 2010 年还出现下降的趋势，2011 年后呈现突然增加之势。

（3）渤海湾底栖动物优势种较少，优势度也较小。

（4）渤海湾底栖动物平均生物多样性指数值为 2.23。季节变化呈现春季

（1.93）低于夏季（2.53）；空间分布不呈现明显的规律；年际变化表现为缓慢的增加之势。

（5）大型底栖动物同时受到底层水环境和底质环境影响。沉积物中的有机质含量对底栖动物影响显著，而重金属和石油烃则影响不明显。水体的底层环境对底栖动物也形成较为明显的影响，主要的环境因子包括水深、水温、无机氮和盐度等。

参考文献

蔡立哲，许鹏，傅素晶，等．2012. 湛江高桥红树林和盐沼湿地的大型底栖动物次级生产力．应用生态学报，23（4）: 965-971.

蔡文倩，刘录三，乔飞，等．2012. 渤海湾大型底栖生物群落结构变化及原因探讨．环境科学，33（9）: 3104-3109.

蔡文倩，孟伟，刘录三，等．2013. 春季渤海湾大型底栖动物群落结构特征研究．环境科学学报，33（5）：1458-1466.

陈卫，张博伦，房恩军，等．2013. 渤海湾近岸海域底栖动物的群落结构．河北渔业，（6）：13-15.

崔玉珩，孙道元．1983. 渤海湾排污区底栖动物调查初步报告．海洋科学，（3）：29-35.

房恩军，李军，马维林，等．2006. 渤海湾近岸海域大型底栖动物（Macrofauna）初步研究．现代渔业信息，21（10）：11-15.

冯剑丰，王秀明，孟伟庆，等．2011. 天津近岸海域夏季大型底栖生物群落结构变化特征．生态学报，31（20）：5875-5885.

韩洁，张志南，于子山．2001. 渤海大型底栖动物丰度和生物量的研究．中国海洋大学学报（自然科学版），31（6）: 889-896.

韩洁，张志南，于子山．2004. 渤海中、南部大型底栖动物的群落结构．生态学报，24（3）: 531-537.

黄洪辉，林燕棠，李纯厚，等．2002. 珠江口底栖动物生态学研究．生态学报，22（4）: 603-607.

厉红梅，孟海涛．2004. 深圳湾底栖动物群落结构时空变化环境影响因素分析．海洋环境科学，23（1）: 37-40.

聂红涛，陶建华．2008. 渤海湾海岸带开发对近海水环境影响分析．海洋工程，26（3）：44-50.

覃雪波 . 2010. 生物扰动对河口沉积物中多环芳烃环境行为的影响 . 天津：南开大学 .
覃雪波，孙红文，彭士涛，等 . 2014. 生物扰动对沉积物中污染物环境行为的影响研究进展 . 生态学报，34（1）：59-69.
覃雪波，孙红文，吴济舟，等 . 2010. 大型底栖动物对河口沉积物的扰动作用 . 应用生态学报，（2）：458-463.
寿鹿，曾江宁，廖一波，等 . 2013. 杭州湾大型底栖动物季节分布及环境相关性分析 . 海洋学报，34（6）：151-159.
谭燕翔，苏华青，李秀荣，等 . 1983. 渤海湾毛蚶对汞的富集规律的研究 . 海洋学报，（2）：222-229.
王瑜，刘录三，刘存歧，等 . 2010. 渤海湾近岸海域春季大型底栖动物群落特征 . 环境科学研究，23（4）：430-436.
王悦，林霄沛 . 2006. 地形变化下渤海湾 M2 分潮致余流的相应变化及其对污染物输运的影响 . 中国海洋大学学报（自然科学版），36（1）：1-6.
张崇良，徐宾铎，任一平，等 . 2011. 胶州湾潮间带大型底栖动物次级生产力的时空变化 . 生态学报，31（17）：5071-5080.
张青田，胡桂坤 . 2013. 渤海湾近岸底栖动物的生物量粒径谱研究 . 天津师范大学学报（自然科学版），33（2）：81-84.
张伟，李纯厚，贾晓平，等 . 2009. 环境因子对大亚湾人工鱼礁上附着生物分布的影响 . 生态学报，29（8）：4053-4060.
张晓举，赵升，冯春晖，等 . 2014. 渤海湾南部海域生物体内的重金属含量与富集因素 . 大连海洋大学学报，19（3）：267-271.
张莹，吕振波，徐宗法，等 . 2011. 山东半岛南部海湾底栖动物群落生态特征及其与水环境的关系 . 生态学报，31（15）：4455-4467.
张志南，图立红，于子山 . 1990. 黄河口及其邻近海域大型底栖动物的初步研究——（二）生物与沉积环境的关系 . 中国海洋大学学报（自然科学版），20（2）：45-52.
章家恩，刘文高，胡刚 . 2002. 不同土地利用方式下土壤微生物数量与土壤肥力的关系 . 土壤与环境，11（2）：140-143.
赵章元，孔令辉 . 2000. 渤海海域环境现状及保护对策 . 科学研究，13（2）：13-27.
周红，华尔，张志南 . 2010. 秋季莱州湾及邻近海域大型底栖动物群落结构的研究 . 中国海洋大学学报（自然科学版），40（8）：80- 87.

Bilkovic D M，Roggero M，Hershner C H，et al. 2006. Influence of land use on macrobenthic communities in nearshore estuarine habitats. Estuaries and Coasts，29（6）：1185-1195.

Carvalho S，Pereira P，Pereira F，et al. 2011. Factors structuring temporal and spatial dynamics of macrobenthic communities in a eutrophic coastal lagoon（óbidos lagoon，Portugal）. Marine Environmental Research，71（2）：97-110.

Dauver D M，Ewing R M，Tourtellotte G H，et al. 1982. Predation resource limitation and the structure of benthic infaunal communities of the lower Chesapeake Bay. International Review of Hydrobiology，67（4）：477-489.

Dippner J W，Ikauniece A. 2001. Long-term zoobenthos variability in the Gulf of Riga in relation to climate variability. Journal of Marine Systems，30（3）：155-164.

Dolbeth M，Cusson M，Sousa R，et al. 2012. Secondary production as a tool for better understanding of aquatic ecosystems. Canadian Journal of Fisheries and Aquatic Sciences，69（7）：1230-1253.

Gage J D，Tyler P A. 1991. Deep-sea biology—A natural history of organisms at the deep-sea floor. Cambridge：Cambridge University Press：337-356.

Glockzin M，Zettler M L. 2008. Spatial macrozoobenthic distribution patterns in relation to major environmental factors：A case study from the Pomeranian Bay（southern Baltic Sea）. Journal of Sea Research，59：144-161.

Heino J，Louhi P，Muotka T. 2004. Identifying the scales of variability in stream macroinvertebrate abundance functional composition and assemblage structure. Freshwater Biology，49：1230-1239.

Li Y，Zhao Y，Peng S，et al. 2010. Temporal and spatial trends of total petroleum hydrocarbons in the seawater of Bohai Bay，China from 1996 to 2005. Marine Pollution Bulletin，60：238-243.

Mutlu E，Cinar M E，Ergev M B. 2010. Distribution of soft-bottom polychaetes of the Levantine coast of Turkey，eastern Mediterranean Sea. Journal of Marine Systems，79：23-35.

Nordhaus I，Hadipudjana F A，Janssen R，et al. 2009. Spatio-temporal variation of macrobenthic communities in the mangrove-fringed Segara Anakan lagoon，Indonesia，affected by anthropogenic activities. Regional Environmental Change，9（4）：291-313.

Pelletier M C，Gold A J，Heltshe J F，et al. 2010. A method to identify estuarine macroinvertebrate pollution indicator species in the Virginian Biogeographic Province. Ecological Indicators，

10（5）：1037-1048.

Peng S，Dai M，Hu Y，et al. 2009. Long-term（1996−2006）variation of nitrogen and phosphorus and their spatial distributions in Tianjin Coastal Seawater. Bulletin of Environmental Contamination and Toxicology，83（3）：416-421.

Peng S，Qin X，Shi H，et al.2012. Distribution and controlling factors of macroinvertebrate assemblages in a semi-enclosed bay during spring and summer. Marine Pollution Bulletin，64（5）：941-948.

Peng S，Zhou R，Qin X，et al. 2013. Application of macrobenthos functional groups to estimate the ecosystem health in a semi-enclosed bay. Marine Pollution Bulletin，74：302-310.

Reise K. 1985. Tidal flat ecology：An experiment approach to species interactions. Berlin：Springer-Verlag.

ter Braak C J F. 1986.Canonical correspondence analysis：A new eigenvector technique for munltivariate direct gradient analysis. Ecology，67：1167-1179.

Virnstein R W. 1977.The importance of predation by crabs and fishes on benthic infauna in Chesapeake Bay. Ecology，58（6）：1199-1217.

Zhou R，Qin X，Peng S，et al. 2014. Total petroleum hydrocarbons and heavy metals in the surface sediments of Bohai Bay，China：Long-term variations in pollution status and adverse biological risk. Marine Pollution Bulletin，83：290-297.

第十一章　渤海湾外来物种入侵及其风险

海洋外来物种入侵已成为最为严重的全球性环境问题之一（刘艳等，2013）。特别是随着世界航运的发展，海洋外来物种入侵的问题越来越严重，受到了空前的关注。渤海湾位于我国的华北地区，在沿岸地区分布众多的港口，形成明显的港口群。渤海湾港口群的发展，使得该区域的海上运输与贸易往来频繁，为海洋外来物种的传入和扩散提供了便利条件。

本章通过调研、统计和分析渤海湾海洋外来物种，并对其生态风险进行评估，最后提出外来物种防治对策，为渤海湾的海洋外来物种入侵管理提供借鉴。

第一节　外来物种入侵概述

一、外来物种入侵及种类

外来物种是指出现在过去或现在的自然分布范围及扩散潜力以外的物种、亚种或以下的分类单元，包括其所有可能存活繁殖的部分、配子或繁殖体。对于外来物种的判定，通常有简单的标准，如 Webb 制定了 8 个标准来甄别本地种和外来物种，Presten 又在此基础上提出一条新的标准，总共 9 条标准来区别本地种和外来物种（刘欣，2012）。

（1）化石证据：从更新世开始，本地有无该生物化石连续存在。

（2）历史证据：历史文献记录为引种的物种。

（3）栖息地：栖息环境限于人工环境的物种。

（4）地理分布：该物种的地理分布出现地理上不连续，则可能为外来物种。

（5）移植频度：该物种被移栽到多个地方，可能是外来物种。

（6）遗传多样性：该物种在不同地方间其遗传差异出现均质性，则可能为外来物种。

（7）生殖方式：缺乏种子形成的物种可能是外来物种。

（8）引种方式：解释物种引进的假说合理可行，说明物种是外来物种。

（9）同寡食性昆虫的关系：取食该植物的动物少则该生物往往为外来物种。

从时间尺度来确定外来物种是困难和复杂的。实际上，外来物种侵入生态系统后，经过10 000年的时间就难以把它和本地种区分开，而且并非所有的物种都可被区分为外来物种和本地物种，有些物种难以界定，它们通常被称为隐秘种（cryptogenic species）。这些隐秘种是普遍存在的，对生物入侵的理解需要考虑到这些种。对于一个特定的稳定的生态系统，其物种间的关系往往是确定的，如果由于某物种而引起生态系统发生大的波动，历史文献又没有相关的此种生物的记录，那么该物种可能是外来物种；倘若物种发生变异、杂交而形成新种，同时新种又可能引起生态系统内部关系发生变化，那么它也可视为外来物种。

一些外来物种在到达新的定居区后，由于其本身具有较大的繁殖能力，加上在新的栖息地，外来物种在一定程度上摆脱了原有天敌和寄生虫的危害，往往会发生爆发性生长并失去控制，发展成为入侵物种，形成外来物种入侵，这些外来物种也被称为外来入侵种。目前外来入侵种有多个概念，但比较权威的有生物多样性公约（Convention on Biological Diversity，CBD）和世界自然保护联盟（International Union for Conservation of Nature，IUCN）两种。CBD定义外来入侵种为非本地的物种由于人类活动被引入新的地区，其建立和扩散威胁到生态系统、生境或物种，造成经济或环境危害时则称为外来入侵种。而IUCN则定义为，外来入侵种是指在先前存在的未受干扰的当地生态系统中成功建立种群，进而对当地生态系统产生影响的有机体（主要是通过人类转移）。因此，外来物种入侵可以认为是外来物种由原生地经自然或人为途径进入另一个生态环境，并在该生态系统中定居、自行繁殖建群和扩散而逐渐占领新栖息地的一种生态现象。外来入侵物种包括微生物、动物和植物三大类。

中国是全球生物多样性特别丰富的国家之一，同时也是遭受生物入侵最为严重的国家之一。据2013年统计，目前入侵中国的外来生物物种达544种，其中大面积发生、危害严重的达100多种。在国际自然保护联盟公布的全球100种最具威胁的外来物种中，入侵中国的就有50余种。生物入侵涉及农田、森林、水域、湿地、草地等几乎所有的生态系统。

二、外来物种入侵方式

随着交通和贸易的发展，越来越多的植物、动物和微生物呈全球性的蔓延趋势，人类的各种活动有意、无意间为外来物种的扩散起了推动作用。

1.有意引入

某些部门或个人，为提高经济效益、观赏和生物防治等，从国外或外地引入了大量物种。由于管理不善或事前缺乏相应的风险评估，有些物种变成了入侵种。例如，1869年一位美国工程师误将舞毒蛾当作可产蚕丝的中国桑茧从欧洲引入到美国，使得舞毒蛾成为现在北美主要的森林害虫。海狸鼠（*Myocastor coypus*）于1953年引入到我国东北，后在各地大量养殖。20世纪90年代中期，由于经济原因，海狸鼠逃生或放生，在野外自生自繁，成为南方农田、果园新的有害动物。原产于亚马孙流域的福寿螺（*Ampullaria gigas*）1981年引入到广东后，广为繁殖，后被释放到野外，在广东、福建等地造成很大的损失（赵国珊和周卫川，1996）。

水葫芦（*Eichhornia crassipes*）、水花生（*Alternanthera philoxeroides*）分别在20世纪三四十年代引入我国，本来是作为猪饲料，后逸为野生种，成为南方农田、湖泊的主要害草，严重破坏了当地的自然生态环境。在有害生物或入侵种的生物控制过程中，若引种不当，可能导致非目标种被攻击以至灭绝。比如，从欧洲引入到美国控制舞毒蛾为害的康刺腹寄蝇（*Compsilura concinnata*），可以直接取食180多种昆虫，造成了某些当地种的种群数量大幅下降乃至局部灭绝。尽管引进天敌进行生物控制也有不少成功的先例，但缺乏风险评价的天敌引进，有可能带来新的生物或环境灾害。

2.偶然带入

人员流动和物资交流可以充当外来物种的引入媒介，无意间将外来物种从原生地带到遥远的别的地区。相当一部分入侵种是由这种方式带入的，比如，入侵我国的蔗扁蛾（*Opogona sacchari*）、褐家鼠（*Rattus norvegicus*）、豚草（*Ambrosia artemisiifolia*）、美国白蛾（*Hyphantria cunea*）等都是随人员或商品贸易带入的。货物的木质包装物也常常是外来物种传入的重要载体，从日本入侵到我国及欧美的光肩星天牛（*Anoplophora glabripennis*）就是由这种方式传入的。有些入侵植物是混杂在作物种子或其他货物中偶然引入的（Huelma et al.，1996）。有些害虫是随作物的引入而入侵的，如墨西哥棉铃虫及棉红铃虫。中国的棉红铃虫也可能是随着棉种由印度到越南或缅甸而传到我国的（Zhu，1978）。

3.自然扩散

外来入侵植物的种子或营养器官凭借风或动物的力量或先在周边国家归化，然后再通过风力、水流、气流及动物等因素实现自然扩散。例如，紫茎泽兰（*Eupatoriu adenophorum*）从中缅、中越边境自然扩散入我国边境；稻水象甲（*Lissorphoptrus oryzophilus*）借助气流迁飞到中国。自然扩散引入方式往往是前两种引入方式的一种辅助形式，尤其是在引入后外来物种扩散过程中表现突出。

4.动物园、植物园生物逃逸

动物园、植物园管理不善，或无意间带出，会使园内有入侵性的生物逃逸出来，在适宜区形成优势种，从而造成外来入侵事件。

三、外来入侵种特点

从外来入侵种的生态特性来看，与一般生物类群相比，外来入侵种具有如下一些特点。

1.生态适应能力强

外来入侵种往往表现很强的抗逆性，对环境有很强的适应能力，生态位宽，遗传多样性高，对不同生境能表现不同的形态，外来入侵植物的光合效率比一般植物高很多；部分可以生成种子的外来入侵种，它的种子可以休眠，在环境适宜的时候萌发，以躲避恶劣的环境；外来入侵种往往也会产生抑制其他生物生长的化感物质，增加其侵占其他生物生态位的成功率。

2. 繁殖能力强

大部分外来入侵植物都是无性生殖方式，即营养生殖，能在短时间内迅速形成优势群体，也有部分外来入侵植物可以通过种子大量繁殖，芽率高、幼苗生长快、幼龄期短，同样可以在短时间内迅速占领生态位，形成优势群体。

3. 传播能力强

外来入侵植物的种子或繁殖体，往往小而轻，可以随风和流水传播，且不易清理，因此外来入侵种的传播率很高，而且能与人共栖，容易通过人类活动传播。

四、外来物种入侵危害

1. 生态环境影响

外来物种入侵对当地生态环境最大的影响表现为破坏当地的生物多样性，包括物种、遗传和生态系统的多样性。

首先，影响物种多样性。成功入侵的外来物种凭借自身有利的条件，如生态适应能力强、繁殖能力强、缺乏天敌等，迅速在当地形成单一的优势种群，通过竞争或占据本地物种的生态位，有的甚至分泌化感物质抑制和排挤本地物种，导致本地物种种群大量减少或灭绝，使得本地生态系统的物种多样性丧失。滇池中一部分土著种如昆明鲇（*Silurus mento*）、中鲤（*Cyprinus micristius*）等特有种几近灭绝；泸沽湖中麦穗鱼（*Pseudorasbora parva*）等外来鱼种也造成了裂蝮鱼（*Schizothrax grahami*）的绝迹。豚草可释放酚酸类、聚乙炔、倍半菇内脂及幽醇等化感物质，对禾本科、菊科等一年生草本植物有明显的抑制和排斥作用。外来物种的入侵已成为导致物种多样性锐减的第二大因素。

其次，外来入侵种影响遗传多样性。一方面，外来入侵物种导致本地物种多样性丧失的同时，丧失的本地种的遗传基因也随之消失，从而导致本地遗传多样性丧失；另一方面，外来物种的入侵可导致生境片段化，大而连续的生境变成空间上相对隔离的小生境，当种群被分割成不同数目的小种群后，种群的杂合度和等位基因多样性迅速降低。随着生境片段化，残存的次生植被常被入侵种分割、包围和渗透，使本土生物种群进一步破碎化，造成一些植被的近亲繁殖和遗传漂变。有些入侵种可与同属近缘种甚至不同属的种杂交。这种基因交流可能导致对本地种的遗传侵蚀。例如，加拿大一枝黄花（*Solidago canadensis*）可与假警紫菀（*Aster ptarmicoides*）杂交。

最后，外来入侵种影响生态系统多样性。外来入侵物种抢占生态系统生态位，或使得某一生态位空缺，就会改变当地自然生态环境，使生态系统内部能量流动和物质循环难以进行，导致生态系统失衡，进而导致不同地理区域的生态系统在组成、结构和功能上均匀化，并最终退化，失去其服务功能。

2. 经济影响

经济影响表现为外来物种入侵造成了巨大的经济损失。经济损失可以分为直接经济损失和间接经济损失两大类，前者主要是指外来病虫害和杂草对农林牧渔业、交通等行业或人类健康造成的物质损毁、实际价值减少或防护费用增加等。后者是指对生态系统服务功能、物种多样性和遗传多样性造成的经济损失。根据世界自然保护联盟的报告，外来入侵物种给全球造成的经济损失每年超过4000亿美元。而我国，据《瞭望新闻周刊》2015年1月报道，以松材线虫等13种主要农林入侵物种每年对我国造成574亿元的直接经济损失。

3. 人类健康影响

外来入侵种不仅会对当地的生态系统造成危害，降低当地的生物多样性，同时某些外来入侵种也会危害人类健康。例如，侵入我国的毒麦，其毒麦籽粒中含有毒麦碱（$C_7H_{12}N_{20}$），能麻痹动物的中枢神经，人食后会引起中毒，轻者出现头晕、呕吐、痉挛、昏迷的现象，重者有可能因中枢系统麻痹而导致死亡；豚草类的花粉可造成过敏性哮喘、鼻炎、皮炎，每年同期复发，病情逐年加重，严重的会并发肺气肿、心脏病乃至死亡。

第二节　渤海湾外来入侵种

为了更加全面地反映渤海湾外来入侵种的情况，本章采用野外调查和文献调研方式获得了污染渤海湾海洋水体中的外来入侵种。调查方法与前几章中浮游植物、底栖动物相同，文献资料包括李振宇和解焱的《中国外来入侵种》

（2002），徐海根和强胜的《中国外来入侵物种编目》（2004），徐海根、王健民和强胜等的《外来物种入侵生物安全遗传资源》（2004），以及徐海根和强胜的《中国外来入侵生物》（2011）等，同时查询了相关网站，如外来物种数据库（http：//bioinvasion.fio.org.cn/home/showcs.asp?page=2；http：//www.chinaias.cn/wjPart/SpeciesSearch.aspx?speciesType=1）、中国海洋灾害公报（http：//www.coi.gov.cn/gongbao/zaihai/）等。

一、动物

渤海湾海洋水域中共发现49种外来入侵动物（表11-1）。以低等的海洋无脊椎动物为主，也有少量的鱼类，如尖吻鲈、美洲红点鲑等。

表11-1　渤海湾外来入侵动物种类

序号	中文名	拉丁文学名
1	墨西哥湾扇贝	*Argopecten irradians concentricus*
2	海湾扇贝	*Argopectens irradias*
3	纹藤壶	*Balanus amphitrite amphitrite*
4	象牙藤壶	*Balanus eburneus*
5	致密藤壶	*Balanus improvisus*
6	加州草苔虫	*Bugula californica*
7	多室草苔虫	*Bugula neritina*
8	匍茎草苔虫	*Bugula stolonifera*
9	线纹丽苔虫	*Callopora lineata*
10	透明小分胞苔虫	*Celleporella hyalina*
11	指甲履螺	*Cerpidula onyx*
12	雅氏鳌虾	*Cherax destructor*
13	红鳌鳌虾	*Cherax quadricainatus*
14	麦龙鳌虾	*Cherax tenuimanus*
15	玻璃海鞘	*Ciona intestinalis*
16	麦瑞加拉鲮	*Cirrhina mrigala*
17	象牙栉苔早	*Crisia eburneo-denticulata*
18	斑点海鳟	*Cynoscion nebulosus*
19	日本盘鲍	*Haliotis discus discus*
20	真海鞘	*Halocynthia roretzi*

续表

序号	中文名	拉丁文学名
21	华美盘管虫	*Hydroides elegans*
22	尖吻鲈	*Lates calcarifer*
23	放射形碟苔虫	*Lichenopora radiata*
24	罗氏沼虾	*Macrobrachium rosenbergii*
25	萨氏膜孔苔虫	*Membranipora savartii*
26	硬壳蛤	*Mercenaria mercenaria*
27	东方拟小孔苔虫	*Microporella orientalis*
28	曼氏皮海鞘	*Molgula manhattensis*
29	沙筛贝	*Mytilopsis sallei*
30	地中海贻贝	*Mytilus galloprovincialis*
31	虹鳟	*Oncorhynchus mykiss*
32	欧洲大扇贝	*Pecten maximus*
33	日本对虾	*Penaeus japonicus*
34	蓝对虾	*Penaeus stylirostris*
35	凡纳滨对虾	*Penaeus vannamei*
36	克氏原螯虾	*Procambarus clarkii*
37	美洲红点鲑	*Salvelinus forntinalis*
38	独角裂孔苔虫	*Schizoporella unicornis*
39	韦氏团水虱	*Sphaeroma walkexi*
40	中间球海胆	*Strongylocentrotus intermedius*
41	冠瘤海鞘	*Styela canopus*
42	柄瘤海鞘	*Styela clava*
43	褶瘤海鞘	*Styela plicata*
44	红罗非鱼	*Tilapia* sp.
45	西方三胞苔虫	*Tricellaria occidentalis*
46	扇形管孔苔虫	*Tubulipora flabellaris*
47	颈链血苔虫	*Watersipora subtorquata*
48	陀螺葡萄苔虫	*Zoobotryon verticellatum*
49	脑黏体虫	*Myxobolus cerebralis*

从表 11-1 中也可以看出，渤海湾的外来入侵动物种中，有不少是海洋污损动物，它们附着于船舶、浮标、电缆、平台等水下设施上，有些种类常与养殖

藻类、贝类竞争附着基，其中大多数是附着或固着生物。海洋污损动物的附着生长，致使船舰航速下降、燃料消耗增加，对海防、海运交通、沿海工业和渔业常都造成极大危害。

二、植物

与动物相比，渤海湾海洋水域外来入侵植物较少，仅为5种（表11-2），均为浮游植物。

表11-2　渤海湾外来入侵植物种类

序号	中文名	拉丁文学名
1	微型原甲藻	*Prorocentrum minimum*
2	反屈原甲藻	*Prorocentrum sigmoides*
3	多甲藻	*Peridinium perardiforme*
4	球形棕囊藻	*Phaeocystis Pouchetii*
5	威氏圆筛藻	*Coscinodiscus wailesii*

从表11-2中可以看出，除了威氏圆筛藻外，其他4种均为世界广布性赤潮种类。一是这些浮游植物种有较强的适应能力，而且繁殖速度快。这些外来浮游植物大多是通过船舶压载水入侵到别的区域。通常船舶压截仓中环境恶劣，很少有其他生物能存活，而这些外来浮游植物能存活下来，说明其适应能力非常强，一旦到了新的环境，比较容易适应当地的环境，在适宜的环境条件下，能快速繁殖，造成赤潮爆发。二是外来浮游植物具有多种扩散途径。大多外来浮游植物的细胞和包囊可以附着在各种物体上，如漂浮物，可以随海流而传播；附着沉积物，在沉积物转移到别处时，也将其带到新地方；附着于岩石、沙子、贝类等，也随这些转移而传播；外来浮游植物的细胞和包囊也存在于压载水，通过船舶来往传播。三是一些浮游植物还能产生藻毒素（Flewelling et al., 2005）。例如，棕囊藻产生溶血毒素等有毒物质（李蔷，2012）。这些有毒物质对水体产生极大的负面影响，引发水生生物大量死亡，特别是对于水产养殖业，可以造成严重的经济损失。更严重的是，这些毒素会富集于水生生物体中，通过食物链传递最终迁移到人体中，威胁人类的身体健康（谢平，2009）。

这些外来浮游植物只要环境适应，就可引起赤潮爆发，对沿岸的水产养殖业、渔业资源和人类健康等构成威胁，对滨海旅游、海洋生态环境等产生破坏。然而，这些浮游植物中，大多为甲藻，且为赤潮种类，具有潜在的生态风险。

三、微生物

渤海湾海洋水域外来入侵微生物主要为病毒，共计 13 种，具体名录见表 11-3。

表11-3　渤海湾外来入侵病毒种类

序号	中文名	英文名
1	中肠腺坏死杆状病毒	Baculoviral midgut gland necrosis type viruses，BMNV
2	肝胰腺小DNA病毒	Hepatopancereatic parvovirus，HPV
3	鲑疱疹病毒	Herpesvirus salmonis
4	传染性皮下及造血器官坏死病毒	Infections hypodermaland haematopoietic nerosis viurs，IHHNV
5	传染性造血组织坏死病	Infectious hematopoietic necrosis virus，IHNV
6	淋巴囊肿病毒	Lymphocystis disease virus，LCDV
7	斑节对虾杆状病毒	Penaeus monodon baculo virus，MBV
8	桃拉综合征病毒	Taura syndrome virus，TSV
9	大菱鲆红体病虹彩病毒	Turbot reddish body irido virus，TRBIV
10	副溶血弧菌	Vibrio Parahaemolyticus
11	白斑综合征病毒	White spot syndrome virus，WSSV
12	黄头杆状病毒	Yellow head baculovirus，YHV
13	鲑鱼传染性胰脏坏死病毒	Infectious pancreatic necrosis in trout，IPN

尽管渤海湾海洋水域中的外来入侵病毒种类不多，但由于病毒自身的特殊性，具有巨大的潜在危险。一方面，这些病毒个体小，难检测。通常，外来病毒个体极其微小，主要隐藏在寄主体内或货物中，不易被检验和发现。例如，桃拉综合征病毒是一种直径为 31 ～ 32μm 的 12 面体球形病毒，常寄生于虾卵、虾苗和对虾中，随它们输出或运入；淋巴囊肿病毒直径为 130 ～ 260μm，常寄生于鱼类。另一方面，病毒传播途径多，适应性强。外来病毒可寄生于对虾、鱼类、水生昆虫、海鸥及其他海鸟等体内，随寄主输出或传入，只要生活条件

得以满足，它们就可能在符合该条件的地区定殖。同时，它们对高温、高盐、低温等恶劣的环境有惊人的适应力，这就给预防、控制和管理增加难度。更为重要的是，病毒感染性强，危害大。外来病毒可感染不同生长时期的鱼虾类，若不采取有效措施，就可能造成严重的危害。例如，淋巴囊肿病毒是一种危害严重的慢性病毒，其传染性强、潜伏期长，易感鱼类广泛，可感染野生养殖的海水及淡水鱼类达到100%。白对虾、蓝对虾，日本对虾的糠虾、仔虾和幼虾等感染淋巴囊肿病时，发病迅速，累积死亡率高达100%；桃拉综合征病毒可感染南美白对虾、细角对虾、白对虾、褐对虾等，感染南美白对虾的累积死亡率达40%～90%或以上。

第三节　渤海湾外来物种入侵时间

在1900年以前，渤海湾只记录到1种外来物种，即虹鳟。该物种于1874年被引进到渤海湾。在此后的100余年间，先后有66种外来入侵种在渤海湾水体中发现，其中有29种入侵时间不详。不同年份的外来入侵种入侵时间见图11-1。

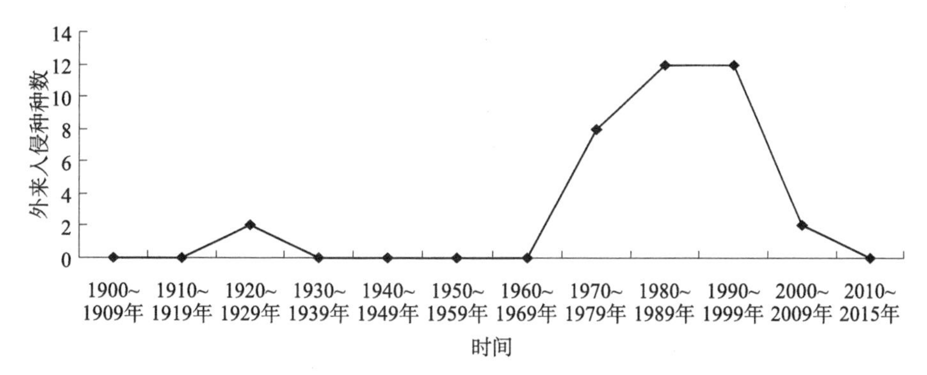

图11-1　渤海湾外来入侵种变化趋势

从图11-1中可以看出，进入20世纪以来，渤海湾外来入侵种数量呈现增多的趋势，但主要增加在20世纪60～90年代，可能与那一段中国对外开放起步阶段，各种方面的管理措施跟不上有关。进入90年代后，由于采取严格的控制外来物种入侵措施，大大地减少了外来物种，特别是近5年来，未曾发现新的入侵外来物种。

第四节　渤海湾外来物种入侵风险评估

外来物种入侵风险评估是对被入侵地或可能入侵地的生态环境、社会及经济等方面受到外来生物威胁的不良状态的程度、大小和概率的评定。从上述可以知道，渤海湾外来入侵种众多，可能对渤海湾的生态环境造成潜在的危害，因此有必要对外来物种的风险进行评价，为制定外来入侵生物的管理措施提供决策支持服务。

一、外来物种入侵风险识别

外来物种入侵风险识别的任务就是明确风险产生的过程。其步骤是分析致灾因子中的主要因子，获得各种致灾因子的生物学、生态学属性和经济意义，分析承灾体的生活规律、对致灾因子适应和抵御能力的生物属性，分析在一定区域范围内特定致灾因子对承灾体的危害程度（图 11-2）。

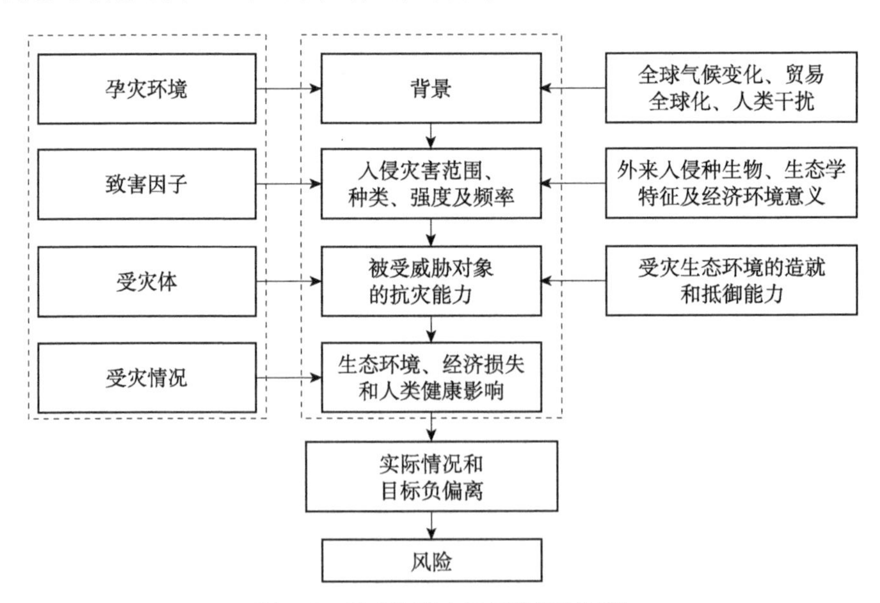

图11-2　外来物种入侵风险识别过程

外来物种入侵是由众多自然因素和社会经济因素共同作用的结果。其入侵风险主要来自四个方面：自身因素、环境因素、人为因素和入侵后果。自身因素是外来物种本身具备的有利于入侵的生物学和生态学特性，如外来入侵物种很强的繁殖能力、传播能力等固有的特性以及对环境改变的适应能力。环境因素是适合外来物种入侵的各种生物和非生物因素，如本地的竞争者、捕食者或天敌，以及适宜外来物种生长、繁殖、传播、爆发等的气候条件等。人为因素是人类活动对外来物种入侵产生的影响，如人类活动为外来物种入侵创造了条件，对外来物种入侵、传播扩散和爆发疏于防范或采取了不适当的干预措施。入侵后果是外来物种各种不利于人类利益的生物学、生态学特性作用结果，表现为经济、环境、人类健康的损失。

对于渤海湾而言，由于是半封闭的海域，水体交换弱，营养盐易于累积，形成富营养化，藻类大量繁殖，形成赤潮。赤潮是渤海湾近年来最严重的自然灾害之一。在外来物种入侵过程中，一些赤潮生物的入侵成为首要潜在风险之一，因此本章对渤海湾外来物种入侵也以赤潮作为目标风险进行评价，主要以外来的赤潮藻类作为评价对象。

二、渤海湾外来物种入侵风险评估方法

一个外来物种从入侵到产生危害，通常经过以下四个过程：入侵、适应、扩散和危害。每个阶段都受到不同的因素制约，这些因素也成为重要的评价因子。可以看出，这些因子形成不同的层次关系。因此，层次分析法（AHP）适合对外来物种入侵风险进行评估。

1. 评估指标体系

指标体系必须反映外来物种入侵风险产生的过程，体现风险的内涵与特征，定义明确准确，测度方法标准，计算方法规范。建立指标体系应遵循的原则包括以下几个方面。

（1）科学性：指标的筛选应基于现有的外来物种入侵研究基础，客观真实地反映物种入侵过程产生的风险情况，选取准确、科学的指标和风险计算方法。

（2）重要性：评价指标不是越多越好，应建立在科学分析风险产生过程基础上，选取决定风险产生的关键因素，与风险的有无、大小之间具有直接联系。

（3）系统性：全面考虑影响外来物种入侵过程的影响因素及它们之间的关系，构建一个能将评估目标与指标有机结合的层次分明的评估体系。

（4）实用性：指标体系运行过程中应具有很强的可操作性和可比性，可以用定量指标，也可以用定性指标。

（5）实用性：在筛选指标过程中要考虑所需分析资料收集的可行性，确保评估信息和资料的可信度，保证评估体系的实用性。

（6）独立性：各指标间若出现重叠和内容意义上的交叉，会加重某一指标的最终影响评估结果。因而，应避免各指标重叠和内容意义上的交叉。

（7）灵活性：根据评估对象和使用者的不同，可对指标体系进行相应调整。

由于指标体系涉及领域广泛，其评估对象也具有不确定性，并且使用者专业知识和使用目的也会有所差异。因此，指标体系在使用过程中应能根据具体情况做相应调整，并且不影响指标体系整体效能。

根据层次分析法的特点以及上述的指标选择原则，结合渤海湾海域的实际环境和借鉴国内外相关学者的研究成果，可将本研究的指标体系分为目标层、准则层和指标层三个层次。目标层（R）是外来入侵物种的风险，它由 4 个准则层指标计算获得，包括入侵（R_1）、适应（R_2）、扩散（R_3）和危害（R_4），分别由相应的指标层指标计算获得。指标层（R_{ij}）指标是准则层指标的具体化，是评价外来物种入侵风险的基础。本研究确定了 15 个指标层指标（表 11-4）。

各指标的含义如下所示。

入侵性：外来物种进入本地的可能性，其又由三个指标构成：引入地的发生程度、引入频次和防止措施。

（1）发生程度：外来物种在本地分布情况。如外来物种已在本地产生严重的危害，则不纳入评估范围。

（2）引入频次：主要是指到港船舶压载水中发现的频度。

（3）防止措施：阻止外来物种入侵的各种措施，包括行政、技术和国际公约的效力。

适应性：指的是外来物种对当地各种条件的适应，对于外来浮游植物，主要包括气候适应能力、温盐适应能力和其他限制因子适应能力。

（1）气候适应能力：指的是外来物种原分布区与入侵区的气候的相似程度，包括温度、光照、降雨等气候因子。

表11-4　渤海湾外来物种风险评估指标体系

目标层	准则层	指标层	指标正负作用
入侵风险	入侵（R_1）	发生程度	正
		引入频次	正
		防止措施	负
	适应（R_2）	气候适应能力	正
		温盐适应能力	正
		其他限制因子适应能力	正
	扩散（R_3）	生长速度	正
		繁殖能力	正
		扩散能力	正
		根除难度	
		适宜的气候范围	正
		控制机制	负
	危害（R_4）	生物多样性	正
		爆发赤潮的难易度	正
		产生毒素	正

（2）温盐适应能力：该物种对入侵地水域的温度和盐度的适应能力。

（3）其他限制因子适应能力：指的是除了上述两项外的其他因素，如营养盐、pH 等。

扩散性：指外来物种在入侵区的传播、迁移、扩散的可能性，包括以下六个指标。

（1）生长速度：指单位时间内外来物种生物量的增加量。

（2）繁殖能力：指单位时间内外来物种产生后代的数量。

（3）扩散能力：指外来物种适应不同栖息地生境的能力。

（4）根除难度：指的是要彻底根除该物种的难度。

（5）适宜的气候范围：指适合外来物种生长和繁殖的气候带的面积。

（6）控制机制：指的是控制外来物种扩散的各种措施，包括自然因素和人为举措。

危害性：指的是外来物种对当地环境的危害，包括对生物多样性的影响、爆发赤潮的难易度和产生毒素。

（1）生物多样性：外来物种排斥当地物种，降低生物多样性。

（2）爆发赤潮的难易度：该物种可能爆发赤潮的概率。

（3）产生毒素：该物种可以产生藻毒素。

2. 评估指标量化

在指标体系中，有许多是定性指标，难进行定量分析；同时也有一些定量指标，由于量纲的不同，也难以比较。因此，需要对指标进行量化并无量纲，由此可以进行定量分析。本研究采用分级法对指标进行定量化（表11-5）。

表11-5　指标分级标准

指标	1	2	3
发生程度	无	偶尔	常见
引入频次	偶尔发现	一般	常发现
防止措施	检疫控制对象，有较为完善的管理措施	检疫控制对象，现行的管理手段可能将其截获	未列入检疫控制对象
气候适应能力	适应性很差	适应性一般	适应性强
温盐适应能力	适应差	适应一般	适应性强
其他限制因子适应能力	适应差	适应一般	适应性强
生长速度	几乎不增长	增长一般	快速增长
繁殖能力	低下	一般	强
扩散能力	不扩散	扩散弱	扩散强
根除难度	极易根除	易根除	不易根除
适宜的气候范围	很小	范围一般	范围广
控制机制	容易控制	控制一般	不易控制
生物多样性	威胁不明显	一定威胁	威胁大
爆发赤潮的难易度	不爆	容易	极易
产生毒素	无毒	毒性低	毒性强

3. 评估指标权重确定

根据层次分析法的步骤，各个指标的权重通过以下步骤完成。

1）构建判断矩阵

设 $F_i=\{F_1, F_2, \cdots, F_n\}$ 是一个由 F 层评价指标组成的指标集；对于 $j=1, 2, \cdots, n$，令 $S_j=\{\alpha_{i1}, \alpha_{i2}, \cdots, \alpha_{ij}\}$ 是对应于 F_i 的评价因子 S 层组成的指标集，于是构建 S 层对 F 层中 F_i 因子的判断矩阵 $P(S_{ij})$：

$$P(S_{ij})=\begin{bmatrix} \alpha_{11} & \alpha_{12} & \cdots & \alpha_{1j} \\ \alpha_{21} & \alpha_{22} & \cdots & \alpha_{2j} \\ \cdots & \cdots & \cdots & \cdots \\ \alpha_{i1} & \alpha_{i2} & \cdots & \alpha_{ij} \end{bmatrix}$$

α_{ij} 就是因子 S_i 对 S_j 的相对重要性的标度值，其取值按表 11-6 进行。根据层次分析法评价模型，从最低层开始两两比较，从而得出指标层对准则层的判断矩阵和准则层对目标层的判断矩阵。

表11-6　判断矩阵中各因子标度含义

两因素相对重要性比较	极其重要	强烈重要	明显重要	稍显重要	同等重要	稍不重要	不重要	很不重要	极不重要
标度	9	7	5	3	1	1/3	1/5	1/7	1/9

2）求权重向量及其一致性检验

各层次对上一层次中某个因子的判断矩阵最大特征值 λ_{max} 对应的归一化特征向量 $W=(W_1, W_2, W_3, \cdots, W_i)^T$ 各个分量 W_i 就是本层次相应因子对上一层次某因子的相对重要性排序权重值，其过程和一致性检验步骤如下所示。

（1）计算判断矩阵各行元素乘积，并计算其 n 次方根，得一新向量 $\overline{W}_i$：

$$\overline{W}_i=\sqrt[n]{\prod_{i=1}^{n}\alpha_{ij}} \quad (i, j=1, 2, \cdots, n)$$

（2）对新向量归一化，即为权重向量 W_i：

$$W_i=\frac{\overline{W}_i}{\sum_{i=1}^{n}\overline{W}_i} \quad (i=1, 2, \cdots, n)$$

（3）计算判断矩阵最大特征值 λ_{max}：

$$\lambda_{max}=\frac{1}{n}\sum_{i=1}^{n}\frac{(BW)i}{W_i} \quad (i=1, 2, \cdots, n)$$

式中，BW_i 为向量 BW 的第 i 个元素。

（4）计算一致性比值 CR，检验判断矩阵的一致性：

$$CR=\frac{CI}{RI}，其中\ CI=\frac{\lambda_{max}-n}{n-1}$$

式中，CI 为一致性指标，RI 为平均随机一致性指标，RI 按表 11-7 取值，当 CR ＜ 0.10 时，判断矩阵具有满意的一致性，否则需要调整判断矩阵，以便得到满意的评价参数。

表11-7　RI取值

阶数	1	2	3	4	5	6	7	8	9	10	11	12
取值	0	0	0.52	0.8	1.12	1.26	1.36	1.41	1.46	1.49	1.52	1.54

通过专家打分附值根据上述计算过程，得到各指标的权重值（表 11-8），各个 CR 值均小于 0.10。

表11-8　生态风险识别指标的权重分配

因素	权重（一级）	指标	权重（二级）	层次总排序权重值
入侵	0.32	发生程度	0.62	0.20
		引入频次	0.09	0.03
		防止措施	0.29	0.09
适应	0.41	气候适应能力	0.05	0.02
		温盐适应能力	0.29	0.12
		其他限制因子适应能力	0.66	0.27
扩散	0.19	生长速度	0.31	0.06
		繁殖能力	0.36	0.07
		扩散能力	0.18	0.03
		根除难度	0.06	0.01
		适宜的气候范围	0.04	0.01
		控制机制	0.06	0.01
危害	0.08	生物多样性	0.08	0.01
		爆发赤潮的难易度	0.54	0.04
		产生毒素	0.38	0.03

4. 综合生态风险值

根据各项指标值与权重值，采用综合生态风险指数（ER）对各个外来物种的入侵生态风险进行评价。综合生态风险指数定义如下：

$$\mathrm{ER}=\sum_{i=1}^{N}(P_i\times W_i)$$

式中，P_i 为单项指标评分值（分值需要归一化处理）；W_i 为评价指标 i 的权重；N 为评价指标数。

三、外来物种入侵风险等级划分

外来物种风险等级划分应以现行有害生物等级划分体系为基础和参照，这样便于科学、有效地评估外来物种的风险水平，建立风险值和风险等级的对应关系，有利于针对不同的风险采取不同的预防和控制措施；同时，应明确风险级别所包含的入侵学意义及其在现行有害生物等级体系的位置，便于分门别类地比较风险水平和进行风险管理。

本研究将风险值设定在 0 ～ 1，采用用五级风险分类进行划分，即从低到高依次为极低、低风险、中等风险、高风险和极高风险，不同风险等级需要不同的管理手段，具体见表 11-9。

表11-9　外来物种入侵生态风险等级划分标准

风险等级	风险值（R）	生态影响	管理策略
极低风险	$0\leqslant R\leqslant 0.20$	基本或稍有影响，不构成风险	无须采取防范措施
低风险	$0.2< R\leqslant 0.40$	生态影响较低，不会导致赤潮的发生，但可能排斥当地物种	采取防范措施，控制风险
中等风险	$0.40< R\leqslant 0.60$	主要是无毒赤潮种类，发生赤潮概率较大	加强跟踪监测，及时防范
高风险	$0.60< R\leqslant 0.80$	无毒赤潮种类，容易发赤潮	加强监测，积极干预
极高风险	$0.80< R\leqslant 1.0$	有毒赤潮种类，容易发生赤潮	严格管理，加大治理

四、渤海湾外来物种入侵风险评估结果

1. 评价对象

由于渤海湾是一个半封闭的海湾，周边又是中国最重要经济圈——环渤海

经济圈，聚集了大量的超大型城市，如北京、天津等，造成大量的生活和生产废水被排放到湾内，海水富营养化严重，赤潮容易爆发。因此，赤潮已成为渤海湾最大的生态风险。因此，本研究仅对表 11-2 中的 5 种外来浮游植物的入侵风险进行评估，这些浮游植物的生态影响见表 11-10。

表11-10　渤海湾外来入侵浮游植物的生态影响

中文名	拉丁文学名	生态影响
微型原甲藻	*Prorocentrum minimum*	引发的赤潮，微型原甲藻能产生腹泻性贝毒而引起人体中毒，给渔业和人类身体健康带来巨大威胁
反屈原甲藻	*Prorocentrum sigmoides*	引发赤潮
多甲藻	*Peridinium perardiforme*	引发赤潮，导致生态系统失衡，给养殖业造成损失
球形棕囊藻	*Phaeocystis pouchetii*	当其大量繁殖形成赤潮时，可造成水体缺氧和产生溶血毒素，导致鱼虾类死亡
威氏圆筛藻	*Coscinodiscus wailesii*	引发赤潮

2. 外来物种入侵生态风险值

利用上述计算方法，对 5 种外来浮游植物的入侵生态风险进行评估，结果见图 11-3。

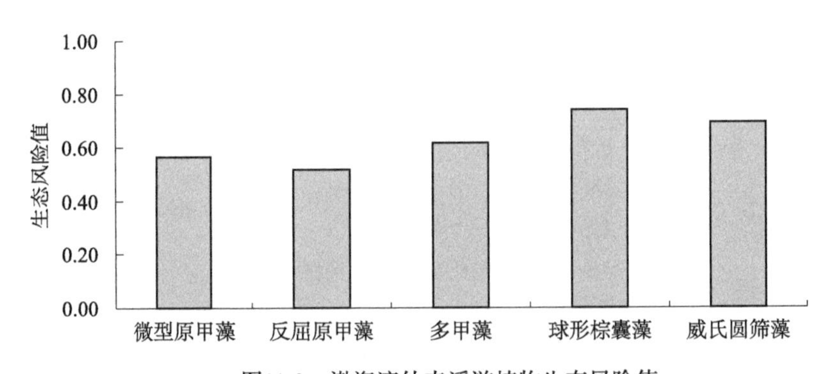

图11-3　渤海湾外来浮游植物生态风险值

从图 11-3 中可以看出，渤海湾的 5 种外来浮游植物种的生态风险值位于中等风险到高风险区间。其中，多甲藻、球形棕囊藻和威氏圆筛藻的生态风险属于高风险。特别是多甲藻和球形棕囊藻能产生藻毒素，它们的生态风险不可忽视。因此要加强监测，特别是在赤潮易爆发的季节，要加大监测频率，积极采取预防措施。

第五节　渤海湾外来物种入侵防控对策

一、完善法律体系，做到依法管理

目前我国有多部法律涉及外来物种入侵，如《渔业法》《进出境动植物检疫法》《海洋环境保护法》《国境卫生检疫法》《关于加强外来入侵物种防治工作的通知》《中国生物多样性保护战略与行动计划》等，但这些法律各自的重点不同，在海洋外来物种的入侵上存在缺陷。例如，《渔业法》有关海洋外来物种入侵的防治规定主要体现在第 17 条，该条规定，水产苗种的进出口检疫、引进转基因水产苗种等必须进行安全评价，且有国务院渔业部行政主管部门监管。《渔业法》对海洋外来物种入侵的防治多从经济发展的目标出发，职能行政主管部门更关注引进种的经济效益，而忽视了引进种可能带来的生态风险（白佳玉和史磊，2013）。其他方法同样存在这样的问题。因此，迫切需要制定一部完整的海洋外来物种入侵法律法规，该法律应该涵盖现有立法中所出现的重叠和缺陷。

立法的目的是为了保护我国海洋的生态安全和生物多样性，明确我国海洋外来物种管理的宏观调控方针、基本原则、基本制度和组织体系，协调相关法律的关系。其核心是从维护国家海洋生态安全的角度加强和完善对大量外来物种引入的评估、审批制度、补救制度和责任追究制度，实现统一监督管理。

二、完善检疫制度和建立预警机制

检疫制度是控制海洋外来物种入侵的第一套关，是防止外来物种入侵最有效也是最重要的环节。尽管我国海洋系统已建立了疫情监测体系和疫情报告制度，但这些体系仅能应用于数量极其有限的检疫物种，对生态的影响没有进行监测，更没有预警的体系。因此，要建立更加严格的检疫制度，从国家海洋生态安全的角度来完善当前的检疫制度。

建立预警监控机制是防范生物入侵的重要措施。要开展调查研究和搜集相关资料，系统整理外来入侵种名录、入侵地域及其产生危害的评估，适时采取控制和根除方法，达到堵截或减少海洋外来物种入侵影响的目的。要借鉴国外发达国家的经验，将遥感、全球定位系统、地理信息系统技术应用到海洋外来物种预警、监测和评估等相关领域，有效提高海洋外来物种的监测水平。

三、建立完善的海洋外来物种入侵防控和修复体系

针对渤海湾海洋外来物种入侵现状，研究确定最佳的方案和技术，采取高效的紧急扑救措施（物理防治、化学防治、生物防治等）对入侵海洋外来物种进行防控和修复。将上述防控和修复技术集成并应用示范，开展效果评价，初步建立相关技术体系。

四、开展国际合作

由于外来物种控制措施具有跨国性，甚至会影响国际贸易，因此开展国际合作十分必要。目前，在防控海洋外来物种入侵问题上，国际国内已建立起一定程度的合作关系，形成了一些相关文件并建立了相关的数据库，如《生物多样性公约》《联合国海洋法公约》《亚洲和太平洋区域植物保护协议》《环境保护法》《海洋环境保护法》《进出境动植物检疫法》《进境动物和动物产品风险分析管理规定》《进境植物和植物产品风险分析管理规定》《海岛生物多样性和外来物种数据库》《中国外来入侵物种数据库》《中国外来海洋生物物种基础信息数据库》等，并在海洋外来物种防控工作中取得了一定的成效。因此，加强与国际广泛的合作和交流，及时掌握海洋外来物种动态，可为渤海湾的外来物种的防控政策和方法的制定提供参考。同时，也可为国际及时提供渤海湾海洋外来物种相关数据和信息，积极参与全球范围的海洋外来物种入侵防控工作。

本章小结

（1）渤海湾海洋水域中共发现 49 种外来入侵动物，以低等的海洋无脊椎动

物为主，也有少量的鱼类，如尖吻鲈、美洲红点鲑等。渤海湾的外来入侵动物中，有不少是海洋污损动物，对海防、海运交通、沿海工业和渔业常都造成极大危害。

（2）渤海湾海洋水域发现外来入侵植物 5 种，均为浮游植物，除了威氏圆筛藻外，其他 4 种均为世界广布性赤潮种类。

（3）渤海湾海洋水域外来入侵微生物主要为病毒，共计 13 种。

（4）在 1900 年后，先后有 66 种外来入侵种在渤海湾水体中发现，这些外来物种大多在 20 世纪 60 ～ 90 年代入侵到渤海湾中。

（5）利用层次分析法，以渤海湾浮游植物为例对外来物种的入侵生态风险进行评价，结果发现渤海湾的 5 种外来浮游植物种的生态风险值位于中等风险到高风险区间，其中，多甲藻、球形棕囊藻和威氏圆筛藻的生态风险属于高风险，需要加强监控。

参考文献

白佳玉，史磊 . 2013. 我国应对海洋外来物种入侵之立法体系研究 . 中国渔业经济，31：55-61.

李蔷 . 2012. 溶藻细菌的分离鉴定及其胞外活性物质对球形棕囊藻的溶藻特性研究 . 广州：暨南大学 .

李振宇，解焱 . 2002. 中国外来入侵种 . 北京：中国林业出版社 .

刘欣 . 2012. 基于 GARP 和 MAXENT 的空心莲子草在中国的入侵风险预测 . 济南：山东师范大学 .

刘艳，吴惠仙，薛俊增 . 2013. 海洋外来物种入侵生态学研究 . 生物安全学报，22：8-16.

谢平 . 2009. 微囊藻毒素对人类健康影响相关研究的回顾 . 湖泊科学，21（5）：603-613.

徐海根，强胜 . 2004. 中国外来入侵物种编目 . 北京：中国环境科学出版社 .

徐海根，强胜 . 2011. 中国外来入侵生物 . 北京：科学出版社 .

徐海根，王建民，强胜 . 2004. 外来物种入侵生物安全遗传资源 . 北京：科学出版社 .

赵国珊，周卫川 . 1996. 福寿螺在福建晋江、云霄暴发成灾 . 植物检疫，1996，10：290.

Flewelling L J，Naar J P，Abbott J P，et al. 2005. Brevetoxicosis：Red tides and marine mammal mortalities. Nature，435：755-756.

Huelma C C，Moody K，Mew T W. 1996. Weed seeds in rice seed shipments：A case study.

International Journal of Pest Management，42：147-150.

Zhu H F. 1978. Strategies and tactics of pest management with special reference to Chinese cotton insects. Acta Entomologica Sinica，21：297-308.

第十二章　渤海湾海域溢油事故风险与应急保障

相对于其他运输，海运具载量大、运输成本低廉、安全系数相对较高的特点，因此成为世界最主要的运输载体之一。据统计，世界大约90%的贸易运输活动都是依靠海运完成的。然而，无论是在航运还是在码头装卸过程中，以及在码头储存过程中，由于恶劣的气象条件、操作人员的疏忽、航道狭长、船舶交通密度增大等原因，各种事故时有发生，给人类生命财产和海洋环境带来了巨大的伤害。特别是石油或其他危险化学品及其相关产品泄露所造成的事故，给人类生命健康安全、海洋生态环境和社会经济带来了巨大的危害，引起了社会各界的关注。

渤海湾沿岸分布着众多的港口，是我国北方重要的通航海域。近十年来，渤海湾的溢油和危险化学品事故时有发生，给该区域的社会、经济和环境造成了严重的影响。因此，非常有必要对该区域的溢油事故风险进行评估，并提出相应的应急保障机制，以降低事故的发生概率及提高事故后的处理能力。

第一节　溢油污染事故风险及应急

溢油是严重的污染事故，不仅造成巨大的经济损失，也造成严重的生态后果，危害人类生命和安全。近年来，溢油事故呈现明显的上升趋势。首先是事故量增加。据统计，2010年全球恶性溢油事故约有60起，2011年有268起，2012年有322起，2013年有758起。其次溢油量大，危害加重。例如，2010年5月，美国墨西哥湾漏油事故造成500万桶原油泄露，1600km长的海滩和湿地受污染。

面对日益增加的海洋溢油灾害的严重威胁，海洋、交通运输、环境保护和海洋石油开发等部门和行业纷纷制定了相应的法律、法规、行业管理条例等，从不同的方面和角度进行管理和行业自律来减少或避免各种油品对海洋环境造成的危害。然而，海洋自然环境条件的不确定性，导致各种海洋开发环境具有非常大的危险性；由于海洋气象条件、自然灾害，人为失误、运载工具自身技术状态，以及石油平台开采条件等不可抗拒或避免的人为或非人为因素，溢油灾害的发生不可避免，一旦发生就会造成严重的危害和经济损失；由于溢油灾害的致灾过程涉及日常监督管理、应急监测、责任确定、应急回收、灾害评估等多个方面，这就需要开展强有力的管理工作，把溢油风险降至最低（赵东至，2006）。

近年来，国内外船舶溢油事故时有发生，都给海域和沿岸陆域造成了严重的环境污染。此外，在石油开采过程中发生的井喷、海底漏油等事故，也对环境带来了严重的威胁。

（一）溢油事故

1. 国外溢油事故

自 20 世纪 80 年代以来，几乎每年都要发生一次万吨以上油轮溢油事故，这些事故都造成了重大的经济损失和环境污染。以下为一些典型的溢油事故。

1989 年 4 月，美国油轮“亚克隆 · 瓦尔迪兹”号在阿拉斯加威廉王子海峡触礁，溢油 267 000 桶，是美国历史上最严重的漏油事件之一。

1992 年 12 月，邮轮“爱琴海”号在西班牙西北海岸搁浅，溢油量达 77 300t，污染加利西亚沿岸 200km 区域。

1993 年 6 月，邮轮“布里尔”号在苏格兰东北的设得兰群岛海域搁浅，溢油量为 100 500t。

1996 年 2 月，邮轮“海洋女王”号在威尔士海岸搁浅，147 000t 原油泄漏，造成超过 2.5 万只水鸟死亡。

1999 年 12 月，油轮“埃里卡”号在法国海岸大风浪中断裂沉没，约溢油 14 000t，沿海 400km 区域受到污染。法国西海岸被 300 万 gal 石油污染，20 多万只海鸟死亡，当地渔业资源遭到致命打击。此外，毁坏了法国的海上旅游业，并使意大利船级社（KINA）从此一蹶不振。

2000年6月，油轮“珍宝”号在南非开普敦附近海域沉没，船上所载1400t石油大量泄漏，给附近海域的南非企鹅带来巨大灾难。

2001年3月，一艘油轮在德国西北海域与一货船相撞，在波罗的海海面泄漏出1000t石油，造成附近海域大面积污染，大量野生动物死亡。

2002年12月，巴哈马籍油轮“威望”号在途经西班牙加利西亚省海域沉没，3000多t燃油泄漏，给西班牙、葡萄牙沿岸生态环境带来沉重灾难。

2004年12月7日，巴拿马籍集装箱船“现代促进”轮与德国“伊伦娜”轮碰撞，导致1200多t船舶燃料油溢出，损失达6800万元。

2007年11月，俄罗斯油轮“伏尔加石油139”号遇狂风解体沉没，3000多t重油泄漏，致出事海域遭严重污染。

2007年12月7日，一艘在香港注册的油轮，在韩国忠清南道泰安郡西北海域与一艘韩国驳船相撞，超过10 000t的原油泄入大海。此事故是全球海事界继“威望”号事故之后的最大海上船舶溢油事故。

2010年4月，美国路易斯安那州一处海上钻井平台爆炸，造成11人失踪。该钻井平台4月22日沉没，泄漏大量原油。目前墨西哥湾浮油面积一天内扩大至少两倍，原油泄漏的速度远超出预期。

2010年5月，美国墨西哥湾漏油事故，造成500万桶原油泄露，1600km长的海滩和湿地受污染，英国石油公司先后就此事故赔偿260亿美元，成为有史以来最大的溢油事故。

2010年7月16日，一艘30万t级利比里亚籍油轮在我国大连新港卸油，违规操作引起陆地输油管线爆炸，引发大火和原油入海，50km^{2}海面遭受污染。根据官方的统计数据，此次溢油的总量达到了1500t，造成巨大生态灾难。

2. 国内溢油事故

20世纪90年代以来，随着我国经济的振兴，以及海运事业和海洋石油工业的迅速发展，我国沿海海域的海洋溢油事故也屡有发生，这对渔业、滨海旅游业等生产和海洋环境都造成了严重的影响和经济损失。据不完全统计，近30年来，我国海域发生溢油事故近200起，每年经济损失超过10亿元。表12-1列出了我国近20年的一些比较重大的溢油事故。

表12-1 我国近20年的溢油事故

事故时间	事故地点	船及船舶类型	溢油量/t	油种/事故原因
1994年5月	上海港	中国客货轮	100	燃油，起火沉没
1994年7月	青岛港	塞浦路斯货轮	100	燃油，碰撞
1994年7月	汕头港	俄罗斯货轮	约50	燃油，翻沉
1994年8月	大连港	中国油轮	81	柴油，碰撞
1994年8月	成山头	中国油轮	100	货油，搁浅
1995年4月	石岛港外	安哥拉巴拿马货轮	460	燃油，传递破裂
1995年4月	厦门港	中国油轮	200	碰撞
1995年5月	防城港	中国油轮	144	燃油，碰撞
1995年5月	厦门港	熊岳城中国集装箱	153	燃油，碰撞
1995年6月	成山头	亚洲希望巴拿马货船	410	燃油，触礁搁浅
1995年8月	广州港	檀家图瓦卢邮轮	200	原油，碰撞码头
1996年1月	湄洲湾	中国油轮	632	原油，触礁
1996年1月	刘公岛	朝鲜货船	约150	燃油，触礁
1996年3月	厦门港	中国油轮250	900	轻柴油，碰撞
1996年5月	大连港	中国油驳	476	润滑油，碰撞沉没
1996年7月	上海港	中国油驳	159	重油，碰撞
1997年6月	南京港	中国油轮	1000	原油，爆炸起火
1997年8月	吴淞口外	中国散矿船	100	重油，碰撞
1997年12月	广东东莞	中国油船	约50	重油，卡在桥孔里潮水上涨被压沉
1998年1月	黄河口滨海	中国油船	120	重油，沉没
1998年9月	吴淞口	中国油船	272	重油，碰撞沉没
1999年1月	恒沙锚地	中国油船	500	凝析油，碰撞
1999年3月	伶仃水道	中国油船	589	燃油，碰撞
2000年11月	珠江口	中国油轮	200	燃油，碰撞
2000年6月	福州港	中国油船	75	柴油，碰撞
2001年1月	福建平潭	中国油船	2500	柴油，触礁倾覆
2001年6月	中国香港南	巴拿马货船	400	燃油，碰撞沉没
2001年9月	厦门港	中国货船	90	柴油，碰撞沉没
2002年7月	舟山港	中国油船	200	柴油，沉没

续表

事故时间	事故地点	船及船舶类型	溢油量/t	油种/事故原因
2002年10月	汕头港	中国油船	900	凝析油，触礁、燃烧
2002年11月	天津港外	马耳他油船	160	货油，仓破裂
2002年11月	渤海绥中	36-1油田	2.6	中心平台发生溢油
2003年6月	东营市附近海域	15	持续时间4h，油污面积86hm^2	
2003年9月	胜利油田	150	持续溢油26h	成灾面积146.76hm^2
2004年12月	深圳赤湾附近	地中海伊伦娜轮	1200	燃油，碰撞
2006年4月	舟山马峙锚地	美国籍现代独立轮	477	燃油，碰撞
2010年7月	大连大窑湾港	输油管线	1500	输油管道发生爆炸起火
2011年6月	蓬莱19-3油田	—	6200km^{2}的海域海水污染	海底输油管线破裂

从表 12-1 可以看出，我国发生溢油事故从南到北，几乎遍布中国的主要港口，发生的船舶既有国内的也有国外的，同时还有海上油田发生溢油，以及输油管线发生爆炸而导致的溢油事故。大多数的溢油事故主要是由碰撞造成的。

（二）溢油事故的危害

溢油发生后，大量的石油进入海洋中。由于受到水动力学的影响，进入海洋中的石油发生十分复杂的迁移和转化过程（张珞平等，1994）。一部分通过蒸发作用进入大气中，一部分留在水层中，还有一部分在沉降作用下进入海洋沉积物中。无论是留在水层中的石油，还是进入沉积物的石油，都会对海洋生物造成严重的影响。

1.溢油事故对海洋生态的危害

石油对海洋生态平衡带来的最严重威胁的途径之一是，石油及其衍生物覆盖海面以后，太阳光线不能射入海水中，使海水中的氧化速度大大减慢，降低了海水中氧气的更换速度，使海藻类和浮游植物停止或减缓了生长和繁殖速度，从而大大减少了海洋动物的最基本的食物供给量，危害海洋动物的生存。值得注意的是，由于沉积物表层是石油浓度较大的一层，毒害最大，容易导致大量的鱼卵和幼鱼死亡。

（1）溢油对浮游生物的危害。在溢油危害中，首当其冲的是生活在海水中的浮游生物，包括浮游植物和浮游动物。它们是海洋中其他动物的饵料来源，处在海洋食物链的最底层。据估计，浮游生物的生产力大约占整个海洋总生产力的95%。溢油污染使浮游生物遭到了损害，就等于从根本上动摇了整个海洋生物“大厦”的基础，其危害是相当严重的。海洋中的浮游植物和陆地上的植物一样，是靠光合作用生长和繁殖的。一旦海面有油膜，阻挡了阳光的透射，光合作用就会减弱，浮游植物得不到充足的阳光，生产力就会下降。溶解在海水中的石油也同样会抑制浮游植物的光合作用。

在受石油污染的海水中，浮游动物特别容易被石油粘住，从而失去自由活动的能力，最终随油块一起冲上海滩或沉入海底，由此造成大量的浮游动物死亡。

（2）溢油对海洋鱼类的危害。海洋鱼类大多数对油污染很敏感。当局部海区受到油污染时，鱼类就会很快逃离或回避受污染的海区。但是当溢油发生时，大量石油突然倾泻入海，油污染面积很大，即使是成鱼也很难逃脱厄运，主要原因是由于它们在逃离前前鳃就已经被原油粘住了，最终因窒息而死。

溶解在海水中的石油对鱼类的危害就更大了。石油可以通过鳃或体表进入鱼体，并在体内蓄积起来，损害各组织和器官，造成死亡。对鱼卵和仔鱼的危害更加明显。一是鱼卵被油膜粘住不能孵化；二是即使能孵化，但孵化出来的仔鱼也是畸形，生命力很弱。相关研究表明，海水中含油含量为0.1mg/L时，所有孵化出来的幼仔鱼就都是畸形的，而且只能活1～2h。

（3）溢油对底栖动物的危害。底栖动物主要栖息于海底沉积物，由于大多进入海洋中的石油最终通过沉降进入到沉积物中，因此，它们不仅受到海水中石油的危害，而且还受到沉积物中石油的危害。这类动物对石油极其敏感，即使生活环境中只有少量的石油，也会影响它们的活动和繁殖，甚至造成死亡。

（4）溢油对海鸟的危害。海鸟大部分时间生活在水面上，溢油发生时，其羽毛容易被海面上的油膜粘住，羽毛组织结构被破坏。由此造成海水可以侵入海鸟羽毛空隙，使得其羽毛失去了保温性能，降低了浮力。最终导致海鸟因游不动、飞不起来而被淹死，或者因此失去御寒能力而被冻死。同时，也可能因其整理羽毛时吞入石油中毒或导致厌食而饿死；此外，石油污染还会使海鸟孵化率降低和使雏鸟畸形。这些都对海鸟产生了严重的危险。

（5）溢油对海洋哺乳动物的危害。在海洋生态系统中栖息有许多海洋哺乳动物。通常成年的海洋哺乳动物，如鲸、海豚、海豹等，对石油类非常敏感，一旦发生溢油，它们快速逃离事发地。然而对于海洋哺乳动物的幼体，由于运动能力有限，不能及时离开事发地，因而受到严重的影响，通常被污染的油类所困，以至于死亡。值得注意的是，水獭遭受油污染后，通常会窒息死亡，主要原因是水獭不愿离开栖息场所（张舒，2011）。

2.溢油对海洋产业的危害

（1）溢油对海洋渔业的危害。溢油对海洋渔业的影响主要包括两方面。一是污染导致各种海产品死亡或不能食，造成严重的经济损失；二是对于海洋养殖用的网箱的影响，主要是养殖的网箱受油污染后很难清洁，只有更换才能彻底消除污染，由此增加了成本，造成了损失。

（2）溢油对码头的危害。码头和游艇停泊区对溢油也是非常敏感的。由于出现溢油要对港区水域进行清理，势必影响船舶进出港。对被污染的游艇和船舶采取清洁措施，操作费用也较高。如果岸线设有工厂取水口，那么溢油进入工厂设备系统，会造成设备的毁坏，甚至造成整个工厂的关闭。盐业和海水淡化等都会受到溢油污染的直接危害，造成经济损失（陈书雪，2009）。

（3）溢油对海上运输业的危害。溢油事故若发生在航道或锚地，需要及时进行清污，海面上使用的大量围油栏等清污设施将会占用原有航道或锚地的海域，此时通行船舶只能停留或绕道而行，从而对海上运输业带来一定程度的影响。

3.溢油对人类的危害

溢油破坏了海洋水产业的生产基础。一方面，直接减少了人们赖以生存的动物蛋白的一个重要来源；另一方面，通过食物链，一些致癌物质通过海产品进入人体，对人类的身体健康造成了长期的影响。例如，石油及石油产品含有的一些致癌物质，如苯并芘、苯并蒽，很容易在海洋生物体内积累和富集，而且很难分解。因此，人们食用受石油污染的海产品就有可能将致癌物质摄入体内，最终危害到人体健康（赵东至，2006）。

4.溢油的其他危害

（1）溢油引起赤潮。据研究，在石油污染严重的海区，赤潮的发生概率增加，虽然赤潮发生机理尚无定论，但应考虑石油烃类在其中的作用。

（2）溢油对海滨风景区、海水浴场的影响。海滨通常是娱乐和休闲的胜地，天然的浴场，气候宜人，环境优美。然而，一旦海面上的浮油在风浪和潮汐因素的作用下漂上海岸或海滩，便堆积在高潮线附近、岩石坑里或洼地里，涂在岸边岩石表面，粘在鹅卵石、碎片和沙子上。如果油的黏性小，还能渗入海滩上层砂子里，形成厚厚的油沙混合层，令人望而却步，降低海滨的使用价值，恶化海岸的自然环境。如果海岸植物因石油污染而枯死，还会导致海水对海岸的侵蚀（李品芳，2000）。

（3）影响沿岸盐业工业。溢油一旦发生，油膜在波浪与风场作用下登陆漫滩，溢油登滩搁浅，污染盐田，迫使盐场取水口关闭，造成停产，使沿海制盐企业蒙受经济损失。由于搁浅溢油影响时间较长，油膜和乳化油滴会随着盐场提水进入晒盐池，在晒盐过程中，风化油被悬浮物吸附沉降至池底而混入盐中，降低盐的质量，不能作为食用盐的加工原料，降低其市场价格。如同海岸带养殖业一样，一旦溢油发生，沿滩岸盐业将首当其冲遭受打击。

第二节　渤海湾海域溢油风险辨识

渤海湾海域是溢油事故高发区域，且渤海地处东北亚经济圈中心，是我国东北、西北、华北地区与世界贸易交往的重要门户（孙雪景等，2009）。随着周边区域经济的发展，石油需求量日益加大，由此而引发的溢油事故也越来越多。

一、风险辨识的概念

风险辨识是指认识损失发生的可能性。认识损失发生的可能性就是确认损失根源之所在、性质及范围，同时也包括确认导致损失的有效、积极及直接因素。前者称为危险因素的辨识，后者则称为危险事故的分析。风险辨识技术实际上就是收集有关损失原因、危险因素及其损失暴露等方面的信息技术（陈国华，2007）。风险辨识主要包括以下两方面内容。

（1）感知风险。即通过调查和了解，辨识风险的存在。例如，调查风险主体是否存在财产损失、责任负担和人身伤害等方面的风险。此外，通过调查了解到一家公司面临财产风险、人身风险和责任风险，而财产风险又包括各类财产损失、存货仓库及库存物损失和其他设备损失等，也属于感知风险。而在存货仓库损失风险中，可能的原因有火灾爆炸、洪水、飓风等多种形式的损失原因。

（2）风险分析。即通过归类分析，掌握风险产生的原因和条件，以及风险所具有的性质。例如，造成某一运输公司财产损失、责任负担和人身伤害等风险的原因和条件是什么，这些风险具有什么性质和特点。又如，引起存货仓库火灾的风险因素很多，如电、化学反应、自燃、邻近建筑物的火灾蔓延等，而引起存货仓库水灾损失的风险因素有洪水、暴雨、水管或其他设备破裂、供水管破裂等。

感知风险和分析风险构成风险识别的基本内容，且两者相辅相成，互相联系。这种联系表现在：只有感知风险的存在，才能进一步有意识、有目的地分析风险，掌握风险存在及导致风险事故发生的原因和条件。同时，了解风险的存在后，也必须进一步明确风险存在的条件及导致风险事故发生的原因。因为风险管理的根本目的在于对客观存在的风险采取行之有效的对应措施，以消除不利因素，克服不利影响，减少风险带来的损害。

因此，感知风险与分析风险是风险辨识的两个阶段。感知风险是风险辨识的基础，分析风险是风险辨识的关键。只有通过感知风险，才能进一步进行分析。只有通过风险分析，才能寻找到风险事故发生的各种因素，为制订风险处理方案、进行风险管理决策服务。

二、风险辨识方法

由于针对一个企业所有相关活动而进行的风险管理是一项非常繁重的工作，因此必须以系统的方法分阶段执行。这期间首先要考虑利用该组织中或相关产业中过去曾发生的意外事故数据库，辨识事故、虚惊事件，并记录相关事件或事故的风险等级，其中风险等级的判定必须根据事故资料和执行人员的能力。其次，必须包括可能发生的重大意外事件或事故，特别是高危环境下的操作、机械设备或工具的使用、危害性化学物质的使用及储存。这实际上是一个风险信息的获取过程，在这一过程中，可以用到的方法有智暴法、特尔斐方法、幕景分析方法和类比分析法。

（1）智暴法。智暴是一种刺激创造性、产生新思想的技术，一般用会议的形式在一个小组内进行，提倡畅所欲言，新思想、新看法的数量越多越好。组织要善于提出问题，并及时整理公布，以促使参加人不断产生新的思想。

对于风险辨识来讲，往往要提出类似这样的问题：如果进行某项活动，会遇到哪些危险？其危害程度如何？为了避免重复和提高效率，应当首先将已进行的分析结果向大家说明，使会议不必花很长时间去分析问题本身或在用初步分析即可想到的问题上滞留太久，而使与会者迅速地打开思想去寻找新的危险和危害。

智暴法比较适合问题单纯、目标明确的情况。如果问题牵扯面太广，包含因素太多，那就首先要对问题进行分解。对智暴的结果还要进行详细的分析，一般来说，只要有少数几点意见得到接受就算很有成绩了。即便所有新的思想和发现的危险都被证明不需要考虑，那么，作为对原有分析结果的一种讨论和论证，对领导决策也是有好处的。

（2）特尔斐方法。特尔斐法是一种专家咨询的方法，其有以下三个特点：一是在参加者之间相互匿名；二是对各种反应进行统计处理；三是带有反馈的反复进行意见测验。特尔斐法的本质是利用专家的知识、经验、智慧等无法数量化的带有很大模糊性的信息，通过通信方式进行信息交换，逐步地取得较一致的意见，达到认识问题的目的。

实际上，特尔斐方法就是将许多专家的意见相互独立地（因为相互之间匿名）集中起来的一种方法，这比某一个个人的意见接近客观实际的概率要大，但从理论上并不能证明众人的意见能收敛于客观实际，也没有算出多少人参加最为合理。美国加利福尼亚大学曾采用实验的方法来检验特尔斐方法预测结果的准确性和可靠性，检验表明，所得结果还是具有一定参考价值的。

（3）幕景分析方法。在进行风险分析时，需要有一种能辨识引起危险的关键因素及其影响程度的方法，幕景分析便是这样一种方法。一个幕景就是一项事业或某个企业未来某种状态的描绘，这种描绘可用图表或曲线等形式进行描述。由于计算过程复杂和方案众多，一般都应当在计算机上进行。研究的重点是当某种因素作各种变化时，整个情况会是怎样的？会有什么危险发生？它的后果怎样？像电影上一幕一幕的场景一样，工人们进行研究比较。幕景分析的结果，都是以通俗易懂的方式表示出来，便于人－机对话。结果大致可分两类：一类是对未来某种状态的描述；另一类是描述一个发展过程及未来若干年某种情况的变化链。

因此，幕景分析是扩展决策者视野、增强精确分析未来的能力的一种思维程序。但这种方法也有局限性，即所谓"隧道眼光"现象（好像沿着一条隧道观察外界事物一样看不到各种可能的情况），这是因为所有幕景分析都是围绕着分析者目前的考虑、价值观和信息水平进行的，因此就可能产生偏差。这一点需要分析者和决策者有清醒的估计，必要时可与其他方法结合使用（赵东至，2006）。

（4）类比分析方法。根据唯物辩证法关于事物联系的普遍性原理，如果两个事物在一系列属性上相同或相似，那么，它们在另一些属性上也可能相同或相似。类比分析方法就是根据两类对象有部分属性相同或类似，从而推断它们的其他属性也可能相同或类似。

按照不同的分类标准，类比分析方法可有不同的分类方法。例如，按照类比对象的数量多少，类比分析方法分为传统类比法和扩展类比法。其中传统类比分析方法为单个类比对象，该方法在许多情况下无法找出恰当的类比对象，因而其应用范围受到了很大限制；扩展类比法将传统类比法的单个类比对象扩展为类比对象集，进而扩展为类比空间，有着更为广阔的应用范围。根据类比数据或资料的应用情况，类比分析方法又可分为直接类比法和间接类比法。所谓直接类比法，即将类比对象的数据和资料不经任何修正直接应用于研究对象的方法；间接类比法，即根据研究对象的实际情况，按照一定的模型或方法，将类比对象的数据或资料进行修正后再加以应用的方法，如模糊类比法、灰色类比法等。另外，按照类比系统中模型的种类不同，类比分析方法还可分为物理类比、数学类比和控制系统类比等。

类比分析方法的优点是从人们已经掌握了的事物属性推测正在被研究的事物属性，它以旧有认识作基础，推出新的结果，所以，其结果取得的途径比较简单、方便、快捷。其缺点是由个别到个别或由一般到一般的推理。因为已知的相似属性和推出的相似属性之间不一定有必然的联系，所以有时从两个对象之间某些属性的相似或相同，并不能得出它们在其他属性上必然相似或相同的结论。也就是说类比推理的结论有一定的偶然性。如果类比对象选择不当，有可能得出错误的结论。

本章通过对上述风险识别的方法进行优缺点及适用性对比，并对渤海湾海域溢油事故的特点进行分析，选择直接类比分析方法来进行渤海湾海域溢油事故风险辨识，即类比同类事故风险，经过归纳总结，得出渤海湾海域溢油事故风险。

三、渤海湾海域溢油风险辨识情况

（一）风险因子

渤海海域溢油事故主要风险因子为原油、成品油、燃油等，它们的理化性质见表 12-2 和表 12-3（罗亮，2009）。

表12-2　渤海湾内主要开采运输国内外原油的理化性质

原油	比重 /（g/cm^3）	运动黏度 /cSt	凝固点/℃	含蜡量 /%	含沥青 /%	含碳量 /%
渤海	0.884	22.2	15	7.9	0.5	
大港	0.896～0.900	11.3～22.9	25	18.22～19.5	2.97	2.1
胜利	0.904	33.43	30	30		5.89
辽河	0.909	9.67	15	15	10.9	15.6
大庆	0.857	17.81	32.5	32.5		3
南海混合	0.856	9.83				—
沙特	0.846	3.67	−17.5			3.1
科威特			−3.5			6.69
伊朗			−2	3.6		5.5
伊拉克			−30	2.95		3.28
印度尼西亚			−40			6.95

表12-3　成品油理化性质

原油	比重/（g/cm³）	运动黏度/cSt	倾点/℃	闪点/℃
汽油	0.70～0.78	0.5		<0
煤油	0.77～0.84	2.0	<-40	38～60
航空煤油	0.8	1.5～2.0	<-40	38～60
柴油	0.81～0.83	5.0	-5～30	>55
轻质柴油	0.90	60.0	50～20	>60
中质油	0.90	180.0	30～20	>60
重质油	0.99	380.0	30～20	>60

（二）风险因子危害性识别

油品危害性主要包括油品的毒性、持久性、火灾爆炸性等三方面。

（1）毒性。实验分析表明，原油对海洋生物的毒性比其炼制品小，但不同来源的原油的毒性变化很大。有些原油的毒性比一般高度炼制的轻质产品还大。实验还表明，在大多数情况下，石油产品的毒性与其中含有的可溶性芳烃衍生物的含量成正比关系。石油烃类的绝对毒性通常是较高分子量的化合物的毒性较大，但石油在水体中的毒性效应大多来自低分子量的正烷烃和单环芳烃。因此，汽油、煤油等炼制油的毒性一般高于原油。含芳烃较多且水溶性较好的石油制品或原油的毒性更大（任福安等，2000）。

（2）持久性。根据油品的化学性质可知，原油或石油制品的分子量越小，其挥发性越强，持久性越差，但含芳烃较多的原油或石油制品其挥发性很强。因此，汽油、煤油等轻质油持久性最差。油品的持久性强，说明油品在海水中很容易乳化成固状，可长期存在，因而影响更大，后果更重（孙雪景等，2009）。

（3）火灾爆炸性。原油具有较强的挥发性，挥发后与空气形成可燃性混合物，当混合物浓度达到一定比例时，遇到火种就可能燃烧和爆炸。通常采用闪点作为易燃液体的标准，凡闪点≤ 61℃的液体均为易燃液体。原油的闪点一般< 18℃，因此，原油属于易燃液体。

原油除具有易燃、易爆的特性外，还具有易挥发性、易积聚静电荷性、易流淌扩散性、热膨胀性，以及忌接触氧化剂、强酸等，这些特性使其易燃易爆。

（三）风险类型

近年来海上石油溢油污染事件频发，主要包括以下几种类型：一是海上航运因素导致海上石油泄漏。这类事件主要是由船舶事故引起，包括船舶碰撞、触礁、搁浅、沉没，以及人为操作失误所造成的海上溢油。二是码头油品罐区发生破损或火灾爆炸而导致石油泄漏入海事故。三是海上钻井平台或海底管线因爆炸或其他事故引起石油泄漏（张舒，2011）。由此，本章从船舶、码头和石油平台方面出发进行渤海海域溢油风险辨识。

1.船舶溢油风险类型

船舶涉及工艺有原油接卸、海上运输等。因此，在类比同类船舶溢油事故风险的基础上，可以确定渤海海域船舶溢油风险类型为溢油、火灾和爆炸（表12-4）。

表12-4 船舶溢油风险类型

工艺环节	风险类型	事故危害	原因简析
原油接卸（码头、平台）	原油泄漏	污染海域 火灾爆炸	①码头、船舶之间输油管破裂漏油； ②输油臂与受油管法兰接头不牢、脱落，造成漏油事故； ③误操作造成原油泄漏
	火灾爆炸	财产损失 人员死亡 污染环境	①油气大量挥发，形成爆炸气体； ②高温、明火引燃油气，着火爆炸； ③机械、电气等引燃油气，着火爆炸
	溢油	污染海域 火灾爆炸	油轮碰撞、搁浅、倾覆沉没
海上运输	火灾爆炸	财产损失 人员死亡 污染环境	①油气大量挥发，形成爆炸气体； ②高温、明火引燃油气，着火爆炸； ③机械、电气等引燃油气，着火爆炸
	溢油	污染海域 火灾爆炸	油轮碰撞、搁浅、倾覆沉没

天气也会对船舶造成严重的影响。例如，大风会导致大浪翻卷，对船舶靠离泊过程和已在泊位上作业的船舶都将产生重大的影响，加大了系缆力和船舶对护舷的挤靠力。雨、雪、雾会造成引水、导航人员视线不清；岸上地面、系

船柱等处湿滑，造成调度、解系缆人员行动失稳、配合失误，均可影响船舶靠离泊过程的安全性，从而导致船舶溢油事故的发生。根据塘沽气象站资料统计，寒潮大风较为频繁，台风（气旋）大风出现频率较少。因此，渤海湾要预防因大风而产生的各种船舶溢油风险。

2.码头溢油风险类型

根据石油码头涉及的原油接卸、储存、输送等工艺环节，在类比同类码头溢油事故风险的基础上，确定渤海海域码头溢油风险类型为原油泄漏、火灾和爆炸（表 12-5）。

表12-5　码头溢油风险类型

工艺环节	风险类型	事故危害	原因简析
原油接卸（码头）	原油泄漏	污染海域 火灾爆炸	① 码头、船舶之间输油管破裂漏油； ② 输油臂与受油管法兰接头不牢、脱落，造成漏油事故； ③ 误操作造成原油泄漏
	火灾爆炸	财产损失 人员死亡 污染环境	① 油气大量挥发，形成爆炸气体； ② 高温、明火引燃油气，着火爆炸； ③ 机械、电气等引燃油气，着火爆炸
	溢油	污染海域 火灾爆炸	油轮碰撞、搁浅、倾覆沉没
储存（油库）	原油泄漏	污染土壤 污染海域 火灾爆炸 人体健康	① 油罐及其连接管道、阀门破裂； ② 油罐冒顶、突沸； ③ 误操作
	火灾爆炸	财产损失 人员死亡 环境污染	① 原油泄漏，油气大量挥发； ② 高温明火引燃油气，着火爆炸； ③ 机械、电气等引燃油气，着火爆炸
输送（管道）	原油泄漏	污染土壤 污染地表水 污染地下水 污染植被等生态	① 管道腐蚀穿孔； ② 管道缺陷破损开裂； ③ 施工质量； ④ 连接阀门、垫片、密封件损坏； ⑤ 误操作； ⑥ 外力破坏

3.海上石油平台溢油风险类型

石油平台涉及的工艺有原油接卸、储存、输送等，通过类比法可以确定渤海海域石油平台溢油风险类型为原油泄漏、火灾和爆炸（表 12-6）。

表12-6 海上石油平台溢油风险类型

石油设施	风险类型	事故危害	原因简析
钻井平台和钻井船	原油泄漏	污染海域 火灾爆炸	① 平台、船舶之间输油管破裂漏油； ② 输油臂与受油管法兰接头不牢、脱落，造成漏油事故； ③ 设备失灵而引起的井喷； ④ 误操作造成原油泄漏
	火灾爆炸	财产损失 人员死亡 污染环境	① 油气大量挥发，形成爆炸气体； ② 高温、明火引燃油气，着火爆炸； ③ 机械、电气等引燃油气，着火爆炸
	溢油	污染海域 火灾爆炸	油轮碰撞
生产平台	原油泄漏	污染海域 火灾爆炸 人体健康	① 井口，外输泄漏； ② 管线破裂造成的原油泄漏； ③ 人员误操作造成的原油泄漏
	火灾爆炸	财产损失 人员死亡 环境污染	① 原油泄漏，油气大量挥发； ② 高温明火引燃油气，着火爆炸； ③ 机械、电气等引燃油气，着火爆炸
	溢油	污染海域 火灾爆炸	油轮碰撞
FPSO和系泊系统	原油泄漏	污染海域 火灾爆炸 人体健康	① 系泊系统失效； ② 软管、生产立管、工艺管线破损； ③ 砖塔、压力箱、井头或管汇失效； ④ 储油罐溢油； ⑤ 过驳泄漏； ⑥ 人员误操作造成的原油泄漏
	火灾爆炸	财产损失 人员死亡 环境污染	① 原油泄漏，油气大量挥发； ② 高温明火引燃油气，着火爆炸； ③ 机械、电气设备等引燃油气，着火爆炸
	溢油	污染海域 火灾爆炸	船舶碰撞，倾覆沉没
海底管线	原油泄漏	污染海域	① 管线破裂 ② 船舶碰撞、抛锚导致管线破损
穿梭油轮	原油泄漏	污染海域 火灾爆炸	① 平台、船舶之间输油管破裂漏油； ② 输油臂与受油管法兰接头不牢、脱落，造成漏油事故； ③ 误操作造成原油泄漏
	火灾爆炸	财产损失 人员死亡 污染环境	① 油气大量挥发，形成爆炸气体； ② 高温、明火引燃油气，着火爆炸； ③ 机械、电气设备等引燃油气，着火爆炸
	溢油	污染海域 火灾爆炸	油轮碰撞、搁浅、触底、倾覆沉没

续表

石油设施	风险类型	事故危害	原因简析
工作船舶	火灾爆炸	财产损失 人员死亡 污染环境	油箱破损或人员误操作引发的燃油泄漏遇明火或高温导致火灾爆炸
	溢油	污染海域 火灾爆炸	船舶碰撞、搁浅、触底、倾覆沉没

第三节　潜在风险分析

在进行原因分析时通常有三种方法：①对结构受损与失效事件直接进行统计分析，从而定量揭示事故发生的原因及其发生的概率；②建立对应每个顶事件的故障树进行故障树分析；③对于一些特殊问题，特别是人的因素与管理失误（HOE），须建立特殊的分析模型。从理论上讲，利用故障树分析可以仔细地考察每一个与所讨论的顶事件有关的失效事件的影响，进而可确定顶事件的发生概率并能从中识别关键顶事件。但对于一些复杂的系统分析问题，对每一个顶事件建立完整的故障树是很困难的，而且在很多情况下也无此必要。因此在实际应用中，直接统计法在复杂系统分析这一级上得到了广泛的应用。直接统计法本身十分简便直观，其困难主要在于如何获得各种事故的统计资料，通常这意味着长期的数据积累以及工程经验和判断（俞庆和肖熙，1997）。

一、同类事故风险资料统计

（一）国内外船舶溢油事故

1.国外船舶溢油事故统计

国际油轮船东防污染联合会（ITOPF）对 1974 ～ 2008 年的 9368 起油轮、大型油轮和驳船溢油事故进行统计，事故原因可以分为三大类，即操作性、海损性和其他 / 未知；溢油量也分为三个等级，包括小于 7t、7 ～ 700t 和大于 700t（表 12-7）。

表12-7　全球油轮事故（1974～2008年）

事故类型/原因		<7t	7～700t	>700t	总次数
操作性事故	装 / 卸货油	2825	334	30	3189
	加燃油	549	26	0	575
	其他作业	1178	56	1	1235
	小计	4552	416	31	4999
海损性事故	碰撞	175	303	99	577
	搁浅	238	226	119	583
	船体损坏	576	90	43	709
	火灾和爆炸	88	16	30	134
	小计	1077	635	291	2003
其他/未知		2188	152	26	2366
合计次数		7817	1203	348	9368

从表 12-7 中可见，操作性事故 4999 起，占事故总数的 53.4%；海损性事故 2003 起，占事故总数的 21.4%；其他 / 未知类事故 2366 起，占事故总数的 25.3%。由此说明操作性和海损性事故是溢油的主要事故原因。

按不同溢油量等级统计，溢油量小于 7t 的事故共 7817 起，占事故总数的 83%；7 ～ 700t 的事故 1203 起，占事故总数的 13%；700t 以上的特大溢油事故只有 348 起，占事故总数的 4%。特大溢油事故中操作性事故 31 起，占特大事故的 9%；海损性事故 290 起，占特大事故的 84%。可见，小型事故占溢油事故大多数，多为操作性事故；特大溢油事故所占比例较少，多为海损性事故。

各类事故原因与溢油量关系见图 12-1。

由图中可见，在溢油量小于 7t 的事故中，装 / 卸货油占到事故量的 50%，是发生小型溢油事故的主要原因；溢油量 7 ～ 700t 的事故中，装 / 卸货油、碰撞和搁浅分别占到事故总数 31%、29% 和 22%，是中型溢油事故的三个主要原因；溢油量大于 700t 的事故中，碰撞、搁浅、船体损坏占到事故总数的 82%，是发生大型溢油事故的主要原因。

国际油轮船东方污染联合会对自 1967 年以来 21 起主要溢油事故分布区域做过统计。另外，国际油轮船东方污染联合会还对溢油量超过 50t 的事故发生区域进行过统计，结果表明在一些特殊区域溢油事故的概率比其他地区高得多，如波斯湾、美国东北水域、墨西哥湾。这同时也表明，船舶溢油事故发生地点主要集中在石油进出口大国、油品集散地的附近海域。

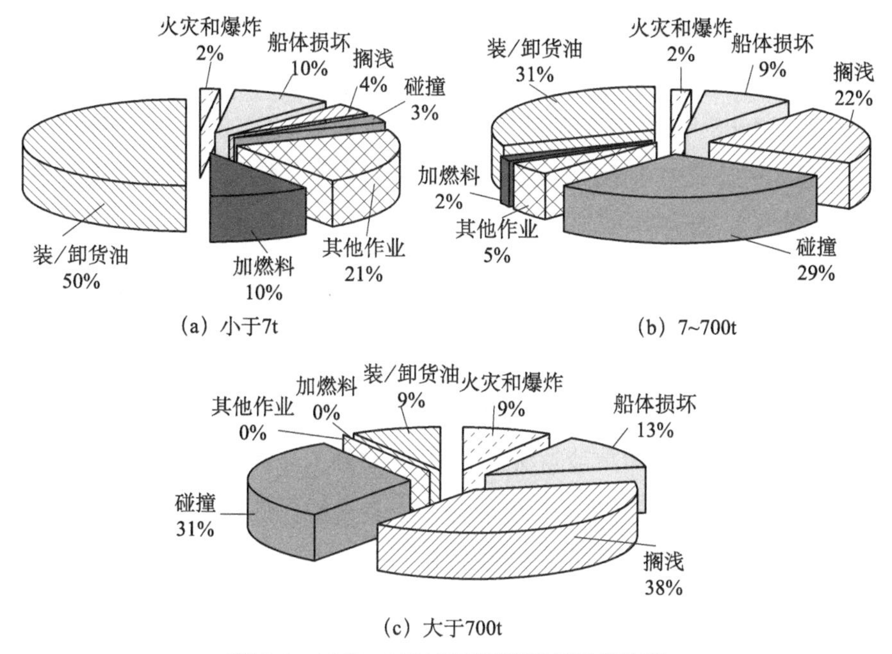

图12-1　1967～2008年不同溢油量油轮事故

2.近年国内船舶溢油污染事故统计分析

2002～2008年，我国共发生运输船舶水上交通事3453件，各年份发生的件数见图12-2。从图中可见，水上交通事故总体呈下降趋势，说明趋向好转。这可能与各地海事局对船舶交通管理越来越重视有关。

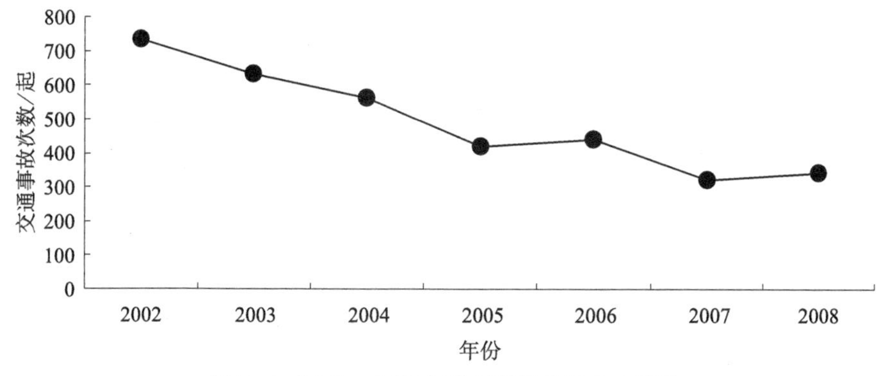

图12-2　2002～2008年我国运输船舶水上事故

对我国1979～2008年64 178起水上运输船舶交通事故原因按照碰撞、搁浅、触礁、触损、浪损、火灾、风灾和其他进行分类分析。结果表明，碰撞事故在运输船舶交通事故所占的比例最高，占总事故的49%，是船舶交通事故最主要的原因。

1973～2008年的36年间我国沿海2826起船舶溢油事故（1976～1996年2122起50t以下中小型船舶溢油事故由于缺乏分类统计资料，故未纳入本次统计范围内），按照事故原因进行了分类分析，704起船舶溢油事故中，操作性事故占事故总数的49%，海损性事故占事故总数的37%，其他/未知类事故占事故总数的14%，说明操作性和海损性事故是我国船舶溢油的主要事故原因。

按不同溢油量等级统计，溢油量小于7t的事故占事故总数的82.7%，而700t以上特大溢油事故占事故总数的1.7%，且都为海损性事故。这些表明我国沿海船舶溢油事故以小于7t小型事故为主，多为操作性事故；大型、特大溢油事故所占比例较少，多为海损性事故。

为分析溢油事故的原因，以1997～2008年发生的事故为例，进一步对小于7t的事故进行分析，结果见图12-3。从图中可以看出，除了其他作业外，违章排放、装卸货油和船体损坏是这类型事故的主要原因，都占到10%以上（图12-3）。

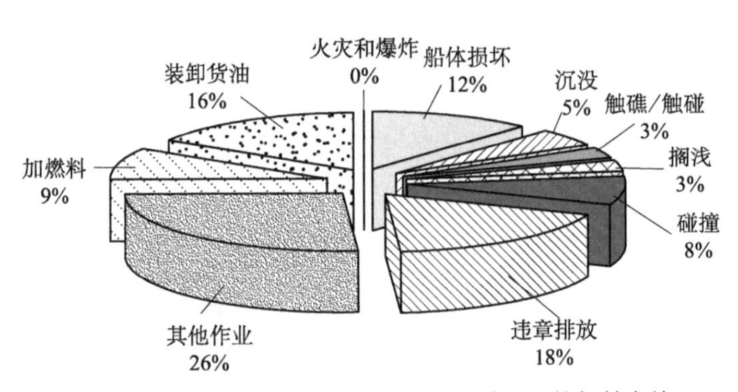

图12-3　1997～2008年我国沿海溢油量小于7t的船舶事故

我国沿海船舶溢油事故，尤其10t以上中型、大型、特大事故，碰撞占据主要原因，其中10～49t溢油事故中碰撞事故占到总事故的55%，50～699t溢油事故中碰撞事故占到69%，700t以上溢油事故中碰撞事故占到42%（图12-4）。由此可见，我国沿海危害性比较大的溢油事故，主要由船舶碰撞引起。

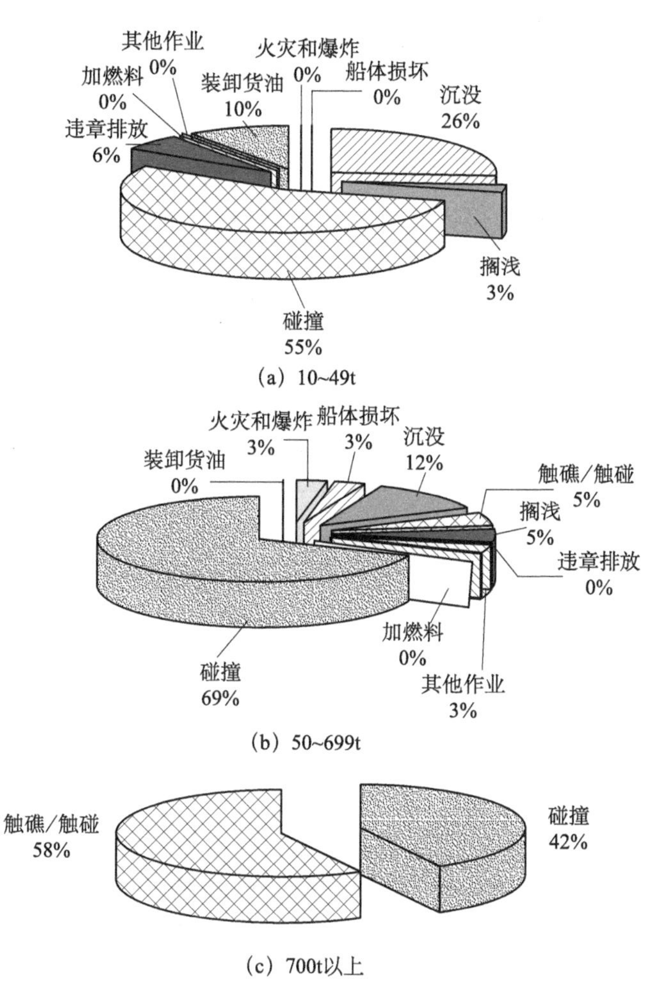

(a) 10~49t

(b) 50~699t

(c) 700t以上

图12-4　1997～2008年我国沿海不同溢油船舶事故

按照船舶类型统计，油船污染事故数量居多，占总事故数量的61%；货船发生溢油事故数量居次，占总事故数量的28%；码头施工船舶、港作船舶等其他船舶发生溢油事故比例为11%（图12-5）。

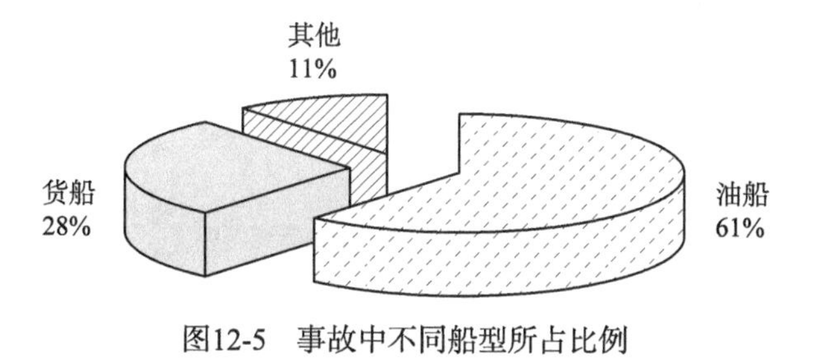

图12-5　事故中不同船型所占比例

（二）典型码头溢油事故

1.大连新港溢油事故

在大连新港20多年运行历史中，码头及其罐区共发生大小溢油事故36次（表12-8），其中油罐冒顶溢油事故1次，连接码头和罐区的输油管道腐蚀渗漏2次，码头前沿作业33次。在36次溢油事故中，大部分溢油量较小，其中，≤1t的溢油事故33次，1～5t溢油事故2次，50～100t溢油事故1次。从表中也可以看出，大部分事故原因是输油管、输油臂故障造成的。

表12-8　大连新港溢油事故

年份	事故次数/次	溢油量	是否入海	事故原因
1980	14	2t	是	其中一次为输油管接头伸缩节密封垫失效
1981	17	5t	是	—
1984	1	3t	是	码头值班人员错开阀门，造成输油臂漏油
1999	1	10kg	是	输油管线腐蚀
2000	1	3～4t	是	船方原因导致油轮溢舱冒油
2001	1	84t	否	罐区错开阀门发生冒顶溢油
2001	1	1t	否	地下管线腐蚀，发生泄漏

2.日照海事局辖区内码头

日照辖区内码头等设施溢油事故统计见表12-9。从该表中可以看出，由于保养不当致使地下输油管线锈穿是码头溢油事故的主要原因，此外，码头前沿的接卸失误也是造成溢油事故的重要原因。

表12-9　日照海事局辖区内码头溢油事故（1997～2009年）

发生时间	码头设施名称	事故地点	主要原因	溢油量	备注
1997年2月8日	石臼港区中6#	泊位前沿	岸上装载液体硫黄的池子东面墙体破裂	1000余t液体硫黄流入海	
1997年11月11日	石臼港区东1#	港区内	地下输油管线锈穿	约8.5t柴油	日照石油公司所属管线
1998年1月31日	石臼港区东2#	港区内	地下输油管线焊缝开裂	约1t石脑油	日照鲁齐公司所属管线
1998年8月9日	石臼港区东1#	港区内	地下输油管线锈穿	约50t柴油入海	日照石油公司所属管线

续表

发生时间	码头设施名称	事故地点	主要原因	溢油量	备注
1998年12月17日	石臼港区东2#	港区内	地下输油管线锈穿	约1t石脑油	日照源丰公司所属管线
1999年3月26日	石臼港区东2#	港区内	地下输油管线锈穿	400kg 石脑油	日照源丰公司所属管线
1999年6月10日	石臼港区东1#	港区内	地下输油管线锈穿	约 3t 柴油	日照石油公司所属管线
1999年10月11日	石臼港区中5#	泊位前沿	接卸软管爆裂	400kg 沥青	东和轮
2001年6月5日	石臼港区东2#	泊位前沿	货物软管渗漏	少量货物渗漏到岸上	宁化401
2002年10月1日	岚山港8#泊位	泊位前沿	货物软管渗漏	少量货物渗漏到岸上	东方化工
2003年4月6日	石臼港区中6#	泊位前沿	岸上固定支架倒塌，引起货物管线法兰处渗漏	部分货物（棕榈油）流到岸上，少量入海	晨海

注：本资料仅涉及与船舶相关的污染事故。

从上述例子可以看出，石油化工码头溢油事故风险为码头前沿装卸事故；输油管廊管道地基不稳、制造强度不够或操作不当导致管线出现大规模破裂；油罐冒顶溢油。其中管道大规模破裂发生的原油泄漏事故的危害最大。

（三）石油平台溢油事故

自 1949 年开始建造平台以来，随着世界石油需要量的不断增加及海洋石油和天然气的开发，平台数量亦随之增多，与此同时，海损事故也越来越多。据统计，平均每年发生事故的平台数占使用平台总数的 2%以上，其破损率要比一般焊接结构高得多。

API 在 2009 年发布的 1990 ～ 2009 年美国境内石油泄漏统计分析报告分析了 2002 年 BP 在全球范围内发生的事故责任统计：16%属于领导责任，12%属于风险管理责任，6%属于培训责任，5%属于关键安全设备原因，7%属于个人原因，15%属于职业道德管理责任，6%由于规划不足，7%属于违反安全规章制度，4%属于规章制度的缺陷，4%属于更换管理人员造成，还有 18%的原因正在调查中或其他原因，其中关键安全设备原因仅占 5%（图 12-6）。

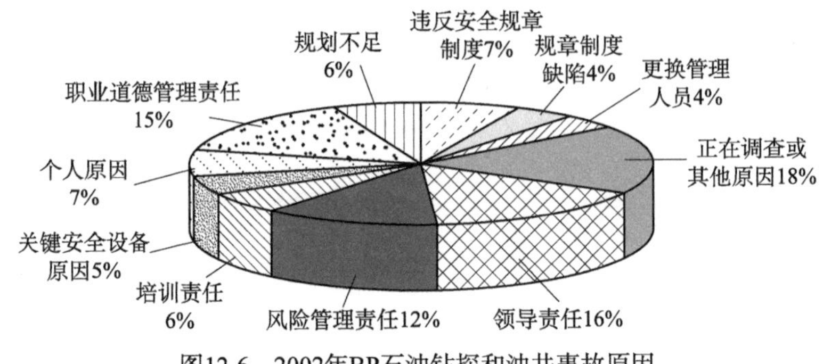

图12-6　2002年BP石油钻探和油井事故原因

由此可见，海上石油平台的溢油原因有工艺泄漏、立管泄漏、井喷、碰撞、极端海况下的结构危险等。

二、溢油风险事故源项确定

大量研究结果表明，事故的共性直接原因是安全知识、安全意识和安全习惯所引起的组织成员个体的不安全行为和物的不安全状态。事故发生主要由四大要素引起：人的不安全行为和动作，技术的隐患和欠缺，生产环境不良，以及管理不善（陈国华，2007）。

（一）人为致因

从上述统计分析可以看出，无论码头、船舶还是石油平台，溢油事故发生的原因都有人员的误操作。现代化、大规模的人机系统中的人员行为已由传统的操作为主的行为转变为以监测、判断为主的自动化控制，随着机械设备可靠性的提高，人的重要性越来越显著。一方面，人由于其生理、心理、社会、精神等特性，既存在一些内在弱点，又有极大可塑性和难以控制性；另一方面，尽管系统的自动化程度提高了，但归根结底还是要由人来控制操作，要由人来设计、制造、组织、管理、维修、训练，要由人来决策。人因失误已经成为事故最重要的根源之一。例如，操作人员在装卸油时，由于操作不当导致的溢油事故。再如，操作人员疏于瞭望或没有按规定值守无线电通信等导致船舶碰撞引发的油仓泄漏（陈国华，2007）。

人的原因主要是人员综合素质低下，安全意识淡薄。尽管工作人员都经过专门的安全培训，但大多数人只是一知半解，对关键性操作不熟练，而且工作人员还缺少应急反应能力。较高的防污应急反应是工作人员应对紧急事件的重要能力体现。然而，大多数船员由于平时缺少防污应急演练，以至于当油轮发生溢油事故时，惊慌失措，不知所为，任其事态发展，由此往往造成严重的污染后果。究其原因，最主要的还是人员安全责任意识淡薄。以康菲渤海溢油事故为例，人民网刊文披露了此次事故联合调查组负责人和技术专家对事故原因的详细解释。"违规作业""风险意识不强""疏忽大意"这是调查组专家对康菲公司开采作业的评价。经技术组专家分析，渤海溢油事件属责任事故，不管是B平台还是C平台，其实都完全可以避免。

（二）技术隐患和缺陷

技术隐患和缺陷既包括工艺设计制造、设备设施和安全装置，又包括生产过程中用到的原料、产品燃料、能量等物质，一般统称为物的不安全状态。

1.船舶存在技术隐患及缺陷

（1）航道条件、导航助航设备。在我国，沿海港口泊位比较密集，水文状况复杂，成为油船溢油事故的多发区域。为保障航行安全，必须设置助航标志，航标是主要的助航标志。航道条件、导航助航设备与油船发生溢油事故之间存在一定的关系。航道条件、导航助航设备的缺陷会直接导致船舶碰撞、搁浅事故的发生（孙维维和陈轩，2008）。

（2）船舶密度。船舶密度指单位面积海域通行的船舶数量。船舶密度高的地方，船舶相撞的机会大为增加，发生油船溢油事故的可能性比船舶密度低的海域要大。繁忙的码头、港口区域船舶密度大的水域是油船事故的多发水域，所以船舶密度的大小与否也是船舶是否发生溢油污染事故的原因之一。

（3）通信状况。船岸、船舶之间的通信对于油船航行状态的调度、监控至关重要，对避免发生船舶溢油事故具有重要作用。这种作用在气象海况条件恶劣的情况下尤为重要。

2.码头存在技术隐患及缺陷

油品码头设备、管道多，一旦因设备的技术隐患及缺陷而造成跑油，轻则污染环境，重则引起火灾爆炸事故，危及面宽，扑救困难。对于装卸设备，各地设备配备不尽相同，主要有输油泵、管组、阀门、电气设备、输油管、量测仪器仪表、吊升装置和金属或橡胶管及其接口等，其中任何一种设备缺陷发生泄漏、撞击或静电打火、误动、短路等，都会导致跑油、污染和火灾（刘方义，2009），主要有以下原因：①制造输油臂所用钢管质量缺陷，输油臂回转接头（包括三向回转接头、头部回转接头和中间回转接头）、快速接头质量缺陷或各接头密封材料不满足要求；②物料管道、阀门等设备选型不当或产品质量不符合要求；③管道焊接质量差，存在气孔、夹渣或未焊透等缺陷；④油管线或设备腐蚀、穿孔、破裂，导致溢油；⑤油管线、设备的连接法兰垫圈破裂导致溢油；⑥油管线、设备连接法兰的螺栓受力不平衡导致溢油；⑦软管在使用过程中被油轮压破或拉断导致溢油；⑧软管在使用过程中摩擦受损、破裂导致溢油；⑨软管长期使用，耐压性能降低导致破裂溢油；⑩罐区错开阀门发生冒顶溢油；⑪ 装卸工艺的检测、控制系统（主要是装卸泵、管道阀门及其控制设备）发生故障，导致误动作或控制失灵等。

此外，由于防污设备单一，数量少且分散，缺乏保养，一旦发生漏油，很难形成有效的抗油污力量。

3.石油平台存在技术隐患及缺陷

海上各类石油开发装置发生溢油事故的主要原因为井喷、输油海底管线破裂、碰撞搁浅或沉没、海上流程失控、爆炸等。一旦发生溢油，大量的原油会漂浮在海面上，对海洋环境产生巨大的影响（于挺，2007）。

（1）井喷。井喷在钻井、完井和修井作业期间均有发生的可能性，油田在开发钻井、完井或投产后的修井作业中，井喷是最大的潜在风险。通常，井喷的概率是很低的。火灾、船舶碰撞、风暴等外部原因产生井喷的可能性非常小，因为这些外部因素本身就很少发生。另外，由此引起井喷要有一个条件，就是井下设备的失灵（并不是外部原因所致）。

（2）储油罐的破裂。海上油田油井生产的原油，自井口生产平台经海底管线输入油轮或终端处理厂储存、外运。因穿梭油轮、守护船的碰撞，可能造成储油的破裂，而导致溢油的发生。

（3）海底管线的破裂。连接在各生产油井与各容器之间的管线破裂概率很小。海底管线事故主要的外部原因有碰撞、船锚、地质构造、自然灾害（包括风暴、冲刷、地震、沉陷）等。海底管线事故主要的内部原因有：腐蚀、海上石油开发、运输过程中所用的材料存在缺陷等。

（4）工艺过程泄漏。工艺过程泄漏风险是指在平台的正常生产过程中碳氢化合物从工艺过程的设备和管道中泄漏到平台甲板上，由明火或电火花引燃而引起的火灾爆炸事故，从而造成原油泄漏事故。

（5）立管和管线破裂。对于立管泄漏主要考虑三个泄漏位置：平台顶部泄漏、浪溅带泄漏和海平面以下泄漏。对于立管和管线来说，任何一个隔离阀和连接阀都是泄漏的潜在源，都对泄漏频率产生作用（牟善军，2006）。

（三）环境因素

通常，发生重大溢油事故的原因主要是油轮突遇恶劣天气，风大、流急、浪高，加之轮机失控，造成油轮触礁、碰撞、搁浅，引起重大溢油污染事故。此外，自然原因也是石油平台发生结构性损坏而导致的重大溢油事故。本章之前已对渤海海域自然因素进行了分析，可知地震、雾、台风等都会引发重大溢油污染事故。

1.自然条件对船舶产生的潜在风险

（1）气象。冬、春季的寒潮和夏、秋季的台风（气旋），近百年统计资料表明，影响本区的热带气旋有 91 次，平均每年 1 次，热带气旋 7 ～ 8 月最多，可占总数的 90%，其次为 6 月和 9 月。2009 年 12 月渤海第四次寒潮大风过程仅在天津就造成走错险情 33 艘次（沈光玉，2012）。大风会导致大浪翻卷，对船舶航行、靠泊过程和已在泊位上作业的船舶都将产生较大的影响，加大了系缆力和船舶对护舷的挤靠力。

此外，海冰也会影响船舶的航行，造成溢油事故。例如，在 1969 年春季渤海发生特大冰封期间，一月内进出塘沽港的 123 艘客货轮有 58 艘受到不同程度的破坏，造成严重的船体变形甚至被挤裂（马毓倩等，2005）。

（2）能见度。能见度能够反映出天气状况对视觉观察的影响，能见度越好，对于观察物的识别就越清晰，有利于油船对危险的规避，有助于降低油船发生事故的可能性。因此，在油船交通安全研究中，气象因素不能被忽视。雾、降雨、下雪、暴风雨等对于能见度的影响较大。在能见度不良的情况下，油船发生碰撞的危险性极高。根据有关事故统计，大约 10% 的碰撞事故发生在能见距离为 0 ～ 200m 的情况下，15% 发生在 0 ～ 1000m 的情况下，在 0 ～ 4000m 的能见距离中发生的碰撞占1/3（30%）左右。而且在0～1000m的能见距离中，发生港内油船搁浅海事占搁浅海事的1/5，这个比例要高于同样条件下碰撞事故所占的比例。我国沿海雾区多、雾时长，严重威胁航行安全（陈书雪，2009）。

（3）水文。渤海湾海域内各码头虽有防波堤掩护，但也会受到波浪影响，会出现涌浪断缆等情况，对船舶靠泊及稳泊造成一定程度的不利影响，严重时会发生溢油事故。

2.自然条件对码头产生的潜在风险

（1）气象。石油化工码头储运的石油等物质本身所固有的理化特性对气象条件较为敏感，由于风、雨雪及雾等原因都会对码头造成比较大的影响，如雨雪因影响人的视线而导致操作失误，露天电气设备受潮损坏，伴随降雨出现的雷电可能成为明火源甚至劈碎石油储运设备造成事故（陈玮璐，2008）；台风、风暴潮、突发性强阵风等都将影响船舶的靠离，一旦掌握不好，也有可能造成溢油污染事故的发生；雾使能见度减小，大雾天气时，若不停止作业，可发生水上交通或路上装卸、运输安全事故。

此外，当发生石油泄漏事故时，风场特征、大气稳定度、低空风特征、地面粗糙度、逆温特征等环境条件参数将直接影响到有毒蒸汽的扩散。

（2）海况。码头附近的海域流场特征、水深、潮汐等情况，以及沿岸及泊位处海底的地质特征、航道状况等，都会直接影响到船舶的靠泊作业及石油液体化学物质的靠泊作业（陈玮璐，2008）。根据渤海湾海域的海况特征分析，码头建在防波堤之内，波浪影响较小可不考虑。但若码头前沿设计不合理，或未按照要求规定进行施工，造成码头前沿高程不能满足船型、水文、气象及防汛要求等，在出现大潮时导致码头面被淹没，从而引发对码头建构筑物及设备设施的损坏及溢油事故。

此外，地震、强浪等不可控制的环境因素也是造成事故的重要原因之一，然而这些因素发生自然灾害的概率很小，但一旦发生就会对码头水工建筑、大型装卸机械造成严重破坏，可能导致溢油事故。因此，在进行化工码头区域环境风险评价的过程中应该充分考虑到码头设备设施抵御自然灾害的能力，将可能损失控制在人们所能够接受的范围内（陈玮璐，2008）。

3.自然条件对平台产生的潜在风险

气候对事故的发生有显著的影响。通常，炎热的热季，事故发生较为集中；而在气候宜人的温季，事故则相对较少（冀成楼和张宏，2011）。热带气旋、风暴潮、海啸、海底地震等自然灾害，可能造成海上石油装置的倾覆，进而使油田原油溢入海中造成严重污染，这种风险是不可抗拒的，但这种自然灾害概率很小（于挺，2007）。

（1）气象。我国是受热带气旋灾害影响较多的国家之一。历史资料表明，平均每年登陆我国的热带气旋为 9 个左右。北上进入渤海的台风较少，但是一旦进入渤海将给石油平台的生产造成一定的危害和财产损失。

渤海湾海域冬季强冷空气活动频繁，使海面温度长时间保持低温结冰状态；冬季降雪量偏大，当海面结冰后，冰面上的积雪会使冰厚增大，从而使冰情加重；冬季强劲的东—东北风与潮流、波浪的相互作用造成海冰相互重叠或堆积，特别是沿岸会出现大面积的冰堆积和冰脊现象，从而引发平台事故。例如，渤海石油“海二井”（重 550t）生活平台、设备平台和钻井平台被海冰推倒，“海一井”（重 500t）平台支座拉筋被海冰割断。可见，海冰对石油平台的影响是非常严重的。

（2）地震。渤海是地震活动较弱的海区，平均烈度为六度，最大地震烈度可达七八度。渤海地处三大断裂带区，即北北东向郯庐断裂带，北北东向、北东向河北平原断裂带和北西西向燕山渤海断裂带（马毓倩等，2005）。地震的发生会使石油平台结构损坏、海底管道破裂，致使溢油污染事故的发生。

（四）管理不善

安全管理不当也是导致海上溢油事故的原因之一，是导致溢油事故的重要间接原因。例如，管理过程中计划不周，决策失误；操作规程不健全，作业管理混乱，相互配合不好；监督检查不力；劳动组织不严密，安全教育、培训措施不力等。安全管理制度的不完善，一方面直接导致人为失误的增加，另一方面不能有效地对设备设施进行监督检查和维修更新，也增加了机的不安全因素。

目前，在许多石油化工码头，其管理制度主要是安全管理体系和 ISO 质量管理体系。虽然体系管理早就建立起来，但在实施过程中存在一些薄弱环节，它们的存在就是导致事故发生的诱因。管理原因是多方面的，主要有以下几种

（田水承和景国勋，2009）：

（1）对物的管理。对物的管理包括技术、设计、结构上有缺陷，作业现场、作业环境的安排不合理等缺陷，可以归结到技术隐患和缺陷里。

（2）对人的管理。对人的管理包括教育、培训、指示、对作业任务和作业人员等安排等方面的缺陷或不当。

（3）对作业程序、工艺过程、操作规程和方法等的管理。例如，由于卸货次序安排不当、卸油速度过快等原因而引起船舶稳性不足、船体处于不利应力状况，均会对船舶安全和船体结构造成影响，以致发生溢油事故（刘金岭等，2012）。

（4）安全监察、检查和事故防范措施等方面的问题。

三、渤海湾海域溢油事故预防措施

1.船舶溢油事故风险防范

（1）强化渤海湾海域风险区内交管系统的应用。目前对于海上交通管理的系统主要包括 VTS、AIS、MF 三种手段。VTS 由雷达扫描、数据处理与显示、VHF 通信等主要部分组成；AIS 系统是整合了卫星定位和罗经计程仪、通过 VHF 无线电数据通信、在雷达和电子海图上显示等技术的航海、导航、信息通信的新型航行设备和系统。这三种手段的作用可以相互补充（沈光玉，2012）。

目前渤海湾海域已建成曹妃甸、天津、黄骅港等多个海上交通管理中心或站点，在提高海上交通管理水平和协助海上搜救方面发挥着至关重要的作用。然而目前的海上交通管理，主要限于对重点港口和重要水道的交通管理，还没有完全覆盖到渤海风险区；VTS 的功能也未得到充分开发，对船舶的跟踪和险情的监控主要仍然依靠值班人员值守雷达，未充分利用信息化手段实现监控的自动化。

在船位自动跟踪识别方面，渤海海域已建成多个 AIS 基站，覆盖了渤海湾海域主要港口和大部分重点航线周边区域。在 AIS 基站三期工程完成后，将完全覆盖渤海湾海域。

（2）加快推进风险区船舶定线制。船舶交通事故作为渤海海域船舶溢油的主要诱因，进一步强化海上交通安全监管是干预船舶溢油风险的源头措施。从渤海湾港口附近水域船舶交通事故的特点来看，港区以内以船舶触碰为主，航道以船舶碰撞和搁浅为主，锚地主要是大风期间船舶走锚碰撞、搁浅。因此，在监控管理的基础上加快推进船舶定线制，对预防船舶碰撞、搁浅事故有很大的帮助。船舶定线制（ships' routeing system）是岸基部门用法律规定或推荐形式指定船舶在水上某些区域航行时所遵循或采用的航线、航路或通航分道。国际海事组织（IMO）文件《船舶定线制的一般规定》将船舶定线制定义为"旨在减少海难事故的任何单航路或多航路制和/或定线措施"。定线制的最主要形式是分道通航制，还包括沿岸通航带、警戒区、避航区、双向航路、推荐航线、推荐航路、环形道、深水航路等。船舶定线制对于有效降低交通事故具有无可比拟的优势，目前在渤海风险区内成山头水域船舶定线制于1991年试行，2000年由IMO审议通过后正式施行；老铁山水道船舶定线制于2006年6月1日正式施行；长山水道船舶定线制于2009年1月1日正式施行。交通运输部海事局已组织进行专项研究，开展了"渤海船舶定线制可行性和实行方案研究"，提出了规划整个渤海海域船舶定线制的方案，其中包括渤海海峡以东水域船舶定线制规划方案，基于船舶定线制在避免海上交通事故和由此引发的船舶污染事故上具有的重要作用，建议尽快实施有关规划方案（沈光玉，2012）。

（3）全面制定并实施各港口禁限行标准。恶劣气象是船舶进出港安全的重要风险源，管理通航秩序、通航环境是海事部门的主要职责之一，根据各港口的实际情况，制定并实施《港口禁限行标准》可以有效减少或避免船舶进出港过程中交通事故、溢油事故的发生。自2010年9月30日，威海海事局制定并执行了辖区各港口的禁限行标准（表12-10），从目前运行的情况看，禁限航标准对于特殊气象下船舶的安全、有序进出港起到了积极有效的作用（沈光玉，2012）。渤海湾海域个港口也应健全相应的禁限行标准，并严格执行，以期预防溢油事故的发生。

表12-10 威海辖区主要港口禁限行标准

<table>
<tr><th>能见度（雾）标准</th><th>管理措施</th><th>风力标准</th><th>管控措施</th></tr>
<tr><td>能见度低于1500m</td><td>①禁止施工船及不熟悉港口通航环境的船舶进出港或从事靠离泊作业。
②对规定禁航以外的船舶进出港或从事靠离泊作业实行限航</td><td rowspan="2">蒲氏风级7级（不含6～7级）</td><td rowspan="2">①禁止施工船及不熟悉港口通航环境的船舶、拖带船组、试航船舶、陆岛运输船、吃水受限制的船舶、操纵能力受限制的船舶、油轮，以及普通货船进出港或从事靠离泊作业。
②对规定禁航以外的船舶进出港或从事靠离泊作业实行限航</td></tr>
<tr><td>能见度低于1000m</td><td>禁止拖带船组、试航船舶、吃水受限制的船舶、操纵能力受限制的船舶、载有危险货物的船舶，以及油轮进出港或从事靠离泊作业</td></tr>
<tr><td>能见度低于500m</td><td>禁止普通货船进出港或从事靠离泊作业</td><td>蒲氏风级8级</td><td>所有船舶均不得进出港或从事靠离泊作业</td></tr>
<tr><td>能见度低于200m</td><td>所有船舶均不得进出港或从事靠离泊作业</td><td rowspan="2">其他</td><td rowspan="2">抗风等级低于蒲氏风级7级的船舶应严格按照其核定的抗风等级进出港或从事靠离泊作业。无抗风等级的，6级风及以上予以禁航</td></tr>
<tr><td>能见度在100～200m</td><td>指挥协调涉客船舶单向行驶，有顺序地进出港口</td></tr>
</table>

2.码头溢油事故风险防范

（1）工程设计上的防范措施。对于工程设备的造型、平面布置、土建工程、电气等各个部分，在防火、防爆、防静电、防雷、防震等案例性方面应按照《石油库设计规范》《建筑设计防火规范》《石油化工企业设计防火规范》等国家有关规范的要求进行设计，并对每一项的设计均应对照有关规范进行逐项核实，从工程设计上确保工程运营后的安全。

（2）码头装卸设备的选型和维护。尽量提高工程的结构、材质、制造、安装、焊接和防腐等的设计标准，精选性能良好的设备设施，确保建设安装质量，并加强设备设施的保养和定期维修以确保其保持良好的运行状态，以防止由于设备、管道、阀门等损坏导致的泄漏。

（3）做好油库区溢油风险防范。严格遵守《石油库设计规范》（GB50074—2002）、《建筑设计防火设计规范》（GBJ16—87）和《石油化工企业设计防火规范》（GB50160—92），在平面布置上充分考虑罐区与辅助生产区、防爆区和非防爆区之间的防火间距和安全距离；采用 SCADA 系统对生产过程的数据采集、坚实、控制、安全保护、计量及运行管理等任务，并通过网络与油库管理系统、消防监控系统通信。在可能存在可燃气体泄漏的场所，设置可燃气体探测器，监测可燃气体浓度，并与 SCADA 系统联网。另外，还要做好防雷、防静电接地和库区消防。

（4）管道溢油风险防范。鉴于管道事故风险具有突发性和灾难性的特点，必须本着预防为主的原则，采取措施加以防范，降低事故发生率，提高管线运行的安全性。管道的设计要符合《输油管道工程设计规范》（GB 50253—2003），且要加大力度进行管道防腐工作。具体有以下几点：①建设单位应在沿线设立助航标志，以保障管道及其附属设施的安全运行。②禁止在管道上方及近旁动工开挖和修建建筑物，不得在管道上方及近旁从事其他生产活动。③在管道中心线两侧及管道设施场区外各 50m 范围内，禁止爆破、修筑大型建筑物、构筑物工程。④在管道中心线两侧各 50 ～ 500m 范围内进行爆破，应事先征得管道企业同意，在采取安全保护措施后方可进行。⑤制定严格的运行操作规章制度，对操作人员进行岗位培训，防止误操作带来的风险事故。⑥按规定进行设备维修、保养、更换易损及老化部件，防止跑冒滴漏发生。

（5）建立健全管理机制。生产管理部门必须按照国务院发布的化学危险物品安全管理条例的要求经营和储运规划储运的石油类化工产品，建立健全化学危险物品安全管理制度，包括各岗位工作人员必须持证上岗，严禁烟火、禁止使用易产生火花的机械设备和工具、进出库的车辆必须进行防火防爆安全性检查等管理制度，严格操作规程，加强职工的技术培训、专业培训、安全与工业卫生知识的教育，提高职工的环保意识和责任心，以杜绝人为因素造成的突发性污染事故的发生。

3.石油平台溢油事故风险防范

石油平台主要事故，设备失灵和人为的操作失误是引起溢油的主要原因。因此，码头和石油平台的溢油事故的防治措施包括：精细设计满足防火规范，精选好的设备，确保建设安装质量；输油管道的设计要满足《输油管道工程设计规范》（GB50253—2003），且要做好管道的防腐措施，同时防止人为原因的损坏，全线采用 SCADA 系统进行监控；认真管理，提高操作人员责任心；精通操作业务，加强设备维护检查；设立对溢油事故的监测、加强防止扩散、回收和处置的设备和措施。典型的包括：泄露报警装置、防止扩散的栏油栅、撇油器、收油船、吸油泵、吸油剂、活塞膜化学剂和油聚集剂等。

（1）溢油监测预测技术：①利用卫星遥感、航空遥感、船载和岸基溢油监测雷达、溢油跟踪浮标溢和在线监测等技术，配合船舶 VTS 和 AIS 系统，开展溢油立体化监视监测，及时发现溢油事故，并掌握海面油污实时动态。②提高溢油预测预警技术水平，结合溢油实时监测数据，快速准确的预测溢油在三维空间的行为和归宿；加强环境敏感资源的分类管理，制定优先保护次序，实现敏感资源污染评估与风险预警。③充分利用 GIS 技术、专家系统技术、模糊评估技术，提高溢油应急决策支持系统的科学性和合理性，给出适用的溢油应急方案、资源调配方案和科学的应急效果评估和生态污染损害评估结果。

（2）加强溢油风险管理：①加强溢油风险源管理，提高设施设计安装水平，定期对海上石油设施进行巡检、维护、修复，设置安全标志，制定规范的操作程序。②提高海上作业人员专业技能、环保意识、安全责任，加强教育和监督。③根据溢油风险评估指标和量化模型，开发海上石油设施溢油风险管理与评估软件系统，完善风险管理体系，有针对性地加强高风险溢油源防范（安伟等，2011）。

（3）应急能力建设：①提高海上溢油处置技术水平，开发回收效率高、适用性广、集围控、收油、消油剂喷洒、油水分离以及油污储存等于一体的大型溢油清除设备和专用回收船（崔源等，2010）。②根据溢油风险评估结果，为海上石油设施配置合理溢油应急设备和人员，加强溢油应急计划编制和应急演习水平，提高应急人员技术水平。

第四节　应急保障

2010 年 3 月 1 日起施行的《防治船舶污染海洋环境管理条例》第五条明确规定：国务院交通运输主管部门应当根据防治船舶及其有关作业活动污染海洋环境的需要，组织编制防治船舶及其有关作业活动污染海洋环境应急能力建设规划，报国务院批准后公布实施。沿海设区的市级以上地方人民政府应当按照国务院批准的防治船舶及其有关作业活动污染海洋环境应急能力建设规划，并根据本地区的实际情况，组织编制相应的防治船舶及其有关作业活动污染海洋环境应急能力建设规划。交通行业标准（JT/T451）《港口码头溢油应急设备配备要求》和《海上石油作业安全应急要求》，也为港口码头和石油平台配备溢油应急设备提供了标准和依据（沈光玉，2012）。根据《中华人民共和国海洋环境保护法》《国家突发性环境应急预案》，渤海湾海域应急预案框架编制如下所示。

一、应急组织机构及其职责

渤海湾海域溢油污染事故应急指挥组织机构见图 12-7。

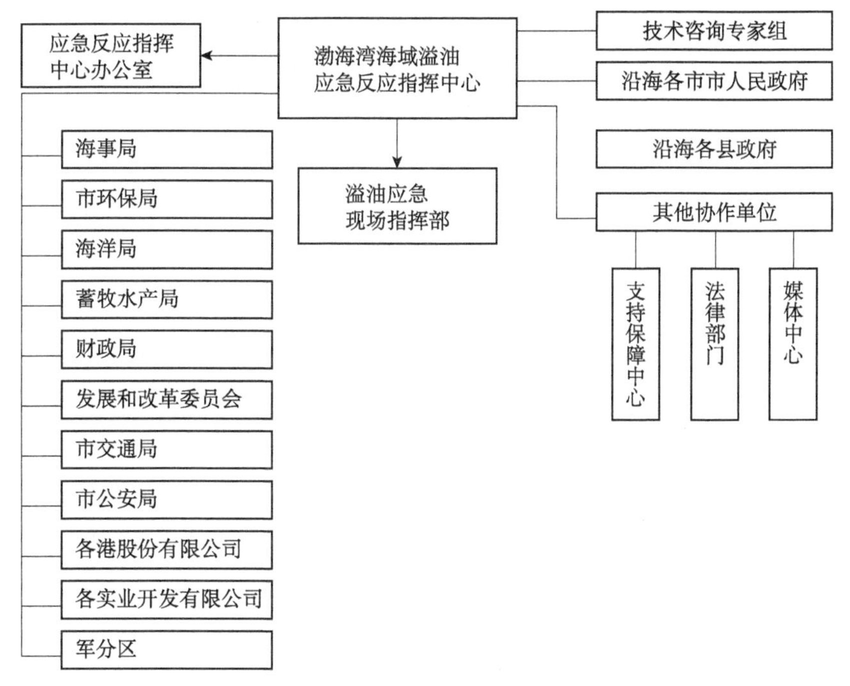

图12-7　渤海湾海域溢油污染事故应急指挥组织机构

由于海洋污染防治工作涉及地方政府、主管机关、企业和社会等各个方面，迫切需要渤海湾海域成立专门机构牵头组织和统一协调。因此，渤海湾海域应依托“国家渤海湾海域溢油应急设备库”，设立专门机构“渤海湾海域海上溢油应急反应中心”，并配备专职管理人员。

该中心主要职能包括：①研究部署防治污染海洋环境事业的发展工作，建立政府相关部门、海事、港口和码头企业共同参与的工作和联系机制。②承办渤海湾海域船舶污染应急指挥部及指挥部办公室下达的指令以及经授权开展相关日常工作。③整合和协调渤海湾海域区国家、政府、社会三方应急设备库资源以及清污应急队伍，负责应急行动中应急力量和设备等资源的保障，为应急反应提供必要的技术支持。各部门高效整合、各司其职，充分发挥最大优势，及时处置突发事故。④按照职责对设备库进行管理，并委托海上专业清污队伍对设备和船舶进行日常维护保养，在应急处置时交由专业清污队伍使用，形成“国家政府出资、中心负责管理、专业队伍使用”的设备库运行管理机制（郑仕锋，2012）。

二、泄漏事故初判

本专项预案为水上溢油引起的环境灾害系指在渤海湾海域内发生的Ⅰ级、Ⅱ级、Ⅲ级、Ⅳ级突发性环境事件，或油库仓储设施发生泄露，石油制品液体流入附近水域，发生的Ⅰ级、Ⅱ级、Ⅲ级、Ⅳ级水环境污染事件。另根据《重大危险源分级标准》，水上溢油事故分级如下。

Ⅰ级：溢油事件是水上溢油量超过100t事件。

Ⅱ级：溢油事件是指水上溢油量为50～100t的溢油事件。

Ⅲ级：溢油事件是指储存石油商品污染外场水面，溢油量为5～50t的溢油事件。

通常认为，溢油泄漏事故及其影响程度为Ⅰ级时，为Ⅰ级突发性环境事件，即为因危险化学品（含剧毒品）生产和贮运中发生泄漏，严重影响人民群众生产、生活的污染事故。这类事故需上报渤海湾海域溢油应急反应指挥中心，启动渤海湾海域溢油事故应急预案。

三、应急报告

应急报告流程见图12-8。

应急报告包括：①事故发生时间；②事故发生部位；③人员伤亡情况；④事故简要经过；⑤已采取应急措施。

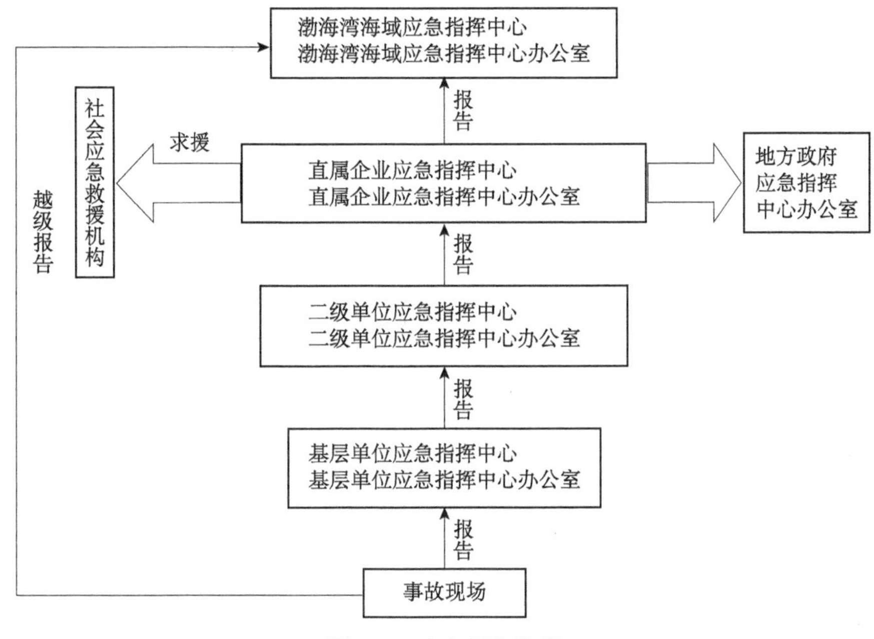

图12-8 应急报告流程

四、应急行动程序

应急行动的全过程主要包括：①溢油事故报告报警；②海面溢油漂移扩散监视监测和模拟预测；③污染风险及环境影响评估；④应急反应决策；⑤溢油污染控制与清除作业；⑥敏感资源保护对策实施；⑦污染损害索赔取证；⑧应急反应评估与事故案例总结。

溢油应急反应程序见图 12-9。

五、应急处置流程

1.应急上报

当发生重特大溢油事件时（在国际海事组织第七届海洋环境保护委员会上商定：凡船舶溢油量超过 100t 者定为重大溢油事故），事故公司应急指挥中心应立即向当地政府应急管理办公室报告，同时向渤海湾海域应急指挥中心报告。

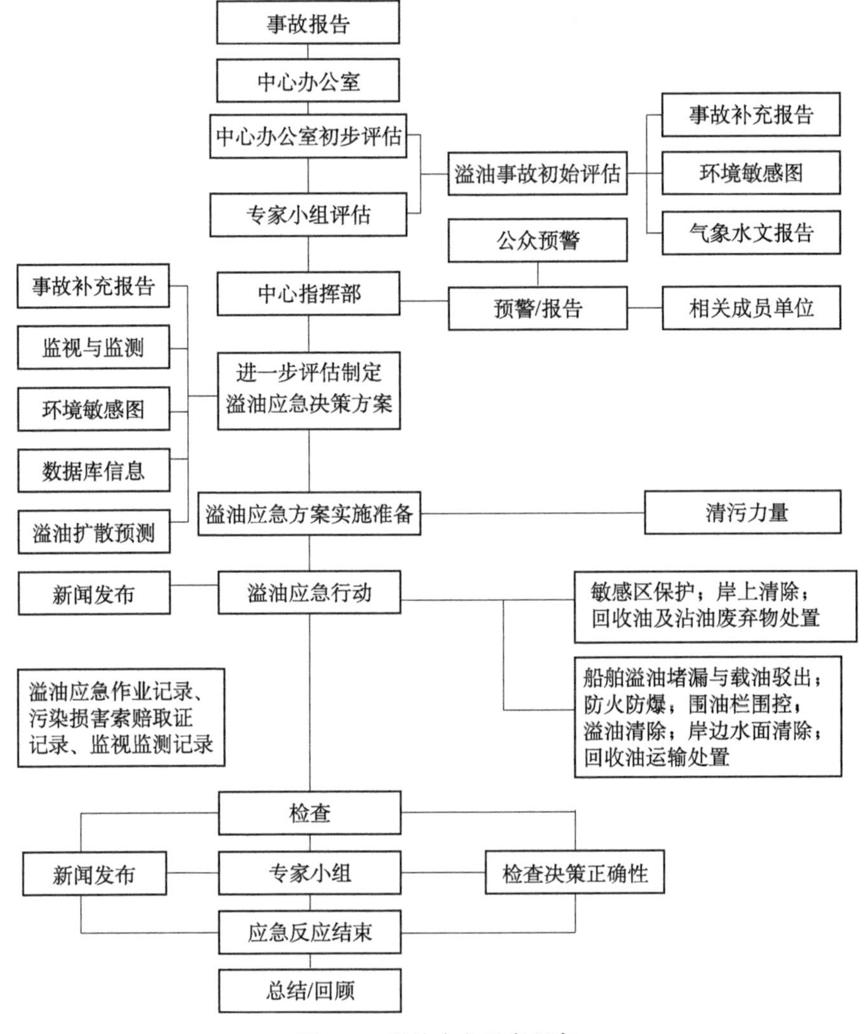

图12-9　溢油应急反应程序

2.应急行动

（1）事故公司应急指挥中心应做好以下工作（刘茂和吴宗之，2004）：①在现场应急指挥人员到达现场之前，指导事发单位进行抢险工作；②迅速派出现场指挥部人员赶往现场；③如若发生火灾爆炸事故，立即组织人员疏散，并协调消防队支援灭火；④根据现场需求，组织调动、协调各方应急救援力量到达现场。

（2）应急指挥中心办公室应做好以下工作（刘茂和吴宗之，2004）：①协调应急救援系统其他各中心的具体组成及各自的任务和功能；②分配和检查应急队员应负的责任并确定所需队员的人数；③与事故指挥者和支持保障中心、信息管理中心建立并保持必要的通信联系，做好突发情况的应急准备；④搜集有利于事故调查的相关信息，用于编写政府报告和涉及法律事务的必要文件；⑤草拟递交政府部门的事故报告，并向媒体中心提供用于与新闻媒体接触所需的信息；⑥确保应急计划的实行，监督应急行动的有效性并启动所有适当的程序和应急措施；⑦检查并控制事故现场范围内的应急资源供应情况，确保有充足的物质资源并支持人员参与事故应急救援行动；⑧检查和批准通过媒体中心向新闻界和公众发布的有关事故的消息，并决定是否举行新闻发布会。

（3）支持保障中心应做好以下工作（刘茂和吴宗之，2004）：派出技术支持人员（包括采购人员、安全和健康人员、公共关系管理人员、环境管理者、警戒人员和法律人员）、医疗支持人员赶赴现场，参与现场应急处置工作。

（4）媒体中心应做好以下工作：①派出人员，参与现场应急处置工作；②组织赶赴事故现场的媒体进入媒体中心进行有序的工作；③接受新闻媒体采访，召开新闻发布会，刊登启事等。

（5）其他部门应做好以下工作：①服从应急指挥中心的调度；②组成应急人员待命；③做好交通、生活等后勤保障工作。

（6）现场应急指挥部应做好以下工作（刘茂和吴宗之，2004）：①迅速与地方有关部门联系，要求溢油区域，撤离无关船舶，禁止船只在溢油区域通行。②尽快切断溢油源，阻止事故的扩大。③根据溢油事件发生的位置、范围、溢油种类、溢油量等情况，确定是否需要人员疏散，并根据事故救援工作的实际进展随时决策最有效的应急步骤。④组织有关环境检测部门，按照国家环境检测标准和规范对溢油和受溢油污染的水域及资源进行跟踪检测。⑤组织专家根据监视监测结果、现场气象、河流（湖泊）水文条件和溢油预测模型等信息对溢油去向、数量、范围和扩散规模做进一步评估。⑥组织有关部门和专家制定具体的溢油控制和清除作业方案。根据溢油量、油品污染危害的特性、事件发生的地理位置以及易受损害资源保护的优先次序，决定采取应急设备和人员的投入程度，迅速组织调集清污队伍携带围油栏赶往指定地点开展油污控制和清除工作。⑦通知消防船赶赴现场实施警戒。禁止在现场明火作业，防止火灾事件发生。发生次生火灾时，采取隔离和疏散措施，避免无关人员进入火灾危险区域。⑧立即通知可能受危及的区域附近单位组织力量做好防污染应急准备，并指导其采取相应的自救、防范措施。⑨及时向渤海海域应急指挥中心汇报、请示并落实指令。

3.溢油抢险方案实施原则

（1）优先保护原则如下：①保护生命和财产安全；②控制污染源，避免或减少进一步污染的威胁；③避免或减轻对环境的损害威胁。

（2）环境目标的优先保护次序如下：①源头水、自然保护区（包括国家、省、市等各级别）；②饮用水和工业用水源或取水口；③水产养殖区；④盐场；⑤濒危动植物的栖息地；⑥潮间带生物；⑦湿地；⑧农田、林场、名胜古迹、旅游游乐所；⑨各种类型的海岸；⑩船舶和设施。

（3）溢油控制和清污作业程序如下：①切断溢油源：溢油事件发生后，首先以果断的措施切断溢油源。②溢油的围控：只要海况允许，用最快速度利用围油栏进行围控，根据具体情况立即布放一道或数道围油栏，防止溢油继续漂移扩散。③水面溢油回收：依靠机械的方法将围控的浮油回收，回收时可用浮游回收船、撇油器、油拖网、油拖把、吸油材料以及人工捞取等。④残余溢油强制消除。使用消油剂和现场焚烧法将残余溢油强制消除，使用消油剂时，应按照《海洋石油勘探开发化学消油剂使用规定》要求实施。

六、应急终止

经应急处置后，现场应急指挥部确认下列条件同时满足时，向渤海湾海域应急指挥中心报告，渤海湾海域应急指挥中心可下达应急终止指令：①渤海湾海域应急处置已经终止；②溢油事件得到有效控制；③受伤人员得到妥善救治；④环境污染得到有效控制；⑤社会影响减到最小。

参考文献

安伟，李广茹，赵宇鹏，等 . 2011. 海上石油设施溢油风险评估及防范对策研究 . 中国山西太原：第十五届中国海洋（岸）工程学术讨论会论文集，566-569.

陈国华 . 2007. 风险工程学 . 北京：国防工业出版社 .

陈书雪 . 2009. 港口溢油事故风险评估及防范研究 . 天津：南开大学 .

陈玮璐 . 2008. 液体化学品码头风险评价研究 . 大连：大连海事大学 .

崔源，郑国栋，栗天标，等 . 2010. 海上石油设施溢油风险管理与防控研究 . 油气田环境保护，20（1）：29-32.

冀成楼，张宏 . 2011. 石油钻井工业事故统计分析 . 中国安全生产科学技术，7（11）：185-190.

李品芳 . 2000. 厦门港船舶溢油环境风险评价 . 大连：大连海事大学 .

刘方义 . 2009. 浅谈油品码头风险辨识及预防 . 中国科技博览，25：13.

刘金岭，张朝晖，王金鹿，等 . 2012. 大型油轮接卸作业风险及其控制措施 . 油气储运，31（1）：57-60.

刘茂，吴宗之 . 2004. 应急救援概论 . 北京：化学工业出版社 .

罗亮 . 2009. 营口港船舶溢油风险评价及防范对策研究 . 大连：大连海事大学 .

马毓倩，刘泽菁，鲁红革 . 2005. 浅谈渤海自然灾害对海洋石油安全生产的影响及对策 . 海洋预报，22（4）：66-72.

牟善军 . 2006. 海上石油工程风险评估技术研究 . 青岛：中国海洋大学 .

任福安，殷佩海，耿晓辉 . 2000. 海上溢油事故等级的综合评定 . 交通环保，21（6）：16-19.

沈光玉 . 2012. 渤海及其邻近海域船舶溢油事故风险评价及规避研究 . 大连：大连海事大学 .

孙维维，陈轩 . 2008. 海区油船溢油事故风险辨识与分析 . 水运科学，（2）：54-55.

孙雪景，张硕慧，魏立明 . 2009. 渤海海域船舶溢油风险评估 . 水运管理，31（4）：32-36.

田水承，景国勋 . 2009. 安全管理学 . 北京：机械工业出版社 .

于挺 . 2007. 海上油田溢油事故的影响及处理决策的分析 . 石油化工应用，26（4）：53-56.

俞庆，肖熙 . 1997. 海洋平台结构风险评估 . 海洋工程，（3）：2-8.

张珞平，曾继业，吴瑜端 . 1994 . 河口港湾水体污染物迁移转化模式—厦门港石油烃有限水体迁移和风化混合模型 . 海洋学报，16（1）：44-50.

张舒 . 2011. 海上溢油事故风险概率实用计算方法的研究 . 大连：大连海事大学 .

赵东至 . 2006. 海洋溢油灾害应急响应技术研究 . 北京：海洋出版社 .

郑仕锋 . 2012. 厦门海域船舶溢油事故风险评价与应急对策研究 . 大连：大连海事大学 .

第十三章　渤海湾有毒化学品事故风险及应急

随着国际贸易的快速发展，各种进出口的化学品的品种和数量也在不断增多，其中包括大量有毒化学品。有毒化学品大多是通过海洋运输完成的。由于设备故障和人为失误等原因，在有毒化学品的运输过程中，泄漏事故频频发生。这些有毒化学品不仅危及公共安全和人民群众的生命安全，而且造成巨大的财产损失，还对环境造成极大的危害。特别是，海洋运输不同于一般的陆地运输，一旦发生有毒化学品事故，有毒化学品扩散速度快、影响范围广，而且应急救援工作难度大，环境修复作业问题也十分困难，后果将不堪设想。如何有效地预防海洋运输过程中有毒化学品事故的发生，特别是发生后如何及时有效地处理事故，最大限度地减少对生命、财产和环境的危害，已成为全世界极为关注的问题之一。

渤海湾是我国重要的港口群区域，这里有中国北方第一大港口——天津港。每年有大量的有毒化学品通过海运到达渤海湾的港口。在运输和装卸过程中，有毒化学品泄漏事故时有发生，给当地的生命、财产和环境造成了严重的影响。因此，非常有必要对该区域的有毒化学品的事故风险进行评估，并制定相应的应急保障机制，以降低事故的发生概率及提高事故后的处理能力。

第一节　有毒化学品的分类

有毒化学品是指通过其对生命过程的化学作用而能够对人类或动植物造成死亡、暂时失能或永久伤害的任何化学品。根据新的 MARPOL73/78 附则Ⅱ

《控制散装有毒液体物质污染规则》，将船载有毒液体化学品分为以下四类。

（1）X类。这类有毒液体物质，如从洗舱或排除压载的作业中排放入海，将被认为会对海洋资源或人类健康产生重大危害，该类物质严禁向海洋排放。

（2）Y类。这类有毒液体物质，如从洗舱或排除压载的作业中排放入海，将被认为会对海洋资源或人类健康产生危害，或对海上休憩环境或其他合法利用造成损害，因而对排放入海的该类物质的质和量应采取限制措施。

（3）Z类。这类有毒液体物质，如从洗舱或排除压载的作业中排放入海，将被认为会对海洋资源或人类健康产生较小的危害，因而对排放入海的该类物质应采取较严格的限制措施。

（4）其他物质。以OS（其他物质）形式被列入《国际散装化学品规则》第18章污染类别栏目中的物质，并经评定认为不能列入本附则6.1所规定的X、Y或Z类物质之内，因为这些物质如从洗舱或排除压载的作业中排放入海，目前认为对海洋资源、人类健康、海上休憩环境或其他合法利用并无危害。排放仅含有被列为“其他物质”的物质的舱底水或压载水或其他残余物或混合物，不受本附则任何要求的约束。

第二节　有毒化学品泄漏事故

液体化学品大多具有易燃、腐蚀、毒性及污染等多种危害特性，不但给储运带来了困难和危险，也对环境和人类的健康和安全构成严重的威胁。我国和世界其他国家发生过许多严重的有毒化学品事故（表13-1）。

表13-1　有毒化学品事故案例

时间	事故	后果
1988年5月	荷兰籍满载丙烯的Anna Broere号散化船在荷兰沿海沉没	直接促成第一届国际有毒液体物质海上泄漏和应急反应大会的召开
1993年12月	英国丹佛附近海面一艘散化船由于大风沉没	2500t甲苯泄漏，严重污染海洋环境
1993年3月19日	荷兰荷兰特歇令附近海面上斯奥卡泽轮第八舱发生爆炸和火灾	2000m^3的乙基己醇和500m^3的二辛基己醇溢入海中

续表

时间	事故	后果
2000年10月	载有6000t剧毒化学品的意大利货轮“耶沃力太阳”在法国北部沿海沉没	200t苯乙烯泄漏入海
1997年3月	1130载重吨的Blue Sky No.2散化船，从日本YOSU开往汕头，在杭州以东200km海面沉没	988t酞酸二辛醋泄漏入海
1997年10月	载有149.336t纯苯的江西“赣抚油005”在四川云阳库区搁浅	严重地污染了长江的饮用水源
2001年4月	载有2290t苯乙烯的韩国“大勇”号与香港巴拉哥船公司的“大望”号在北纬31° 06′ 、东经122° 46′ 相撞	大量苯乙烯外泄入海，虽经过紧急救助，仍有708t苯乙烯泄漏入海，造成损失2亿～3亿元
2004年10月	“大清河”轮出港时与“新福达”轮在新港主航道发生碰撞	25桶有毒液体物质——糠醇落水
2009年7月	庆市丰都县一艘船号为“航龙518号”的集装箱船舶下行至宜昌石牌水域时发生集装箱落水事故	12个装有危险化学品的集装箱落入长江
2010年4月	一艘装有690t危险化学品邻二甲苯的货轮经过长江芜湖白茹水域与一艘满载3000t煤炭的货轮相撞	

从表13-1中可以看出，有毒化学品事故常发生且危害重大。因此，有毒化学品安全运输与防护也成为当今世界普遍关注的环境和安全问题。

第三节　有毒化学品事故对海洋的危害

有毒化学品种类繁多，其理、化性质各不相同，产生的危害也不一样。例如，具有强挥发性的液体化学品泄漏后会迅速挥发并可能产生火灾，在某些情况下，其火灾危险范围超出了泄漏物质所覆盖的水面范围；若是易挥发的有毒液体化学品泄漏，且又遇上大风天气，其危害范围将在下风向上远远超出溢出物覆盖范围；对于溶解性强的物质将会在水中迅速稀释并随水流移动，而危害到更大的区域。此外，有些化学品具有类油性质，有些化学品则可能会沉于海底。因此，有毒化学品事故的危害评估非常复杂。

液体化学品污染扩散运动形式大致可以分为五类：第一类是油和类油化学

品。这一类物质不溶于水，在水面主要以二维形式输运和扩散；第二类是易溶保守化学品。它们易溶于水，在水中以三维形式进行输运和扩散；第三类是强挥发性化学品。它们是强挥发性类物质，产生的蒸汽在空气中进行输运和扩散；第四类是沉降型化学品。它们的特点是比重大、且不溶于水、沉降于水底；第五类是综合型化学品。它们能与空气和水发生化学反应。

有毒化学品入水后，一部分化学品挥发到大气中，剩余的化学品经漂浮、溶解、沉淀于海洋中，并通过物理、化学和生物过程而逐步净化。入水化学品对海洋环境的污染主要对海洋经济价值、社会价值、生态价值的载体造成损失。有毒化学品泄漏后必然会对环境造成污染，然而有毒化学品的泄漏量、理化性质、生物毒性、溶解物浓度、暴露于环境的时间和环境条件将决定环境影响的程度。主要的影响有以下几个方面。

（1）致死影响与极性毒性。有些化学品可以干扰水生物的细胞过程，并且因此而直接导致其死亡，因此这些化学品被认为具有致死影响。如果此类化学品以一定的浓度短期暴露于试验生物体，可以使相当的试验生物死亡，就可以认为具有极性毒性，通常用半致死浓度（LCS_{50}）表示，即使在一定的试验周期内造成 50%的试验生物死亡的浓度值。

（2）非致死影响。有些化学物质虽不会直接造成生物体死亡，但会破坏其生理或行为活动（如减少产卵或繁殖量、破坏繁殖能力、损坏呼吸系统、改变幼体至成年体的行为等），或产生某些生物和分子化学影响（如破坏卵体基因、使染色体反常、抑制免疫力等），此外还有沾染性影响（指由于生物暴露于污染的水中而产生异味，如化学品经实验在浓度小于等于 1m/L 时沾染海产品或其他方式证明沾染的发生，则认为该物质具有沾染性）。持久性是指物质保留在水域环境中而不降解的能力。通常认为，水环境中的化学品在 28d 内，超过 60%～70%发生降解（包括生物降解和非生物降解），则认为该物质是可降解的。不降解、不挥发、溶解缓慢和在水表面形成膜状的物质被认为是持久性物质。这些都被认为具有非致死影响。

（3）生态系统影响。某些化学品在环境中达到一定的浓度值后，可能会对生态系统产生不利的影响，如损害生境、破坏物种、改变群落结构、降低生物多样性、降低能量流、较大型生物迁居、寿命较短物种幸存数量减少。

（4）对人类社会、经济活动的影响。海滨浴场、沙滩、海滨公园等旅游景观会因为附近污染事故而客源减少甚至停业；一些自然保护区可能会因为植被和生物破坏而永久失去此项旅游资源；影响渔业及养殖业；影响工业区如盐田、冷却工业取水口等行业的正常生产；当港口进行清污作业时，可能会延误来船靠泊和船舶出港，给港口造成损失。

联合国海洋污染科学专家组（Group of Experts on the Scientific Aspects of Marine Pollution，GESAMP）根据化学品释放到海洋环境中可能造成的危害，采用一个评定程序来表示化学品的危害特性。MARPOL73/78 公约附则 H 正是采纳了 GESAMP 提出的建议，根据化学品释放到海洋环境中可能造成的危害将有毒液体化学品（NLS）的污染危害程度划分为 A、B、C、D 四个级别。

A 类：能被生物积聚并易于对水生物或人类健康造成危害的物质，或对水生物有剧毒的物质（危害程度小于 4 级，TLM ＜ 1ppm）；此外，当特别强调危害方面的附加因素或物质的特殊性质时，某些对水生物有中等毒性的物质（危害程度 3 级，1ppm ≤ TLM 值＜ 10ppm）。

B 类：能被生物短时积聚约一周或不到一周的物质，或是易于造成海洋污染的物质，或是对水生物有中等毒性的物质（危害程度 3 级，1ppm ≤ TLM 值＜ 10ppm）。

C 类：对水生物有低毒性的物质（危害程度 2 级，TLM 值为 10ppm 或 10ppm 以上，但小于 100 ppm）；此外，当特别强调危害方面的附加因素或物质的特殊性质时，某些对水生物实际无毒的物质（危害程度 1 级，100ppm ≤ TLM 值＜ 1000ppm）。

D 类：对水生物实际无毒的物质（危害程度 1 级，100ppm ≤ TLM 值＜ 1000ppm）；或能造成生化需氧量（BOD）增高，使沉淀物覆盖海底的物质；或 LC_{50} 小于 5mg/kg 对人类健康有高度危害的物质；或由于持久、气味或有毒或刺激等性质对于休憩环境造成中等损害，以致可能妨害海滨利用的物质；或 5mg/kg ≤ LC_{50} ＜ 50mg/kg，对人类健康有中等危害。

第四节　渤海湾区域有毒化学品风险辨识

关于重大危险源，目前有多种定义。国家标准 GB18218—2000《重大危险源辨识标准》中将重大危险源定义为：长期地或临时地生产、加工、搬运、使用或贮存危险物质，且危险物质的数量等于或超过临界量的单元。单元指一个（套）生产设备、设施或场所，或同属一个工厂的且边缘距离小于500m的几个（套）生产设备、设施或场所。《安全生产法》中对重大危险源定义为：长期地或者临时地生产、搬运、使用或者储存危险物品，且危险物品的数量等于或者超过临界量的单元（包括场所和设施）。由此可见，重大危险源是指在工业活动过程中，客观存在的危险物质或能量超过临界值的设备、设施或场所。由于各种液体危险物质的理化性质不一样，其形成危险源的极限值也不一样（表13-2）。

表13-2　部分液体危险物质极限量

品名	限量/t	品名	限量/t
丙烷	50	苯胺	10
二甲苯	10	2-丙醛	200
四乙基铅	50	环氧丙烷	50
甲苯	10	四氯化碳	50
苯乙烯	10	氨	50

资料来源：国际劳工局出版的《重大事故控制使用手册》。

液体化学品码头属于重大工业危险源。根据危险源理论，从导致液体化学品码头区域发生事故和造成伤害的角度，可以把其危险源划分为第Ⅰ类危险源和第Ⅱ类危险源两大类。第Ⅰ类危险源是可能发生意外释放而伤害人员和破坏财产的能量、能量载体或有毒有害危险物质。第Ⅱ类危险源是指导致第Ⅰ类危险源失控及造成第Ⅰ类危险源的屏蔽失效的各种作用于人员、物质和环境的因素，如硬件故障、人为失误因素等。辨识第Ⅰ类危险源的原则是确定可能意外释放的能量、有毒有害物质量的多少、强度及作用范围。第Ⅱ类危险源出现于第Ⅰ类危险源的控制系统中，或出现于可影响第Ⅰ类危险源的相关系统中。

对液体化学品码头区域进行风险源项分析（危险源辨识），目的是确定该区域的风险因素和风险类型，并对可能发生的事故后果进行定性和定量分析。首先应对码头本身及其区域环境进行调查研究，收集有关资料，对危险源进行分类。然后，分别对区域内两类危险源的风险因素进行鉴别和分析，对各风险因素的危害后果进行判别和评估，得到各类危险源的风险度。

一、第Ⅰ类危险源的辨识

1.物质危险性辨识

液体化学品码头储运的化工产品主要是散装液体化学品。散装液体化学品是指除了石油和类似石油的易燃品（包括丙烷）以外的散装液体化学品。它们具有密度范围大、易燃烧、有毒、黏度及凝点差异大、腐蚀性强、高蒸气压、低沸点及易积聚静电荷等特性。

液体化学品码头的化工品大致可分为两大类，一类是无机液体化工产品，如液碱、硫酸、磷酸、盐酸等。另一类是有机液体化工产品，如苯类，主要有苯、甲苯、乙苯、二甲苯、异丙苯、苯酚、苯胺、烷基苯等；醇类，主要有甲醇、乙醇、乙二醇、二甘醇、丙二醇、异丙醇、正丁醇、异丁醇、辛醇、混丙醇等；酮类，主要有丙酮、二丁酮、甲基异丁酮等；酯类，主要有醋酸乙酯、醋酸丁酯、邻苯二甲酸二辛酯等；卤代烃，主要有聚苯烯氰、丙烯腈、二氯甲烷等。这些物质中，不少物质属于易燃、易爆和有毒物质，具有潜在的危险性。这些液体化学品具有一些共同的危险性特性，参考 IBC 规则和《全球化学品统一分类和标志制度》，其具有如下相关特性。

（1）具有燃烧、爆炸危险性。爆炸物质是指本身能够通过化学反应产生气体，气体的温度、压力和速度能对周围环境产生破坏。通常，液体化学品的闪点越低，物质的挥发性就越强。例如，液化烃、可燃液体挥发出来的蒸气与空气混合，浓度处于爆炸极限范围之内时，遇到火源，就会有爆炸的危险。爆炸极限范围越宽，爆炸极限下限越低，危险性就越大。国际海上运输的液体化学品约有 50%具有易燃、易爆性。液体化学品码头区域储运的液体化学品中，除了少量无机化工品外，都具有不同程度的易燃、易爆性。其中苯类（如纯苯、粗苯、甲苯等），和部分有机溶剂（如丙酮等）的闪点都低于 23.0℃，同时具有很强的挥发性。这些货物在常温下就能挥发出大量的易燃蒸气，当与空气混合达到即燃烧范围时，遇明火即可燃烧或爆炸。在液化烃、可燃液体的储运中，燃烧和爆炸经常同时出现，相互转化。

由于液化烃、可燃液体挥发出来的蒸气具有易燃、易爆性，因此在储运中应防止其可燃蒸气的聚积，尽可能将其浓度控制在爆炸极限下限以下，防止火灾、爆炸事故的发生。散化船在码头进行装卸、洗舱、除气、检测和采样作业过程中，货舱内液面上方的高浓度易燃蒸气，通过液货舱的开口、透气孔、通风孔、密封不好的法兰盘等散发到周围空气中。由于大部分易燃蒸气的密度大于空气，因此，当风速较小（一般指小于 5m/s），透气孔气流流量较小时，往往不易稀释，扩散到安全的浓度而在周围形成可燃区。此外，即使在风力较大的情况下，如果液货舱透气孔位于甲板建筑物的附近，则下风方向的障碍物处也可能产生紊流或涡流而影响气流扩散，从而使该区域滞留可燃混合气体而成为危险区。部分物质闪点和爆炸极限数据见表 13-3。

表13-3　部分物质闪点和爆炸极限

种类		苯	丙酮	甲醇	冰醋酸	乙醇	乙酸乙酯
闪点 / °F		12	0	65	39	61	40
爆炸极限V / %	上限	8	36.5	11	17	19.0	11.5
	下限	1.4	6.0	1.2	4	3.3	2.7

（2）蒸汽压大。一级、二级可燃液体多是蒸气压较大的液体，蒸气压越大，其危险性也越大。影响蒸气压的主要因素是温度，温度升高，蒸气压则增大。因此，装载散化的容器（如储罐、槽车、桶等）除应具有足够的强度，防止容器胀裂之外，还要注意隔绝热源。液体化学品及油类危险品中可按碳链划分：C_6 ～ C_{12} 为汽油、C_{12} ～ C_{16} 为煤油、C_{15} ～ C_{18} 为柴油、C_{20} ～ C_{30} 为石蜡，其中小于 C_{15} 的石油烃可以全部挥发，随着碳的增长其挥发性逐步降低。

（3）易积聚静电性。通常，电阻率在 10^{10} ～ $10^{15}\Omega$ 范围内的液体容易产生和积聚静电，且不容易消散。苯、二甲苯、苯胺等均易产生静电积聚。静电的产生和积聚量的大小与管壁的粗糙度、流速、运送距离、设备的导电性能等诸多因素有关。静电危害是散化运输过程中导致火灾爆炸的一个重要原因。

（4）易扩散、流淌性。液体化学品的黏度一般较小，一旦泄漏容易流淌扩散，蒸发速度随其扩散表面积的扩大而增加。蒸气与空气混合，极易发生燃烧、爆炸，污染环境和影响人类健康。液体化学品挥发出来的蒸气也具有流淌性，其密度一般比空气重，容易滞留在船舶较低处，可能在船舶生活区域引发火灾、爆炸或中毒事故。部分此类物质的特性见表 13-4。

表13-4　部分液体化学品物质特性

种类		苯	二甲苯	苯酚	冰醋酸	甲醇	二甲基甲酰胺
相对密度	水=1	0.9	0.9	1.0	1.0	0.8	0.94
	空气=1	2.8	3.7	3.2	3.1	1.1	2.51

（5）受热易膨胀性。液体化学品受热后，温度升高，体积膨胀。当容器装得过满，或管道输油后如不及时排空，又无泄压装置，容易导致容器和管件受损，引起液体渗漏、外溢，在炎热的夏季应特别注意这一点。另外，当温度降低，体积收缩，容器内会出现负压，也会使容器变形受损。所以，容器在不同季节都规定有安全容量，输油管段上设有泄压装置。

（6）具有毒性。毒性物质指物质进入机体后，累积达一定的量，能与体液和组织发生生物、化学作用或生物、物理变化，扰乱或破坏机体的正常生理功能，引起暂时性或持久性的病理状态，甚至危及生命。毒性物质的形态主要包括粉尘、烟尘、雾、蒸气和气体等五种。毒性物质的摄入包括经呼吸道吸收、经皮肤吸收和经消化道吸收三种形式。在危险液体化学品中，苯类物质和烷烃类物质均为毒性物质。这类毒性物质引起的急性中毒的临床表现如表 13-5 所示。

表13-5　毒性物质引起的急性中毒的临床表现

人体系统	临床危害
呼吸系统	窒息（呼吸道机械性阻塞、呼吸抑制）、呼吸道抑制、肺水肿
神经系统	精神神经系统失常、自主神经系统发炎、多发性神经炎
血液循环系统（细胞）	白细胞数量剧变、血红蛋白变性、溶血性贫血
泌尿系统	肾脏损害、坏死性肾病、中毒性肾病
血液循环系统（器官）	心肌损害、心率失常、急性肺源性心脏病
消化系统	急性肠胃炎、中毒性肝炎

（7）腐蚀性。烃类产品、无机酸、碱和含氯化合物均具有腐蚀性，它能降低容器的耐压强度，严重时可导致设备系统减薄、变脆，承受不了设计压力而发生泄漏、燃烧或爆炸事故。因此，要求盛装此类物质的容器、设备必须严格防腐，并定期进行耐压试验。

2.火灾、爆炸危险性

（1）火灾、爆炸事故起因。当可燃气体浓度（与空气混合物）处于燃烧极限或爆炸极限以内，又存在超过最小点燃能量的着火源时，便会发生火灾或爆炸事故。新中国成立以来，我国在成品油储运和石油化工生产储运中共发生了 459 起较大的火灾、爆炸事故。事故原因主要包括明火及违章作业、电气及设备缺陷或故障、静电、雷击及杂散电流和其他等（表 13-6）。

表13-6　我国石油化工火灾、爆炸基本情况

事故原因	事故数量/起	所占比例/%
明火及违章作业	273	59.4
电气及设备缺陷或故障	103	22.4
静电	42	9.1
雷击及杂散电流	17	3.8
其他	24	5.3

从表13-6中可以看出，明火、违章作业和电气及设备缺陷或故障是导致火灾、爆炸事故的主要原因，静电的危害也比较明显。因此要加强这几方面的管理，最大限度地减少事故的发生。

（2）液体化学品码头区域火灾、爆炸危险性。

液体化学品具有易燃、易爆性是液体化学品码头火灾、爆炸危险的最根本原因。由于液体化学品具有易燃、易爆性，加之静电、电气及设备缺陷或故障等诱因，发生火灾、爆炸的危险性很大。

3. 泄漏事故的危险性

（1）泄漏事故的原因。泄漏事故的原因多方面的，首先是关键部件或部位缺陷。通常，从行业大量的泄漏事故来看，下述关键部件或部位的缺陷易造成泄漏事故。

衬垫：在衬垫处产生泄漏的原因主要有材质不良（耐腐蚀性、耐热或耐压不够）、表面压力不够、破裂变形或形式不好，紧固力不够等。

法兰盘：法兰盘面平行度不良、变形或出现破裂是导致法兰盘泄漏的原因。

密封部位：密封部位破损、材料被腐蚀或自然老化，轴偏摆、松弛，密封面不垂直，内压力不当等是密封部位发生泄漏的原因。

焊缝：焊缝中存在气泡，或被腐烂，或出现裂纹，容易从焊缝中泄漏。

螺钉拧入处：螺钉松弛，配合精度不良，紧固力不够等易造成泄漏。

阀片：阀片因混入异物、因热变形、紧固力过大或遭腐蚀而破裂，表面压力不够，以及松弛等原因，易造成泄漏。

上述关键部件、部位发生的泄漏以毒物跑、冒、滴、漏为主，事故规模通常较小，但发生频率较高，且分布范围较广，其危害性不容忽视。

其次是安全监测、控制系统故障导致泄漏。储罐、高位槽、火车槽车、管

道及油船等储运措施的各种工艺参数，如液位、温度、压力、流量等，都是通过现场的一次仪表或控制室的二次仪表读出的，部分工艺环节的操作通过控制室完成，这一套安全监测、控制系统若出现故障，如出现测量、计量仪表错误指示或失效、失灵等现象，则容易造成毒物跑、冒、串及泄漏等事故，但往往事故规模较小。目前，有些液体化学品码头区的安全监测控制系统还不够完善，自动化程度整体水平偏低，这种状态下的装卸、储运、生产过程中发生毒物泄漏事故的可能性较大，应加以注意和改进。

最后是储罐的安全操作和管理工作失误。储罐是许多液体化学品码头区域的核心。根据国内外同类工程的生产实践经验和事故教训来看，在储罐的检测、巡回检查、油料脱水、油料收付、切换、现场交接及检验等工作环节上，若操作失误或管理不严，经常造成严重的跑油、跑料及泄漏事故，如处理不慎，甚至会导致恶性火灾、爆炸。

（2）液体化学品码头区域泄漏事故后果

液体化学品码头区域泄漏后，液体化学品可能在地面扩散蔓延，也可能进入水中，挥发性散化的蒸气在大气中扩散，其危害程度与散化本身危险性、泄漏数量的多少有关，也与发生事故的时间、气象条件、事故源周围的地形地貌、水域环境、影响范围内人口密度等有关。

根据我国目前散化运输安全技术状况做出的综合分析，散化泄漏事故可划分为五个等级（表 13-7）。

表13-7　散化泄漏事故等级划分　（单位：t）

事故等级	微小型	小型	中型	大型	特大型
泄漏量	0～0.5	0.5～10	10～100	100～500	500以上

小型泄漏事故的泄漏时间短，泄漏速度慢，泄漏量小，如由于密封材料失效或溢舱等造成泄漏。就目前的技术水平而言，小型泄漏事故发生频率较高，但危害较小。中型泄漏事故的泄漏量较大，如因输送管线破裂、储罐破损等造成泄漏，中型泄漏事故可能引起火灾、爆炸和毒害事故。大型泄漏事故的泄漏速度大，泄漏时间长，如由于火灾、爆炸和碰撞等引起的罐区、船舶的严重破损，造成散化大量泄漏。

二、第Ⅱ类危险源的辨识

1.码头硬件设备危险性辨识

液体化学品码头的硬件设备见图 13-1。由图可见，液体化学品码头生产工作过程涉及多种硬件设备，这些硬件设备在工作过程都可能造成火灾、爆炸事故。因此，可以认为，这些硬件设备都有一定的危险性。

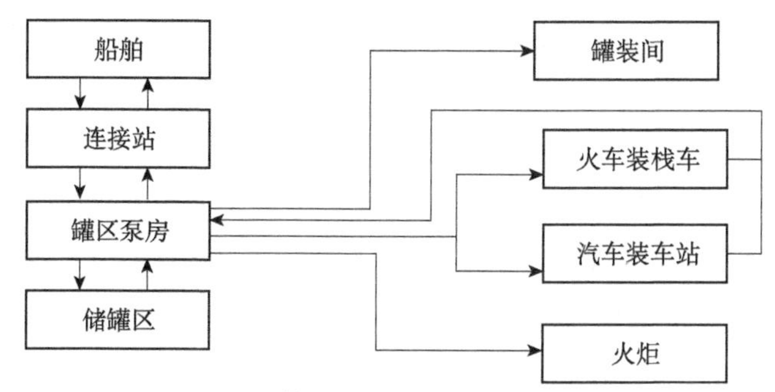

图13-1　液体化学品码头区域的硬件设备

（1）载运工具。在液体化学品码头区域运行的载运工具主要是船舶、槽罐车和机动车辆。载运工具如果发生交通事故，其本身就可以造成人员伤害和财产损失，严重时还会引发后续的火灾、爆炸或泄漏事故等。在载运工具的危险性中也包含了人为因素，它是一个比较复杂的系统。

（2）码头设施。从图 13-1 可以看出，液体化学品码头区主要的硬件设备包括储罐、管道、阀门、泵浦、仪器、仪表等。这些硬件设备必须具有耐压、防腐、防爆等性能。如果这些硬件设备老化，就可能存在事故隐患。例如，如果耐压性或防腐性能不够，就可能导致泄漏事故；防爆性能不够就可能导致火灾、爆炸事故。仪器、仪表的精确性也在一定程度上引发事故的发生，因为它是工作人员监控码头设施的主要手段，仪器、仪表出现误差就可能导致工作人员操作失误，从而引发事故。

2.自然环境危险性辨识

液体化学品码头储运的液体化学物质本身所具有的易燃、易爆和毒性危险性，对码头范围内及其周围一定的区域都有潜在的危险性。可能导致液体化学品码头发生火灾、爆炸和毒害事故的因素除上文所述的工作过程的危险性以外，还有一类重要的危险因素，即自然环境风险因素。自然环境风险因素对于液体化学品码头区域环境风险水平的影响大多数时候是间接的，也有直接的情况。

（1）气象条件。液体化学品码头储运的液体化学物质本身所固有的理、化特性对气象条件较为敏感，由于严寒、日晒、光照等原因造成的过低或者过高的环境温度都会对其造成比较大的影响。例如，若避雷装置失效，雷电可能成为明火源，甚至劈碎液体化学品储运设备，造成事故。风向（如吹开风、吹拢风等）将影响化学品船舶的靠离，一旦掌握不好，也有可能引发事故。此外，当发生有毒液体化学物质泄漏事故时，风场特征、大气稳定度、低空风特征、地面粗糙度、逆温特征等环境条件参数将直接影响液体化学物质的扩散。

（2）海况条件。由于液体化学品码头处于陆域和海域的交界部分，且散装液体化学品的装卸或过泊作业直接与海域相关，因此，海况条件也属于重要的码头事故环境风险因素。

液体化学品码头附近的海域流场特征、水深、潮汐等情况、沿岸及泊位处海底的地质特征、航道状况等，都会直接影响到散化船舶的靠泊作业及液体化学物质的过泊作业。当对海况条件不了解，或者不能对特殊的海况条件做出正确、及时的应对，也可能引发事故。

如果液体化学品码头发生事故致使有毒液体物质泄漏并入海，或者运输液体化学物质的船舶发生溢漏事故，液体化学品都会对液体化学品码头附近海域造成直接污染。不同的海况条件参数及污染物本身的理、化性质都将直接影响液体化学物质的扩散。

（3）不可预测环境因素。特殊气象或海况条件及自然灾害（如强浪、飓风、地震等）属于不可控制的环境因素，发生自然灾害的几率较小。但是，液体化学品码头属于风险集中的重大危险源。一旦遭遇自然灾害，可能导致燃、爆及毒物泄漏事故，将对液体化学品码头内及附近区域造成严重的人员伤害、财产损失和环境污染。因此，在进行液体化学品码头区域环境风险评价的过程中应该充分考虑到码头设备设施抵御自然灾害的能力，将可能损失控制在人们所能够接受的范围内。

3.人为致因事故危险性辨识

在液体化学品码头人—机—环境系统中，人是指在液体化学品码头从事各种操作或作业工作的主体的人；机是指人所控制的一切设备、对象的总称；环境是指人、机共处的条件。在上述三大要素中，人是最主要的要素，他能根据不同任务要求来完成各种作业，但人又是最脆弱的，尤其在各种特殊环境下，矛盾更为突出。

随着科学技术水平的不断发展进步，液体化学品码头生产、储运设备的不断完善，其可靠性和安全性也随之提高，各种事故数量及规模亦大大减小。由于人在生理、心理、社会和精神等方面存在较大的可塑性和难控性，因而由于人为因素而导致的事故愈来愈多。人为致因事故有逐渐成为实现液体化学品码头安全生产、杜绝事故的“瓶颈”的趋势。据世界石油化工企业近30年的100起特大事故（损失超过1000万美元）统计分析，储运系统事故占所有事故的比例达16%（刘丽丽，2008）。我国国内自新中国成立至20世纪90年代初，石化储运系统出现较大事故1563起。按照事故原因分类，责任事故及人为事故占事故总数的88.1%。可见，人为因素占导致事故发生原因的比例增加，这主要由以下两方面因素决定。一是机械设备、电器系统等的可靠性的大幅度增加；二是系统的复杂性，以及人在操作流程中所扮演的角色。机械设备、电器系统的高度可靠性极大地减少了系统机械故障发生的概率；即使在系统发生故障的情况下，设备和保护系统也能够有效地控制和管理操作流程的关键环节，使系统不致失控。硬件设备的高度可靠性直接导致了人为因素对于事故致因的比率的增加。在生产过程中，自动化在过程控制中的广泛使用要求由人来操作监控生产运行的计算机系统。因而，工作环境对于操作人员的辨识推力能力比对于机械设备的感应能力有更加苛刻的要求。系统按照由设计者提供的规则和方法自动运行和响应人、机接口的指令。操作者对于这些过程未必都很熟悉。因此，有可能因辨识推理失误、响应迟缓等原因，造成系统出现故障，甚至引发事故。

控制人因失误的关键是掌握人因失误的机理，由于人本身的复杂性，不能用描述机器或元件的常规模型来分析。因而根据人的行为的形成因素，建立人的行为模型，对于量化其可靠性显得十分重要。

4.组织结构危险性辨识

组织管理因素是与人因失误并列的可能引起事故的另一原因。从20世纪70年代到80年代，人类发生了几次有史以来最惨重的事故，如1977年西班牙特内里费岛机场飞机相撞事故、1954年印度博帕尔毒气泄漏事故等。人们才认识到虽然人类积聚和使用能量的能力有了飞速的发展，但安全控制能量的能力远远落后。因此人们开始从组织结构角度分析引发事故危险性的原因。

当前许多液体化学品码头，其管理制度主要是安全管理体系和ISO质量管理体系。虽然体系管理早就建立起来，但在实施过程中存在的一些薄弱环节是引发有毒化学品事故的诱因。这些薄弱环节包括以下几个方面。

首先，组织功能的缺陷。每个组织都有自己的目标，组织不同，目标也不同。组织是为了实现一定的目标建立起来的，而组织的一切活动，都是为了实现组织目标。组织中的权责分配是否合理是形成组织功能的关键。有些码头的这些组织功能建立得比较早，执行使用了这些年几乎没有改变，有些码头的适用性就值得怀疑，如应急程序，这在管理和应急上就是事故隐患。

其次，组织沟通的缺陷。组织沟通就是组织中成员之间的信息交流。如果组织沟通失败，会造成成员之间联系不紧密，成员之间不团结，不能形成统一的目标，工作热情不高，以致影响工作情绪，引发人因事故。组织沟通也是领导了解情况的渠道，是制定决策、方针、政策的基础和依据。组织沟通的另一个重要功能就是表达自己的思想、意见和要求，了解领导、同事对自己的评价，取得他人的认可和支持，建立良好、和谐的工作关系，而这正有利于形成操作和运输中需要的良好的心理状态。

最后，组织安全文化的缺陷。组织文化中的安全文化对人为致因事故的发生起关键作用。因此讨论组织文化对人为致因事故的影响即讨论安全文化对人为致因事故的影响。安全文化是在组织的行为、决策和过程中表现出来的该组织对于安全的信念和态度。安全文化除了要求严格地执行良好的工作方法之外，还要求工作人员具有高度的警惕性、科学性见解、丰富的知识、准确无误的判断能力和强烈的责任感来正确地履行所有的安全职责。因此，安全文化是实现安全的基础，完善安全管理体制的动力、规范安全行为的准则、是安全管理的灵魂。

第五节　应急保障机制

一、组织指挥体系及职责

为对危险化学事故作出快速反应，应建立相应的组织机构，包括指挥协调、咨询（技术指导）、应急反应队伍、监测分析、后勤保障、善后工作等。首先，应明确应急反应的各组织部门的组成、职责、任务分工、联络方式、行动要求；其次，各组织部门既要按照指挥协调中心的命令，根据各自分工，积极行动，又要从应急反应的全局出发，主动搞好协同配合。

1.指挥协调

可由当地政府负责人担任总指挥，中心设在海事局并负责日常和事故应急的组织与协调工作，成员单位包括经贸、港口、水产、救捞、环保、卫生防疫、公安消防、化工、运输、清污等。中心应定期分析研究辖区水运化学品事故预防工作形式，制定和调整应急反应程序、应建立完善的通信、导航、水域监测系统，与110报警系统联动和协调多边关系，对重大决策，在技术的可行性上必须先征得咨询部门和现场应急反应队伍的意见。

2.咨询（技术指导）

由专业人员组成，主要任务是根据辖区实际和科研成果提出应急设备配置和储存地点参考意见；对化学品处理技术的运用进行研究并提供指导；在平时建立各项数据库的基础上，制定出应付各类化学品事故的处置方法和防护措施，具体操作内容要尽可能细化、量化，如警戒区的划分标准、污染清除液的浓度比例配制等；并根据辖区危险化学品作业货物品种特点确定重点的评估对象（确定的原则有：①港口船载化学品的事故应急救援办法中列名的；②在码头经常作业且数量和危险性均大的；③其危险特性，尤其是水污染和在水中行为具有典型性），一旦发生事故时，能根据事故性状，确定应急反应的程序。

3.监测分析

可由环保、港口、海洋及海事部门联合承担，利用现有的化验室及化学分析检测仪器，对受污染的水域、大气及周围环境进行化学分析、技术鉴定和跟踪监测，随时提供分析监测报告，便于指挥协调中心采取和调整行动计划。同时也为事故调查、处理和索赔工作提供有力的科学证据。

4.应急反应队伍

根据指挥协调中心的命令和部署，海事机构负责事故现场的指挥工作，其他相关部门的人员配合，按照制定的应急反应程序，在做好自身防护的前提下开展救援清污行动。其职责是向指挥协调中心汇报现场事故状况和救援清污工作进展情况，根据现场实际提出相应的事故救援和污染处理的具体行动；迅速控制事故源，优先疏散受困人员和营救受害人员，扑灭火灾，对污染区进行清洗、消毒，降低浓度；随时注意事故灾情的变化，及时调整救援和清污工作方案。

5.事故现场应急救援指挥部

由当地人民政府组成事故现场应急救援指挥部，总指挥由当地政府负责人担任，全面负责应急救援指挥工作。按照有关规定由熟悉事故现场情况的有关领导具体负责现场应急救援指挥。现场应急救援指挥部负责指挥所有参与应急救援的队伍和人员实施应急救援，并及时向安全监管总局报告事故及救援情况，需要外部力量增援的，报请安全监管总局协调，并说明需要的救援力量、救援装备等情况。

发生的事故灾难涉及多个领域、跨多个地区或影响特别重大时，由国务院安全委员会办公室或者国务院有关部门组织成立现场应急救援指挥部，负责应急救援协调指挥工作。

地方人民政府安全生产事故应急救援指挥机构与职责，由地方人民政府比照国家安全生产事故应急救援指挥机构和相关部门职责，结合本地实际确定。

二、预警和预防机制

1.信息监控与报告

安全生产事故灾难信息由安全监管总局负责统一接收、处理、统计分析，经核实后及时上报国务院。

地方各级安全生产监督管理部门、应急救援指挥机构和有关企业按照《关于规范重大危险源监督与管理工作的通知》（安监总协调字〔2005〕125号）对危险化学品重大危险源进行监控和信息分析，对可能引发危险化学品事故的其他灾害和事件的信息进行监控和分析。可能造成Ⅱ级以上事故的信息，要及时上报安全监管总局。

特别重大安全生产事故灾难（Ⅰ级）发生后，事故现场有关人员应当立即报告单位负责人，单位负责人接到报告后，应当立即报告当地人民政府及其安全生产监督管理部门（中央直属企业同时上报安全监管总局和企业总部），当地人民政府接到报告后应当立即报告上级政府，事故灾难发生地的省（自治区、直辖市）人民政府应当在接到特别重大事故报告后两小时内，向国务院报告，同时抄送安全监管总局。

地方各级人民政府和有关部门应当逐级上报事故情况，并应当在两小时内报告至省（自治区、直辖市）人民政府，紧急情况下可越级上报。

2.预警、预防行动

各级安全生产应急救援指挥机构确认可能导致安全生产事故灾难的信息后，要及时研究确定应对方案，通知有关部门、单位采取相应行动预防事故发生；当本级、本部门应急救援指挥机构认为需要支援时，请求上级应急救援指挥机构协调。

发生重大安全生产事故灾难（Ⅱ级）时，安全监管总局要密切关注事态发展，做好应急准备；并根据事态进展，按有关规定报告国务院，通报其他有关地方、部门、救援队伍和专家，做好相应的应急准备工作。国务院安全委员会办公室分析事故灾难预警信息，必要时建议国务院安全委员会发布安全生产事故灾难预警信息。

三、应急响应

（一）分级响应

按事故灾难的可控性、严重程度和影响范围，将危险化学品事故分为特别重大事故（Ⅰ级）、重大事故（Ⅱ级）、较大事故（Ⅲ级）和一般事故（Ⅳ级）。

事故发生后，发生事故的企业及其所在地政府立即启动应急预案，并根据事故等级及时上报。发生Ⅰ级事故及险情，启动本预案及以下各级预案。Ⅱ级及以下应急响应行动的组织实施由省级人民政府决定。地方各级人民政府根据事故灾难或险情的严重程度启动相应的应急预案，超出本级应急救援处置能力时，及时报请上一级应急救援指挥机构启动上一级应急预案实施救援。

（二）启动条件

（1）事故等级达到Ⅱ级或省级人民政府应急预案启动后，本预案进入启动准备状态。

（2）下列情况下，启动本预案：①发生Ⅰ级响应条件的危险化学品事故；②接到省级人民政府关于危险化学品事故救援、增援的请求；③接到上级关于危险化学品事故救援、增援的指示；④安全监管总局领导认为有必要启动；⑤执行其他应急预案时需要启动本预案。

（三）响应程序

（1）进入启动准备状态时，根据事故发展态势和现场救援进展情况，执行如下应急响应程序：①立即向领导小组报告事故情况；收集事故有关信息，从安全监管总局化学品登记中心采集事故相关化学品基本数据与信息。②密切关注、及时掌握事态发展和现场救援情况，及时向领导小组报告。③通知有关专家、队伍、国务院安全委员会有关成员、有关单位做好应急准备。④向事故发生地省级人民政府提出事故救援指导意见。⑤派有关人员和专家赶赴事故现场指导救援。⑥提供相关的预案、专家、队伍、装备、物资等信息，组织专家咨询。

（2）进入启动状态时，根据事故发展态势和现场救援进展情况，执行如下应急响应程序：①通知领导小组，收集事故有关信息，从安全监管总局化学品登记中心采集事故相关化学品基本数据与信息；②及时向国务院报告事故情况；③组织专家咨询，提出事故救援协调指挥方案，提供相关的预案、专家、队伍、装备、物资等信息；④派有关领导赶赴现场进行指导协调、协助指挥；⑤通知有关部门做好交通、通信、气象、物资、财政、环保等支援工作；⑥调动有关队伍、专家组参加现场救援工作，调动有关装备、物资支援现场救援；⑦及时向公众及媒体发布事故应急救援信息，掌握公众反映及舆论动态，回复有关质询；⑧必要时，国务院安全委员会办公室通知国务院安全委员会有关成员，按照《国家安全生产事故灾难应急预案》进行协调指挥。

（四）信息处理

省级应急救援指挥机构、地方各级安全生产监督管理部门接到Ⅱ级以上危险化学品事故报告后要及时报告安全监管总局。

各危险化学品从业单位可将所属企业发生的Ⅱ级以上危险化学品事故信息直接报告安全监管总局。

危险化学品事故现场应急救援指挥部、省级应急救援指挥机构要跟踪续报事故发展、救援工作进展，以及事故可能造成的影响等信息，及时提出需要上级协调解决的问题和提供的支援。

安全监管总局通过办公厅向国务院办公厅上报事故信息。领导小组根据需要，及时研究解决有关问题、协调增援。

当事故灾难中的伤亡、失踪、被困人员有我国港、澳、台地区人员或外国人员时，安全监管总局应当及时通知我国港、澳、台办事故或外交部。事故发生地化学品登记办公室、区域化学事故应急救援中心和安全监管总局建立联系，共享危险化学品事故应急救援相关信息，主要包括现场数据监测、应急救援资源分布信息、气象信息、化学品物质安全数据库、重大危险源数据库等。危险化学品事故应急救援相关信息可通过传真、电话等传输通道进行信息传输和处理。

（五）指挥和协调

危险化学品事故现场救援指挥坚持“属地为主”的原则。事故发生后，发生事故的企业应当立即启动企业预案，组织救援，按照“分级响应”的原则由当地政府成立现场应急救援指挥部，按照相关处置预案，统一协调指挥事故救援。本预案启动后，安全监管总局协调指挥的主要内容是：①根据现场救援工作需要和全国安全生产应急救援力量的布局，协调调动有关的队伍、装备、物资，保障事故救援需要；②组织有关专家指导现场救援工作，协助当地人民政府提出救援方案，制订防止事故引发次生灾害的方案，责成有关方面实施；③针对事故引发或可能引发的次生灾害，适时通知有关方面启动相关应急预案；

④协调事故发生地相邻地区配合、支援救援工作；⑤必要时，请求中国人民解放军和中国人民武装警察部队参加应急救援。

（六）现场紧急处置

根据事态发展变化情况，当出现急剧恶化的特殊险情时，现场应急救援指挥部在充分考虑专家和有关方面意见的基础上，依法采取紧急处置措施。涉及跨省（自治区、直辖市）、跨领域的影响严重的紧急处置方案，由安全监管总局协调实施，影响特别严重的报告国务院决定。

根据危险化学品事故可能造成的后果，将危险化学品事故分为：火灾事故、爆炸事故、易燃、易爆或有毒物质泄漏事故。针对上述危险化学品事故的特点，其一般处置方案和处置方案要点如下所示。

1.危险化学品事故一般处置方案

（1）接警。接警时应明确发生事故的单位名称、地址、危险化学品种类、事故简要情况、人员伤亡情况等。

（2）隔离事故现场，建立警戒区。事故发生后，启动应急预案，根据化学品泄漏的扩散情况、火焰辐射热、爆炸所涉及的范围建立警戒区，并在通往事故现场的主要干道实行交通管制。

（3）人员疏散。包括撤离和就地保护两种形式。撤离是指把所有可能受到威胁的人员从危险区域转移到安全区域。在有足够的时间向群众报警，进行准备的情况下，撤离是最佳保护措施。一般是从上风侧离开，必须有组织、有秩序地进行。

就地保护是指人进入建筑物或其他设施内，直至危险过去。当撤离比就地保护更危险或撤离无法进行时，采取此项措施。指挥建筑物内的人，关闭所有门窗，并关闭所有通风、加热、冷却系统。

（4）现场控制。针对不同事故，开展现场控制工作。应急人员应根据事故特点和事故引发物质的不同，采取不同的防护措施。

2.火灾事故处置方案要点

①明确火灾发生区域的位置；②确定引起火灾的物质类别（如压缩气体、液化气体、易燃液体、易燃物品、自燃物品等）；③确定所需的火灾应急救援处

置技术和专家；④明确火灾发生区域的周围环境；⑤明确火灾发生区域周围存在的重大危险源分布情况；⑥确定火灾扑救的基本方法；⑦确定火灾可能导致的后果（含火灾与爆炸伴随发生的可能性）；⑧确定火灾可能导致的后果对周围区域的可能影响规模和程度；⑨确定火灾可能导致后果的主要控制措施（如控制火灾蔓延、人员疏散、医疗救护等）；⑩确定可能需要调动的应急救援力量（如公安消防队伍、企业消防队伍等）。

3.爆炸事故处置方案要点

①确定爆炸地点；②确定爆炸类型（物理爆炸、化学爆炸）；③确定引起爆炸的物质类别（气体、液体、固体）；④确定所需的爆炸应急救援处置技术和专家；⑤明确爆炸地点的周围环境；⑥明确爆炸地点周围区域存在的重大危险源分布情况；⑦确定爆炸可能导致的后果（如火灾、二次爆炸等）；⑧确定爆炸可能导致后果的主要控制措施（如再次爆炸控制手段、工程抢险、人员疏散、医疗救护等）；⑨确定可能需要调动的应急救援力量（如公安消防队伍、企业消防队伍等）。

4.易燃、易爆或有毒物质泄漏事故处置方案要点

①确定泄漏源的位置；②确定泄漏的化学品种类（易燃、易爆或有毒物质）；③确定所需的泄漏应急救援处置技术和专家；④确定泄漏源的周围环境（如环境功能区、人口密度等）；⑤确定是否已有泄漏物质进入大气、附近水源、下水道等场所；⑥明确泄漏源的周围区域存在的重大危险源分布情况；⑦确定泄漏时间或预计持续时间；⑧确定实际或估算的泄漏量；⑨确定气象信息；⑩确定泄漏扩散趋势预测；⑪ 明确泄漏可能导致的后果（泄漏是否可能引起火灾、爆炸、中毒等后果）；⑫ 明确泄漏危及周围环境的可能性；⑬ 确定泄漏可能导致后果的主要控制措施（如堵漏、工程抢险、人员疏散、医疗救护等）；⑭ 确定可能需要调动的应急救援力量（如消防特勤部队、企业救援队伍、防化兵部队等）。

5.长期水污染处置方案要点

1）了解情况，安排人力

（1）接到事故发生通知时应尽可能详尽地询问发生的地点、时间、原因、过程、目前情况等。在事故登记簿登记后立即向领导汇报并提出处理意见，同意后立即组织人力，开始工作。

（2）通知实验室，要求根据情况准备接受样品或准备检验器材，随同出发。

（3）赴现场人员应携带采样器材、容器、试剂出发。到达现场根据分工开始工作。先要尽快调查事故发生的经过，包括水体毒物品名、时间、数量、包装、当时的水文气象情况（如涨落潮、降雨、风向、风速、气温等），有无发生人身事故，已采取了哪些措施等，然后以最快方式报告领导。

2）通知有关部门

（1）向事故发生地区政府报告，争取支持。

（2）通知当地和临近地区的医疗单位，准备抢救可能发生的中毒病人，在门诊、急诊时注意有无疑似病人发生，卫生防疫部门派人参加事故处理。

（3）通知被污染水体上下游的自来水厂和单位自备水厂开展监测。如污染严重时要求暂停进水。水厂对毒物分析有困难时，采水样速送卫生防疫站分析。在事故警报解除前，应每天定时采样送检。密切注意供水区内是否有异常现象发生，如有异常应立即报告卫生防疫站并暂停用水。

（4）要求被污染水体附近各级政府以最快方式通知居民、渔民、船民、农民，不得饮用被污染水体的水，事故发生后所取的水应停止使用，并解决缺水问题。反复宣传禁用原因。事故处理结束后要及时通知他们，解除警报。

（5）要求港务监督、航运公安部门派船在发生事故水域进行宣传，不得饮用被污染水体的水，并协助现场处理工作。

（6）要求肇事单位（或组织有关单位）立即组织人力打捞水体毒物，进行必要的消减处理，尽量缩小污染范围。

3）采样送检

采水样应根据水体被污染情况及当时的水文气象情况，在事故发生地点其上下游不同距离采样。根据第一次样品分析结果确定每天采样次数及持续时间，直到水样全部呈阴性（或符合要求），污染物全部清除后方可停止监测。所采样品应根据特点加固定剂，尽快妥善地送至实验室分析，结果应及时通知有关单位。

4）报告邻近城镇、省市

根据现场人员报告，分析被污染水体的流速、流向、潮汐情况；进入水体毒物包装破损情况及数量；气温、水温、降雨、风向、风速等情况。估计事故可能影响的水体范围，通知河流上、下游、湖（库）、海域的有关地区和城镇

（包括邻近省市），告知事故发生情况，希望对方注意并采取相应措施。以后还应随时将事故处理情况告知上述地域的相关部门。

5）编写报告

事故处理结束后应根据要求（规范）编写事故报告上报，分析发生的原因，提出预防措施，并建立专门档案资料。

6）事故处理的原则

在了解事故详细情况后，应立即采取有效措施制止事态扩大，抢救伤亡人员，预防中毒事件发生和监测污染影响变化（表13-8）。

表13-8　常见突发性水污染事故应急处理

污染物类型	应急处理	附加说明
易燃、易爆物质	切断点火源，使事故区域无闪光、烟或火焰；使泄漏物远离燃烧物质；用沙、土等不燃物质覆盖陆地上的污染物，避免其流入水体中；在下游设置多个拦隔断面清理打捞水中污染物	
有毒物质	疏散无关人员，设置隔离带，禁止任何无防护措施人员进入事故区域；转移、打捞、清理未破损的污染物质；若是经呼吸道中毒，立即撤离低洼处人群，站立于上风方向；若是经皮肤中毒，禁止任何人接触污染区域的水体或植被；若是经消化道中毒，立即关闭该水域取水口；若是液体，陆上污染区域用干沙、土或毛毡覆盖，或在水边筑土墙防止其进入水体，之后进行化学处理或清理表土至第三地处理，水中部分在下游进行化学处理或稀释；若是固体，陆上部分进行化学处理或清理表土至第三地处理，水中部分进行转移、打捞、清理或化学处理未破损部分	处理经皮肤侵入有毒物质时，应急人员应配备全套防护服；处理经呼吸道侵入有毒物质时，应急人员应配备自给式呼吸器；处理经消化道侵入有毒物质时，应急人员应配备防护口罩和手套
其他有害物质	建议关闭污染水域及下游取水口，对水中部分污染物进行化学处理或稀释	

许多突发性水污染事故是无法清除污染物的，甚至无法使用化学方法处理，特别是发生在大型水域的事故，因此应急救援工作要务实，以保证用水安全为目标，充分利用水体的自净功能，为下游取水口（特别是生活用水取水口）提供及时的预警、预报，必要时关闭取水口，直到污染水通过该区域。

（七）应急人员的安全防护

根据危险化学品事故的特点及其引发物质的不同，以及应急人员的职责，采取不同的防护措施。应急救援指挥人员、医务人员和其他不进入污染区域的应急人员一般配备过滤式防毒面罩、防护服、防毒手套、防毒靴等；工程抢险、消防和侦检等进入污染区域的应急人员应配备密闭型防毒面罩、防酸碱型防护服和空气呼吸器等；同时做好现场毒物的洗消工作（包括人员、设备、设施和场所等）。

（八）群众的安全防护

根据不同危险化学品事故特点，组织和指导群众就地取材（如毛巾、湿布、口罩等），采用简易、有效的防护措施保护自己。根据实际情况，制定切实可行的疏散程序（包括疏散组织、指挥机构、疏散范围、疏散方式、疏散路线、疏散人员的照顾等）。在组织群众撤离危险区域时，应选择安全的撤离路线，避免横穿危险区域。进入安全区域后，应尽快去除受污染的衣物，防止继发性伤害。

（九）事故分析、检测与后果评估

当地和支援的环境监测及化学品检测机构负责对水源、空气、土壤等样品就地实行分析、处理，及时检测出毒物的种类和浓度，并计算出扩散范围等应急救援所需的各种数据，以确定污染区域范围，并对事故造成的环境影响进行评估。

（十）信息发布

安全监管总局是危险化学品事故信息的指定来源。安全监管总局负责危险化学品事故信息对外发布工作。必要时，国务院新闻办派员参加事故现场应急救援指挥部工作，负责指导协调危险化学品事故的对外报道工作。

（十一）应急结束

事故现场得以控制，环境符合有关标准，导致次生、衍生事故隐患消除后，经现场应急救援指挥部确认和批准，现场应急处置工作结束，应急救援队伍撤离现场。危险化学品事故善后处置工作完成后，现场应急救援指挥部组织完成应急救援总结报告，报送安全监管总局和省（自治区、直辖市）人民政府，省（自治区、直辖市）人民政府宣布应急处置结束。

第六节　应急保障措施

一、通信与信息保障

保证有关人员和有关单位能够随时取得联系，保证有关单位的调度值班电话 24h 有人值守。通过有线电话、移动电话、卫星、微波等通信手段，保证各有关方面的通信联系畅通。

安全监管总局负责建立、维护危险化学品事故应急救援各有关部门、专业应急救援指挥机构、省级应急救援指挥机构、各级化学品事故应急救援指挥机构及专家组的通信联系数据库。安全监管总局负责建立国家危险化学品事故应急响应通信网络、信息传递网络及维护管理网络系统，以保证应急响应期间通信联络、信息沟通的需要；加强特殊通信联系与信息交流装备的储备，以满足在特殊应急状态下，通信联络和信息交流需要；组织制定有关安全生产应急救援机构事故信息管理办法，统一信息分析、处理和传输技术标准。安全监管总局开发和建立全国重大危险源和救援力量信息数据库，并负责管理和维护。省级应急救援机构和各专业应急救援指挥机构负责本地区、本部门相关信息收集、分析、处理，并向安全监管总局报送重要信息。

二、应急支援与装备保障

（1）救援装备保障。危险化学品从业单位按照有关规定配备危险化学品事故应急救援装备，有关企业和当地政府根据本企业、本地危险化学品事故救援的需要和特点，建立特种专业队伍，储备有关特种装备（如泡沫车、药剂车、联用车、气防车、化学抢险救灾专用设备等）。

依托现有资源，合理布局并补充完善应急救援力量；统一清理、登记可供应急响应单位使用的应急装备类型、数量、性能和存放位置，建立、完善相应的保障措施。

（2）应急队伍保障。危险化学品事故应急救援队伍以危险化学品从业单位的专业应急救援队伍为基础，以相关大、中型企业的应急救援队伍为重点，按照有关规定配备人员、装备，开展培训、演习。各级安全生产监督管理部门依法进行监督检查，促使其保持战斗力，常备不懈。公安、武警消防部队是危险化学品事故应急救援的重要支援力量。其他兼职消防力量及社区群众性应急队伍是危险化学品事故应急救援的重要补充力量。

上海、吉林、沈阳、天津、济南、青岛、株洲、大连等八个区域化学品事故应急救援抢救中心，作为危险化学品事故应急救援的重要力量，主要负责指导或实施对伤员的救治。

（3）交通运输保障。安全监管总局建立全国主要危险化学品从业单位的交通地理信息系统。在应急响应时，利用现有的交通资源，协调铁道、民航、军队等系统提供交通支持，协调沿途有关地方人民政府提供交通警戒支持，以保证及时调运危险化学品事故应急救援有关人员、装备、物资等。

事故发生地省级人民政府组织对事故现场进行交通管制，开设应急救援特别通道，最大限度地赢得救援时间。地方人民政府组织和调集足够的交通运输工具，保证现场应急救援工作需要。

（4）医疗卫生保障。由事故发生地省级卫生行政部门负责应急处置工作中的医疗卫生保障，组织协调各级医疗救护队伍实施医疗救治，并根据危险化学品事故造成人员伤亡的特点，组织落实专用药品和器材。医疗救护队伍接到指令后要迅速进入事故现场实施医疗急救，各级医院负责后续治疗。必要时，安全监管总局通过国务院安全委员会协调医疗卫生行政部门组织医疗救治力量支援。

（5）治安保障。由事故发生地省级人民政府组织事故现场治安警戒和治安管理，加强对重点地区、重点场所、重点人群、重要物资设备的防范保护，维持现场秩序，及时疏散群众。发动和组织群众，开展群防联防，协助做好治安工作。

（6）物资保障。危险化学品从业单位按照有关规定储备应急救援物资，地方各级人民政府及有关企业根据本地、本企业安全生产实际情况储备一定数量的常备应急救援物资；应急响应时所需物资的调用、采购、储备、管理，遵循“服从调动、服务大局”的原则，保证应急救援的需求。

国家储备物资相关经费由国家财政解决；地方常备物资经费由地方财政解决；企业常备物资经费由企业自筹资金解决，列入生产成本。必要时，地方人民政府依据有关法律法规及时动员和征用社会物资。跨省（自治区、直辖市）、跨部门的物资调用，由安全监管总局报请国务院安全委员会协调。

三、技术储备保障

安全监管部门和危险化学品从业单位要充分利用现有的技术人才资源和技术设备设施资源，提供在应急响应状态下的技术支持。应急响应状态下，当地气象部门要为危险化学品事故的应急救援决策和响应行动提供所需要的气象资料和气象技术支持，根据重大危险源的普查情况，利用重大危险源、重大事故隐患分布和基本情况台账，建立重大危险源和化学品基础数据库，为危险化学品事故应急救援提供基本信息。根据危险化学品登记的有关内容，利用已建立的危险化学品数据库，逐步建立危险化学品安全管理信息系统，为应急救援工作提供保障。依托有关科研单位开展化学应急救援技术、装备等专项研究，加强化学应急救援技术储备，为危险化学品事故应急救援提供技术支持。

四、宣传、培训和演习

（1）宣传。各级政府、危险化学品从业单位要按规定向公众和员工说明本企业生产、储运或使用的危险化学品的危险性及发生事故可能造成的危害，广泛宣传应急救援有关法律法规和危险化学品事故预防、避险、避灾、自救、互救的常识。

（2）培训。危险化学品事故有关应急救援队伍按照有关规定参加业务培训；危险化学品从业单位按照有关规定对员工进行应急培训；各级安全生产监督管理部门负责对应急救援培训情况进行监督检查。各级应急救援管理机构加强应急管理、救援人员的岗前培训和常规性培训。

（3）演习。危险化学品从业单位按有关规定定期组织应急演习；地方人民政府根据自身实际情况定期组织危险化学品事故应急救援演习，并于演习结束后向安全监管部门提交书面总结。应急指挥中心每年会同有关部门和地方政府组织一次应急演习。

五、监督检查

安全监管部门对危险化学品事故灾难应急预案实施的全过程进行监督和检查。

第七节　附　　则

一、名词术语定义

危险化学品事故是指危险化学品生产、经营、储存、运输、使用和废弃危险化学品处置等过程中由危险化学品造成人员伤害、财产损失和环境污染的事故（矿山开采过程中发生的有毒、有害气体中毒、爆炸事故、放炮事故除外）。

二、响应分级标准

按照危险化学品事故的可控性、严重程度和影响范围，将危险化学品事故应急响应级别分为Ⅰ级（特别重大事故）响应、Ⅱ级（重大事故）响应、Ⅲ级（较大事故）响应、Ⅳ级（一般事故）响应。

出现下列情况时启动Ⅰ级响应：在化学品生产、经营、储存、运输、使用和废弃危险化学品处置等过程中发生的火灾事故、爆炸事故、易燃、易爆或有毒物质泄漏事故，已经严重危及周边社区、居民的生命、财产安全，造成或可能造成30人以上死亡、或100人以上中毒、或疏散转移10万人以上、或1亿元以上直接经济损失、或特别重大社会影响，事故事态发展严重，且亟待外部力量应急救援等。

出现下列情况时启动Ⅱ级响应：在化学品生产、经营、储存、运输、使用和废弃危险化学品处置等过程中发生的火灾事故、爆炸事故、易燃、易爆或有毒物质泄漏事故，已经危及周边社区、居民的生命、财产安全，造成或可能造成10～29人死亡、或50～100人中毒、或5000～10 000万元直接经济损失、或重大社会影响等。

出现下列情况时启动Ⅲ级响应：在化学品生产、经营、储存、运输、使用和废弃危险化学品处置等过程中发生的火灾事故、爆炸事故、易燃、易爆或有毒物质泄漏事故，已经危及周边社区、居民的生命、财产安全，造成或可能造成3～9人死亡、或30～50人中毒、或直接经济损失较大、或较大社会影响等。

出现下列情况时启动Ⅳ级响应：在化学品生产、经营、储存、运输、使用和废弃危险化学品处置等过程中发生的火灾事故、爆炸事故、易燃、易爆或有毒物质泄漏事故，已经危及周边社区、居民的生命、财产安全，造成或可能造成3人以下死亡、或30人以下中毒、或一定社会影响等。

三、预案管理与更新

省级安全生产应急救援指挥机构和有关应急保障单位，都要根据本预案和所承担的应急处置任务，制定相应的应急预案，报告安全监管总局备案。

当本预案所依据的法律法规、所涉及的机构和人员发生重大改变，或在执行中发现存在重大缺陷时，由安全监管部门及时组织修订。安全监管部门定期组织对本预案评审，并及时根据评审结论组织修订。

参考文献

陈协明. 2004. 沉降型化学品海上泄漏事故应急决策支持系统的研究. 大连海事大学学位论文.

高亮. 2009. 散装液体化学品船舶安全装运之研究. 大连海事大学学位论文.

李又明. 1991. 散装液体化学品危险性反应的防止. 交通环保,(5)：36-41.

刘丽丽. 2008. 石化企业稳高压消防给水控制系统. 山东大学学位论文.

许锦. 2003. 浅谈有毒有害液体化学品溢漏的应急反应技术. 交通环保,(4)：41-43.

于海亮. 2007. 基于POM模型的海上化学品溢漏的三维污染预测. 大连海事大学学位论文.

张钦良. 1989. 石油散化运输. 大连：大连海事大学出版社.

Canadian Hydrographic Service. 1987. Sailing Directions，British Columbia Coast South Portion. Sidney：Fisheries and Oceans Canada.

Suter G W，Barnthouse L W，Neill R V. 1987. Treatment of risk in environmental impact assessment. Environmental Management，11（11）：295-303.

第十四章　渤海湾港口工程建设生态风险评估

港口是国家对外经济联系的门户和枢纽，在国民经济中具有重要的作用。港口的建设发展不仅带来了巨大的经济效益，同时也带来了环境问题（Gupta et al.，2005；赵芳敏等，2007），如影响海岸的自然进程、破坏海洋生物的栖息地，造成环境污染等（邵超峰等，2008）。这些影响表明港口存在潜在的生态风险。为了使港口和环境保护协调发展，就必须对其生态风险进行评估，根据评估结果采取有效的风险管理。

第一节　生态风险和生态风险评价

一、生态风险

生态风险（ecological risk）是生态系统及其组分所承受的风险，主要关注一定区域内，具有不确定性的事故或灾害对生态系统及其组分可能产生的不利作用，具有不确定性、危害性、客观性、复杂性和动态性等特点。生态风险产生的原因包括自然的、社会经济的与人们的生产实践等诸种因素，其中自然的因素如全球气候变化引起的水资源危机、土地沙漠化与盐渍化等；社会经济方面的因素包括市场因素、资金的投入产出因素、流通与营销、产业结构布局因素等；人类生产实践包括传统经营方式和技术产生的生态风险，资源开发利用方面的风险因素等。

二、生态风险评价

1. 生态风险评价概念

美国环境保护局在 1992 年颁布的生态风险评价框架中对生态风险评价进行了定义：评价负生态效应可能发生或正在发生的可能性，而这种可能性是归结于受体暴露在单个或多个胁迫因子下的结果（U.S. EPA，1992），其目的就是用于支持环境决策（Suter，2001）。

生态风险评价是由风险评价发展而来的，风险评价始于 20 世纪 70 年代末 80 年代初的美国，最初的风险评价主要用于单一化学污染物对环境和人类健康影响的毒理研究（Dickson et al.，1979）。20 世纪 70 年代末，生态风险评价的工具和方法在一些研究中开始出现，但内容仍然侧重生物生态毒理研究，尺度一般限于单一种群或者群落。20 世纪 80 年代初，美国橡树岭国家实验室受美国环境保护局委托，进行人类健康影响评价，在此研究中发展和应用了一系列针对组织、种群、生态系统水平的生态风险评价方法，并将此方法类推到人体健康的致癌风险评价中，这一研究在强调所有相关生物组织水平的同时，也指出生态风险评价应该评价确定影响的可能性（Suter et al.，1983；Barnthouse et al.，1987）。风险评价研究的内容开始逐渐从毒理风险、人体健康风险向生态风险转变，尺度也从种群、群落向生态系统扩展。这一时期的研究一直到 20 世纪 90 年代初都没有统一的评价标准和评价指南，直到 1992 年，美国环境保护局完成了全球第一个生态风险评价框架，在这个框架里面首次明确表述了生态风险评价的准则（Norton et al.，1992）。1998 年，美国环境保护局在 1992 年生态风险评价框架的基础上发布了《生态风险评价指南》。该指南较之 1992 年生态风险评价框架做了部分改动，重点在于更加强调要在评价者和管理者详细研讨的基础上建立合理的评价计划。

目前，美国大部分生态风险评价仍然使用 1998 年版的《生态风险评价指南》作为研究标准。欧洲的生态风险评价研究与美国的生态风险评价有较大不同，其研究主要是在新化学品评价的基础上发展起来的。其研究集中在：①发展更实用的污染物排放估计方法；②针对评价数据参差不齐的现状，开发专业简便的数据判断方法；③逐步发展亚急性效应和慢性效应在生态风险评价中的应用，对高残留、高生物有效性物质予以特别关注（Clarkson et al.，2001）。澳大利亚生态风险评价研究集中在化学污染物和重金属对土壤的影响上，澳大利亚国家环境保护委员会于1999年也建立了一套比较完善的土壤生态风险评价指南，其B5部分是生态风险评价指南专题。其他国家如加拿大、南非和新西兰等，其生态风险评价研究大多按照美国1998年版的《生态风险评价指南》展开，并在此基础上对评价流程和具体操作方法进行适合本国的调整和改进（Clarkson et al.，2001；Taylor and Chenier，2003）。在这之后，很多学者开始把研究尺度扩展到了区域、景观和流域尺度。随着20多年的发展，评价内容、评价范围、研究尺度等都有了很大发展。由单一化学污染物、单一受体发展到多风险源、多风险评价终点，风险源范围也进一步扩大，除了化学污染、生态事件外，开始考虑人类活动的影响，如城市化、生活和工业废弃物、LUCC、渔业、气候变化等（Domene et al.，2008；Zhou and Griffiths，2008），研究的重点主要集中在对人类活动导致的污染区域的生态风险评价模式与方法体系上（Semenzin et al.，2007）。研究尺度从单一种群扩展到生态系统、区域、流域和景观尺度（Victor，2002；Hayes and Landis，2004）。研究对象也从陆地生态系统扩展到海洋生态系统（Neff et al.，2006）。

国内的生态风险评价研究起步较晚，从20世纪90年代才开始起步，我国学者对于生态风险评价的研究主要集中在水环境化学生态风险评价和区域/景观生态风险评价两个方面。对水环境化学生态风险评价的研究主要集中在有毒有机化合物、重金属及营养盐富集等的生态效应，这一类研究已经较为成熟，在国内开展得较多。例如，张路等（2007）以有机氯农药和多环芳烃为主要目标化合物，分析了疏浚湖区底泥中典型持久性有机污染物的蓄积规律和对生态的潜在风险；蔡文贵等（2005）分析了考洲洋重金属污染水平与潜在生态危害；赵肖等（2008）分析了滴滴涕对太湖经济鱼类危害的生态风险。区域和景观生态风险评价研究才刚刚起步，当前景观生态风险研究着重从景观结构和生态风险空间范围上进行分析展开，主要应用景观生态学方法，构建景观损失指数和综合风险指数，通过对生态风险指数采样结果进行半方差分析和空间差值，揭示区域生态风险空间分布特征（肖杨和毛显强，2006；贡璐等，2007；荆玉萍等，2008）。当前国内的区域生态风险评价还主要侧重地区性单一风险要素的生态风险评价。例如，李自珍和何俊红（1999）结合干旱区生态系统特点，以河西走廊荒漠绿洲水土资源综合开发利用为例建立了生态风险评价与风险决策耦合模型，该模型主要是对干旱区农田盐渍化进行生态风险评价。李辉霞和蔡永立（2002）则利用降雨量影响度、地形地貌影响度和社会经济易损度三个指标，利用成因分析法对太湖流域主要城市的洪涝灾害生态风险进行了评价。王春梅等（2003）建立了森林生态风险评价指标体系，运用因子权重法对东北地区森林资源生态风险进行了评价。

生态风险评价经历了以下几个阶段：第一阶段是20世纪80年代之前的萌芽阶段，评价内容为环境风险评价，以突发环境事件为主；第二阶段是20世纪80年代的发展阶段，评价内容主要为毒理评价和人体健康评价；第三阶段是20世纪90年代的大发展阶段，主要是各国生态风险评价框架和指南建立，以大量案例为基础的探索研究为主；第四阶段是20世纪90年代末至今的景观、区域及流域生态风险评价方法和模式探索阶段，主要进行了大尺度的综合生态风险评价研究。

2. 生态风险评价模型与方法

随着社会经济的发展迅速，几乎所有单一风险均具有多重属性（Landis et al.，1998）。风险的改变、多样化与复杂性、成因互为因果、社会经济影响深远等主要特征再加上不同类型的风险源发生速度与影响扩散范围的不同，因此难以用相同的方法对其进行评估。由于生态风险受控于多个因素的影响，其因果关系并非好确定。通常，要想识别与港口群建设生态风险有关的所有因素是很困难的，同时大多数情况下界定不同因素之间的关系也很困难。以二元回归分析为例，分开考虑两个或多个因素和综合考虑这些因素得出的评价结果可能不同，而且即使是相同的因素，由于考虑的相关过程、机制类型的不同也可能有不同的结论。因此，构建适合的模型和方法对于正确评价港口群建设的生态风险具有重要的现实意义。目前常见的生态风险评价方法主要有层次分析法（analytical hierarchy process，AHP）、模糊综合评判、灰色评价模型、多元统计分析、定性分析推理法和相对风险评价模型（relative risk model，RRM）等。

在生态风险评估过程中，风险值量化是重中之重（陈辉等，2006）。港口生态风险涉及的风险源多、暴露途径繁杂、指标不易量化，使得其风险评估存在一定难度。1997年，Landis和Wiegers提出相对风险模型（relative risk model，RRM），该模型有四个基本假设：①对任意风险小区，风险源密度越大，与生态终点相联系的生境的密度越大，其暴露于风险的可能性就越高；②生态终点的类型和种群密度与其相联系的生境密切相关；③风险受体对风险源的敏感程度与生境类型相关，受体对风险源越敏感，则对风险的响应程度就越高；④作用于生态终点的多个风险可以按其相对风险等级进行累加（Landis and Wiegers，1997）。

由于 RRM 采用分级系统对评价单元内的各种风险源及生境进行评定，通过分析风险源、生境和生态受体的相互作用关系，给出区域风险评价综合方法，从而实现区域风险的定量化（Suter et al.，2003）。在国外，RRM 已被成功地运用到水域、海域和陆地等领域（Whelan et al.，2007；Landis and Wiegers，2007；Wiegers et al.，1998；O'Brien and Wepener，2012）。在国内，该模型的应用和研究较少，仅见于海岛生态系统（王小龙，2006）、土地利用（刘晓等，2012）、土地整理风险评价（付光辉，2007）。本章以天津港为例，首次尝试将 RRM 模型应用于渤海湾港口生态风险评价，为其环境保护规划和生态风险管理决策提供理论和技术支持。

第二节　相对生态风险评价过程

港口群建设生态风险评价框架是由问题形成、风险分析、风险表征及风险管理四个步骤构成的（图 14-1）。

（1）问题形成。港口群建设生态风险评价的问题形成阶段需要分析的内容主要有四项：生态终点、生境、压力源、概念模型。概念模型的构建是港口群建设生态风险评价问题形成阶段的重要研究内容，它在极大程度上决定着评价结果的可靠性，正确的概念模型可以真实地反映区域现实存在的压力源—生境—生态终点的暴露和响应路径，对于区域风险评价和最终的风险管理均具有指导意义。

（2）风险分析。对于港口群建设生态风险评价，其风险分析阶段需要解决的问题是如何对各类压力源生境——生态终点的暴露和响应进行度量，以此为 RRM 的进一步应用奠定基础。为此，本章将采用 RRM 思想，引入“压力密度”和“生境丰度”的概念。通过计算区域各类压力源的相对压力密度和各类生境的相对丰度，实现港口群建设压力与评估的生态终点之间的暴露和响应的定量化。

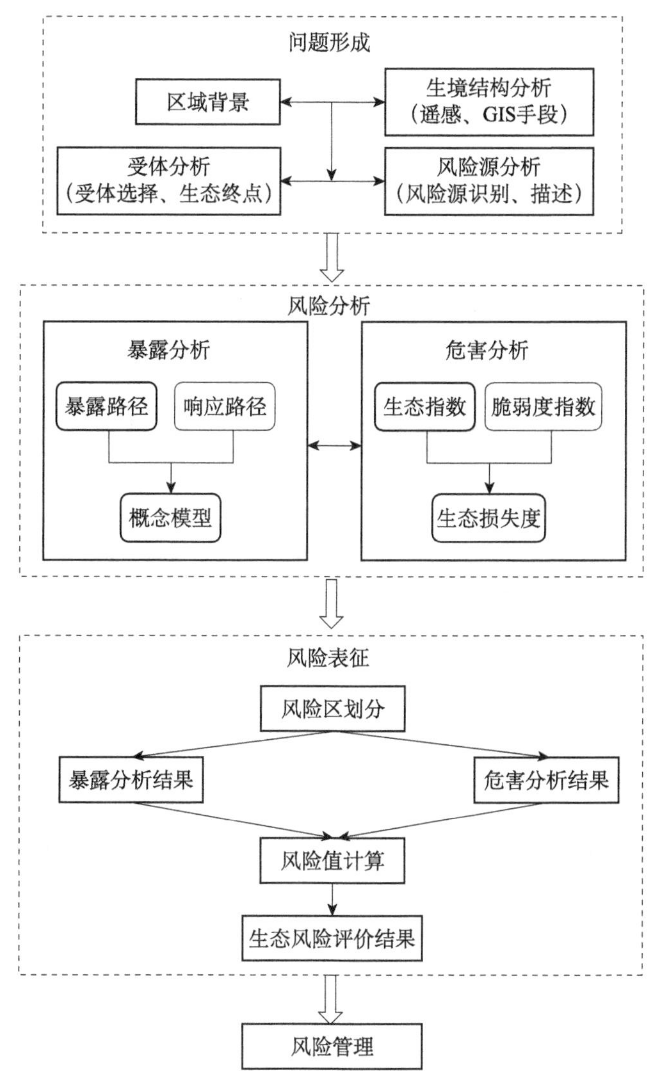

图14-1　港口群建设生态风险评价框架

（3）风险表征。港口群建设生态风险评价将采用 RRM 进行风险表征，主要是基于以下的四个基本假设：①对任意风险小区，其压力源的区域尺度或密集度越大，则该压力源释放的压力也越大；与生态终点相联系的生境的密集度越大，其暴露于压力之下的可能性就越高。②评估终点的类型和种群密度与其相联系的生境密切相关。③风险受体对压力源的敏感程度随生境类型的不同而不同。受体对压力源越敏感，则对压力的响应程度就越高。④为便于复合风险压力的累积，作用于评估终点的多个风险压力可以按其相对的风险等级进行累加。

在生态风险评价过程中，不确定性总是不可避免的，RRM 也不例外。概括来说，一些不确性仅在评价的某一阶段发挥作用，而另一些不确定性在风险评价的整个过程都很重要，但所有的不确定性都将被融入到最后的风险评价结果之中。

（4）风险管理。风险管理是港口群建设生态风险评价的重要组成部分。根据 RRM 评价结果，提出风险规避的方法和手段，以达到降低风险的目的。

第三节　天津港口建设生态风险评价

天津港是世界等级最高的人工深水港之一，地处京津城市带和环渤海经济圈的交汇点上，是北京和天津的海上门户，是我国沿海主枢纽港和综合运输体系的重要枢纽，是京津冀现代化综合交通网络的重要节点和对外贸易的主要口岸，是华北、西北地区能源物资和原材料运输的主要中转港，是北方地区的集装箱干线港和发展现代物流的重要港口。2001 年 11 月，天津港率先成为北方第一个亿吨大港；2010 年吞吐量突破 4 亿 t，其中集装箱吞吐量突破 1000 万标准箱，跻身世界一流大港行列。煤炭、集装箱、石油制品、矿石及钢材是天津港的五大支柱货源。天津港的建设发展，极大地提高了滨海新区经济发展的辐射力、影响力和带动力，推动了环渤海地区经济振兴，促进了区域经济的协调发展。

一、风险小区划分

风险小区划分可采用某些自然存在或人为划定的边界，如山脉、河流、沟谷及某些保护区的界线等；对于有水域，可采用水体的等深线进行划分（王小龙，2006）。本章结合行政区域和地理位置对天津港进行风险小区划分，将其分为北疆、南疆、东疆和临港（图 14-2）。

（1）北疆港区。由现有港区和北大港池两侧规划港区组成。东起北大防波堤，北至永定新河河口，西至海防路、临港路至客运码头西端，南至现有码头岸线所围成的陆域。以承担集装箱运输为主，兼顾杂货、非大宗类散杂货和沿海旅客运输，相应发展成为现代综合物流、临港加工、保税仓储及配送、金融商贸、综合服务等多种功能的综合性港区。

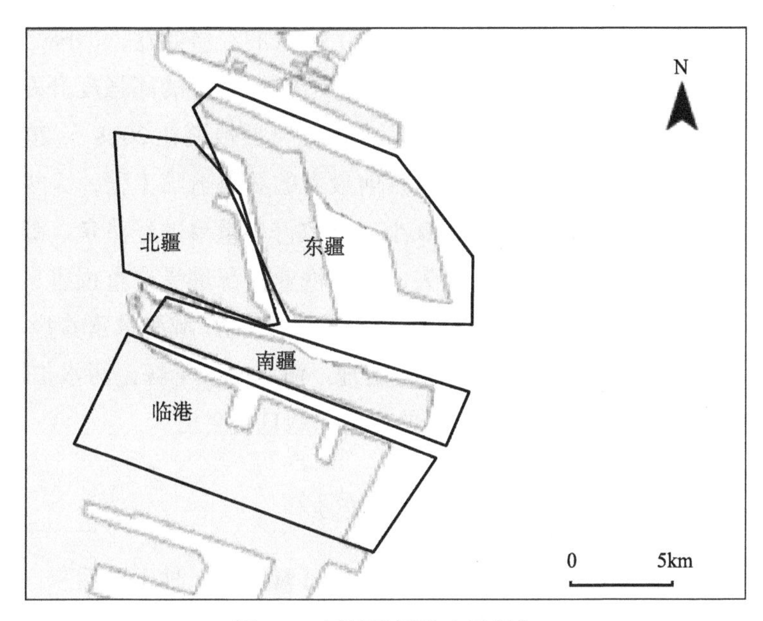

图14-2　天津港风险小区划分

（2）南疆港区。南疆港区北起现有码头前沿线，西至海河口，南至海河口北侧治导线，东至南疆东防波堤所围成的陆域。以承担煤炭、铁矿石、石油、液体化工等大宗散货中转运输为主，具有临海工业及大宗散货物流服务和海洋石油基地、支持系统码头等功能的专业化散货港区。

（3）东疆港区。位于北大港池东侧，由填海造陆形成大型人工岛，为天津港未来发展提供新的空间，以发展集装箱码头作业区及相关的加工、物流配送、旅游服务为主，形成物流化、工业化和港城一体化区域。该区域的开发将视腹地经济、社会发展和天津港建设的需要适时安排，对该区域今后陆续形成的岸线和陆域要严加保护。

（4）临港工业区。该港区位于海河大沽沙航道南治导线以南，西至海滨大道，东部伸向海湾距海滨大道 5km 处，一期围海造地 20km^2，远期向南延伸至津沽二线，并继续向东扩展至 79km^2；为海河口南侧规划新辟工业港区。临港工业港区将建设成近期以石油化工、杂货为主要服务对象，远期以工业港为特色的综合性港区。

二、问题形成

天津港的建设与快速发展给区域带来了巨大的经济效益，但随之引起的生态环境问题也变得越来越突出，主要表现在对自然岸线的高强度开发，填海造陆工程的建设、船舶运输及陆源污染等方面上。据报道在 2008 ～ 2012 年天津港集团累计投资 600 亿元，建设我国目前最大的填海造陆工程，大规模围填海工程势必使天然滨海湿地面积大幅减小，导致许多重要的经济鱼、虾、蟹和贝类等海洋生物的产卵、育苗场所消失，海洋渔业资源遭受严重损害，生物多样性下降。同时，由于区域陆源排污量的增加，天津港海域海水营养盐、重金属、石油类污染严重，而天津港地处渤海湾腹地，海水交换不畅，污水扩散能力弱，更易累积形成高的污染区，使得该区的环境问题日益突出。

三、生态终点、生境、风险源选择

生态终点是与受体相关联的一个概念，可看作是一种生态后果。它是指在危害性和不确定性风险因素的作用下，风险受体可能受到的损害。生态终点必须是具有生态学意义或社会意义的事件，它应具有清晰的、可操作的定义，以便于预测和评价，这就要求生态终点是可以量度和观测的。在一般区域生态风险评价中，生态终点的选取往往是针对那些能够反映评价区域生态意义的区域标志性物种。就渤海湾而言，在该区域分布有浮游植物、浮游动物、底栖动物、鱼类等海洋生物。浮游植物和浮游动物由于对环境变化敏感，常被作为环境指示种（Crossetti and de Bicudo，2008；Costa et al.，2009）。底栖动物因其活动能力弱，生活相对稳定、对海洋环境反应敏感，长期以来一直作为监测人为扰动造成对生态系统变化的主要研究对象（Bilkovic et al.，2006；Nordhaus et al.，2009；Carvalho et al.，2011）。此外，浮游植物、浮游动物和底栖动物对于本区的生境具有明显依赖性，各类灾害压力引起的生境退化或恶化对其也有间接影响，这些影响从它们的种类和数量变化上都可以直接得以体现。因此，本章选择浮游植物、浮游动物和底栖动物作为评估的生态终点。

生态终点是底栖动物、浮游植物和浮游动物，它们的生境在港口有两种：

滩涂和近海水体。两种生境的风险源各不同，滩涂来自港口码头的土地利用；水域来自岸上排污以及海上船舶运输污染和物理扰动。上述风险源可归纳为两大类：港口码头和船舶运输。港口码头主要是建设占用了岸线资源，而船舶运输最主要的影响是油污的排放（Hallegraeff and Bolch，1992；Adamo et al.，2005）。因此，港口码头和船舶运输的风险分别可用岸线长度和石油排放量表征。

四、暴露途径

天津港风险源对其生态终点的影响通过以下暴露算途径实现（图 14-3）。

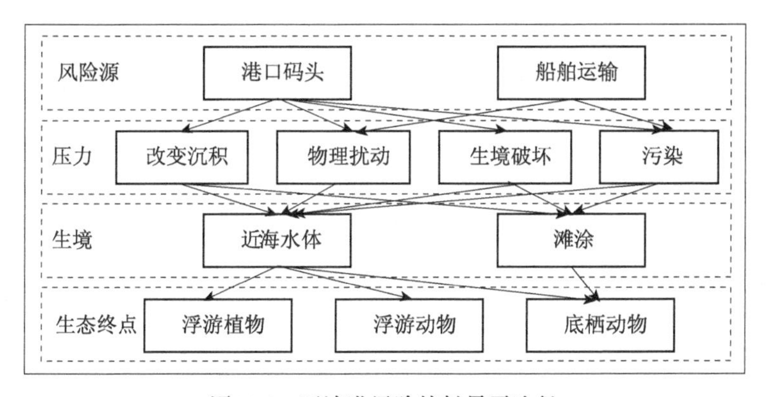

图14-3　天津港风险接触暴露途径

五、概念模型构建

概念模型是对风险源、压力、生境和生态终点之间的关系的一系列假设，以此来说明风险评估各组分之间的关系。根据图 14-3 所示的天津港风险暴露途径，构建一个描述风险源、压力、生境和生态终点间的相互作用关系模型（表 14-1）。

表14-1　天津港风险源、压力、生境、生态终点间关系

风险源		生境	生态终点		
港口码头	船舶运输	—	浮游植物	浮游动物	底栖动物
DCS	DC	滩涂	—	—	N
DC	DC	近海水体	N	N	N

注：D 代表物理扰动、C 代表污染、S 代表改变沉积、N 代表风险压力与生态终点的暴露方式为栖息地。

在这个概念模型里，每一类压力源所释放的生态压力是有差异的，主要的压型有以下三类：一是污染，主要指人类排放的各种污染物；二是物理扰动，主要是港口建设中和运营中的各种人为干扰和噪声扰动；三是改变沉积，主要指港口建设引起的陆源污染物、泥沙等对滩涂底质和近海底质的改变。

六、风险值计算

利用 RRM，根据压力密度、生境丰度、暴露系数、响应系数等值进行综合计算，获得不同风险源、生境类型、生态终点、风险小区的生态风险值，确定区域生态风险等级。相对风险值是压力密度、生境丰度损失、暴露系数和响应系数之积（Landis and Wiegers，1997），公式如下：

$$\mathrm{RS}_n = \sum (S_{ij} \times H_{il} \times X_{jl} \times E_{lm})$$

式中，RS 为相对风险值；n 代表不同主体，包风险源、生境、生态终点和风险小区；i 为风险小区；j 为压力源；l 为生境；m 为生态终点；S_{ij} 为风险小区内风险源压力密度；H_{il} 为风险小区内生境丰度损失；X_{jl} 为风险源－生境暴露途径的暴露系数；E_{lm} 为生境－生态终点响应途径的响应系数。S_{ij}、H_{il}、X_{jl} 和 E_{lm} 依据文献（王小龙，2006）的方法计算和确定。

七、结果与分析

1.风险源

通过实地调查，天津港 4 个风险小区的风险源见表 14-2。可以看出，在港口码头风险源，东疆最高，与其所占岸线最长相关；而在船舶运输风险源，北疆最高，与其污染程度相对较高相关。

表 14-2　天津港不同风险源

风险源	数据来源	北疆	南疆	东疆	临港
港口码头	岸线占用长度 / km	22	11.6	31.73	12
船舶运输	石油排放量 /（t/a）	58.2	31.4	51.8	31.4

2. 压力密度、暴露系数和响应系数

根据风险源数据，可以计算天津港不同港区的压力密度（表 14-3）。压力密

度的空间分布和风险源分布特征相同，在港口码头风险源中，东疆最高，而在船舶运输风险源中，北疆最高。由于 RRM 评估得到的生态风险值反映的是生态风险在不同区域间的空间差异，因此，在表 14-3 中，不同风险源的压力密度值是一个相对的数值，压力密度值高并非代表风险源在生态系统中的释放或引起的绝对暴露量就大（刘晓等，2012）。

表 14-3　天津港不同小区压力密度

风险源	北疆	南疆	东疆	临港
港口码头	0.76	0.77	1.00	0.51
船舶运输	1.00	0.54	0.89	0.54

暴露系数大小对于衡量不同风险源之间的相对暴露程度具有至关重要的作用，而响应系数是生境中的生态终点对风险源的响应（刘晓等，2012）。通常以低、较低、中、较高、高等五种程度来描述暴露和响应的相对强度，并量化为相应的暴露系数或响应系数，0、0.30、0.50、0.70 和 1（王小龙，2006）。对天津港两种风险源在两种生境内的暴露程度进行实地调研发现，港口码头在两种生境中均有暴露，从较低到中等水平，而船舶运输仅在近海水体中有暴露且均较高，据此确定它们的暴露系数（表 14-4）。

表14-4　天津港风险暴露系数

生境	港口码头	船舶运输
滩涂	DCS 0.30	DC0
近海水体	DC 0.50	DC1

注：D 代表物理扰动、C 代表污染、S 代表改变沉积。

生态终点与生境类型有密切的联系，生态终点会随生境类型的利用程度而有不同的响应系数（刘晓等，2012）。在研究中，生境利用程度主要取决于港区运营时间长短及吞吐量。总体而言，东疆运营时间较短，其各种生态终点的响应系数较低，而对于北疆，是天津港最老的港区，多年的运营，其各种生态终点响应系数都较高（表 14-5）。

表14-5　天津港风险响应系数

风险小区	生境	浮游植物	浮游动物	底栖动物
北疆	近海水体	1	0.70	1
	滩涂	0	0	0.70
南疆	近海水体	0.70	0.50	0.70
	滩涂	0	0	0.70
东疆	近海水体	0.50	0.30	0.30
	滩涂	0	0	0.30
临港	近海水体	0.30	0.30	1
	滩涂	0	0	1

3. 风险源、生境和生态终点的相对风险值

利用RRM计算天津港各个风险小区的风险源、生境和生态终点的相对风险值，结果见图14-4。由图14-4可见，在两种风险源中，船舶运输风险相对较大，这可能与运输产生的压力较多相关。在船舶运输中，产生包括物理扰动、污染和改变沉积三种压力，而在港口码头产生的压力只有物理扰动和污染（图14-3）。同时，近海水体的风险值远大于滩涂（图14-4），这是由于水体一方面受到船舶运输的影响，另一方面也受到港口码头影响（排放污染物）。在三种生态终点中，风险值大小排序为底栖动物 > 浮游植物 > 浮游动物，这是因为在港口建设中，底栖动物受到影响最大，特别是在港区吹填、航道疏浚等工程中，直接造成大量的底栖动物死亡（Peng et al., 2013）；另外一些对浮游植物和浮游动物产生影响的环境因子，如污染、物理扰动等也对底栖动物产生影响（Subashchandrabose et al., 2013）；浮游植物由于对环境变化敏感，因而其相对风险值要高于浮游动物。

4. 综合风险值

利用RRM可以得到天津港4个风险小区的综合风险值，大小为北疆＞南疆＞临港＞东疆（图14-5）。在综合各小区的风险值的基础上，通过分析比较，按综合风险值的相对高低，可以将生态风险划分为五个等级：0～2，弱风险区；2～4，低风险区；4～6，中等风险区，6～8，较高风险区；8以上，高风险区。可以看出，天津港4个小区中，高风险区1个，即北疆；较高风险区1

个，即南疆；中等风险区 2 个（东疆和临港），低、弱风险区没有（图 14-5）。

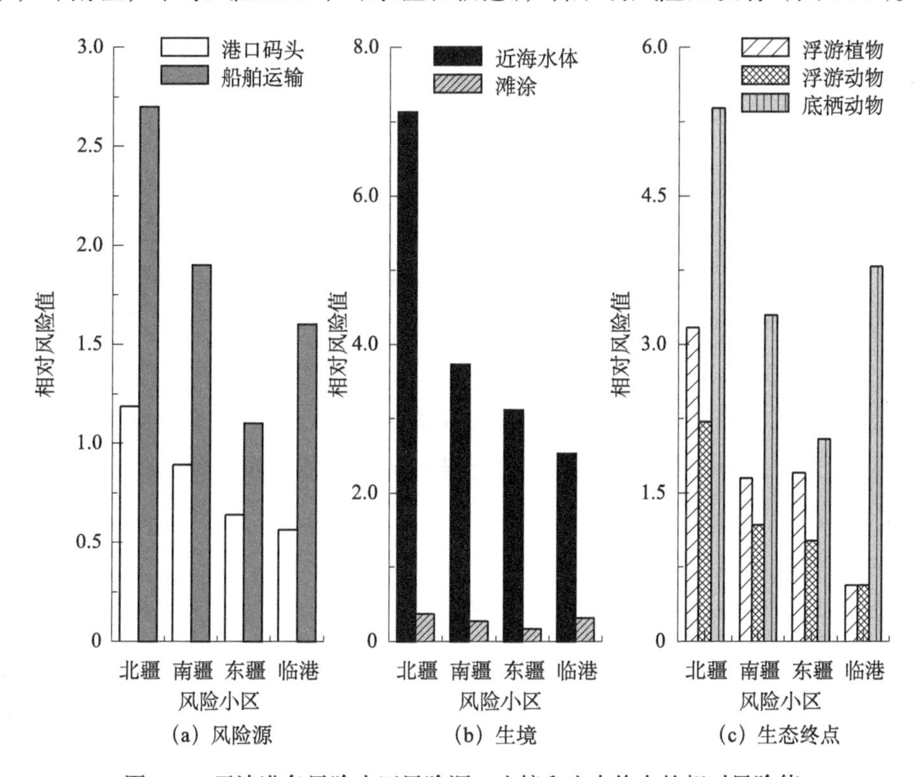

图14-4　天津港各风险小区风险源、生境和生态终点的相对风险值

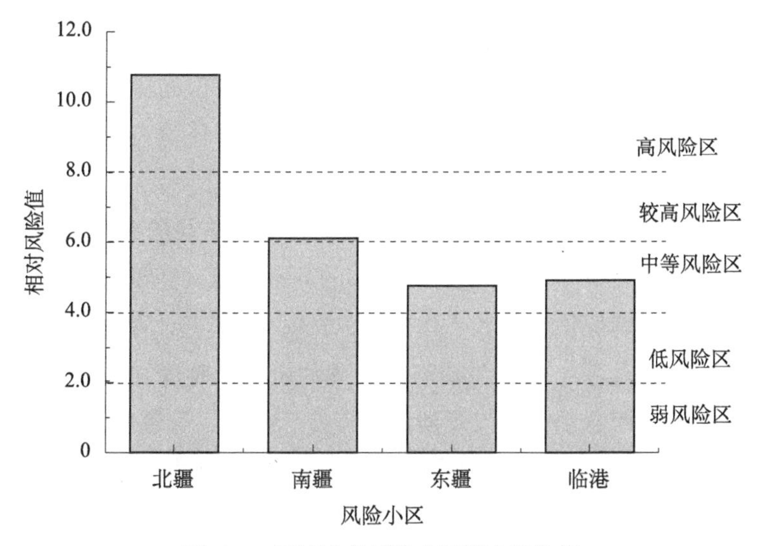

图14-5　天津港各风险小区综合风险值

生态风险的高低主要取决于风险源大小。在本书中，风险源的大小由于占用岸线长度和石油排放量决定。北疆的风险值最高，与其风险源的风险值最高相关。北疆尽管占用的岸线并非最大（仅次于东疆），但由于是天津港最早建成投入使用的港区，多年的运营，往来船舶多、港区水体石油烃含量较高（Li et al.，2010）。其次，生态终点对风险源的响应系数也影响其生态风险。从表 14-5 可以看出，北疆的响应系数也明显高于东疆，如底栖动物达到最高值的 1。造成响应系数较高的原因与其长期污染，底栖动物种群数量大量减少相关。先前在天津港北疆港区的底栖动物调查表明，在该区域没有采到底栖动物（Peng et al.，2012），就说明了这一点。再有，作为老港区，各种基础设置可能较老，影响其污染处理能力，从而增加生态风险。相反，作为新建的港区，尽管东疆港区占用岸线最长，但无论是运营时间还是基础设置都比老港区占有绝对优势了，污染处理能力也较高，因而风险较低。此外，港区的业务经营也可能影响其风险源风险值大小。例如，北疆以集装箱和件杂货作业为主；东疆以集装箱码头装卸及国际航运、国际物流、国际贸易和离岸金融等现代服务业为主，这些服务业属于低污染业务，也降低了生态风险。

八、风险管理

在本书中，天津港四个港区风险值均在中等水平之上（图 14-5），表明具有潜在的生态风险。因此，天津港的建设发展要从自然、环境、资源、空间等各个角度考虑海域及海岸线的开发利用，重视开发与保护的协调，力求在发展港口的同时，防治环境污染、保持生态平衡、保护海洋环境，实现海洋经济的健康和可持续发展。

（1）构建环境管理体系。以国家环境保护、海洋保护等相关法律、法规、标准为指导，遵循 ISO14000 环境管理体系的原则，以“建设生态港口，共享碧海蓝天”为港口环境保护为理念（陈辉等，2006），基于计算机信息系统构建完善的现代环境管理体系，主要包括环境管理的机构、制度和文件体系，同时配以健全的环境管理信息系统，以及强大的资金、技术、管理和人才等资源保证。在环境管理制度建设中，要重点制定一套符合天津港发展的环境标准体系，主要包括污染物排放标准和环境检测方法标准等。

（2）加强环境保护基础设施建设。基础设施包括硬件和软件两部分。在硬件基础设施建设中，首先对天津港现有基础设施的污染处理能力、处理效果、地理位置分布等进行调查和评估，根据评估结果对布局、工艺选择进行优化，充分发挥基础设施的效用。其次，完善污水处理体系，加强废水处理，包括集装箱洗箱水、生活污水、化学品污水、船舶含油污水和其他生产含油污水处理和排放；对于新建设的港区，如东疆，要加快港区污水处理设施建设。最后，加强污水处理厂及污水管网建设，优化污水处理工艺，使各类废水能够得到有效的处理。在软件基础设施中，主要是提高环境管理人员业务水平，确保各项制度得到严格执行。

（3）强化环境污染防治。对污染物排放总量和污染源进行控制，降低污染物排放强度。由于船舶运输是最大风险源，因此，要采取有效措施，控制船舶废水直接排放，同时加强控制陆源污染排放，形成海陆污染控制联动，改善港池海域水质。此外，要推广应用新型环保设备，逐步淘汰技术落后、污染严重、效能低下的老旧设备，引进符合国际标准、技术先进、经济安全、节能环保的新型港口机械，减少环境污染。

（4）提高溢油事故的应急防范能力建设。溢油事故是造成港口油污染的重要原因，有可能对海洋生态环境造成灾难性的影响。因此，在码头附近海域配备必要的导助航等安全保障设施，建立和完善船舶交通管理系统，加强码头装卸作业的安全管理并制定相应的防护对策，完善港口溢油应急设备设施，加强应急能力建设。

（5）合理规划和加强对受损海岸带实施生态修复。对于新建、改建及扩建港区，要预测和分析实施后可能造成的环境影响，提出预防、降低环境污染的对策和措施，预防规划实施后可能造成的不良环境影响，协调港口经济生产与环境保护之间的关系。对于老港区，主要是对已受损的海岸带进行生态修复。一方面，改良水工基本断面形状或在原有断面构造基础上增加生物繁殖基质或改良水工构筑物的材料，以使繁殖基质满足保护生物的繁殖水生带，补充其生存因子，促进生物种群恢复。另一方面，采用增殖放流的方法，加快恢复受损的生物种群。

本章小结

（1）天津港的船舶运输相对风险值高于港口码头，近海水体的风险值远大于滩涂，3种生态终点所受到的压力高低为底栖动物＞浮游植物＞浮游动物。

（2）天津港综合生态风险值可以分为3个等级：北疆属于高风险区，南疆属于较高风险区，东疆和临港属于中等风险区。

（3）天津港要加强生态风险管理，主要从自然、环境、资源、空间等各个角度考虑海域及海岸线的开发利用，重视开发与保护的协调，力求在发展港口的同时，防治环境污染、保持生态平衡、保护海洋环境，实现海洋经济的健康和可持续发展。

参考文献

蔡文贵，林钦，贾晓平，等. 2005. 考洲洋重金属污染水平与潜在生态危害综合评价. 生态学杂志，24(3)：343-347.

陈辉，刘劲松，曹宇，等. 2006. 生态风险评价研究进展. 生态学报，26（5）：1558-1566.

付光辉. 2007. 土地整理生态风险评价研究. 南京农业大学学位论文.

贡璐，鞠强，潘晓玲. 2007. 博斯腾湖区域景观生态风险评价研究. 干旱区资源与环境，21(1)：27-31.

荆玉萍，张树文，李颖. 2008. 基于景观结构的城乡交错带生态风险分析. 生态学杂志，27(2)：229-234.

李辉霞，蔡永立. 2002. 太湖流域主要城市洪涝灾害生态风险评价. 灾害学，17（3）：91-96.

李自珍，何俊红. 1999. 生态风险评价与风险决策模型及应用——以河西走廊荒漠绿洲开发为例. 兰州大学学报，(3)：149-164.

刘晓，苏维词，王铮，等. 2012. 基于RRM模型的三峡库区重庆开县消落区土地利用生态风险评价. 环境科学学报，32（1）：248-256.

邵超峰，鞠美庭，楚春礼，等. 2008. 我国生态港口的建设思路与发展对策. 生态学报，28（11）：5601-5609.

王春梅，王金达，刘景双，等. 2003. 东北地区森林资源生态风险评价研究. 应用生态学报，14(6)：863-866.

王小龙. 2006. 海岛生态系统风险评价方法及应用研究. 中国科学院海洋研究所学位论文.

肖杨，毛显强. 2006. 区域景观生态风险空间分析. 中国环境科学，26(5)：623-626.

张路，范成新，鲜启鸣，等. 2007. 太湖底泥和疏浚堆场中持久性有机污染物的分布及潜在生态风险. 湖泊科学，19(1)：18-24.

赵芳敏，王大志，巍欣 . 2007. 港口总体规划环境影响评价研究 . 环境科学与技术，30（7）：64-66.

赵肖，张娅兰，李适宇 . 2008. 滴滴涕对太湖经济鱼类危害的生态风险 . 生态学杂志，27(2)：295-299.

Adamo P，Arienzo M，Imperato M，et al. 2005. Distribution and partition of heavy metals in surface and sub-surface sediments of Naples city port. Chemosphere，61(6)：800-809.

Barnthouse L W，Suter G W，Rosen A E，et al. 1987. Estimating responses of fish populations to toxic contaminants. Environmental Toxicology and Chemistry，6：811-824.

Bilkovic D M，Roggero M，Hershner C H，et al. 2006. Influence of land use on macrobenthic communities in nearshore estuarine habitats. Estuaries and Coasts，29（6）：1185-1195.

Carvalho S，Pereira P，Pereira F，et al. 2011. Factors structuring temporal and spatial dynamics of macrobenthic communities in a eutrophic coastal lagoon（óbidos lagoon，Portugal）. Marine Environmental Research，71（2）：97-110.

Clarkson J，Glaser S，Kierski M，et al. 2001. Application of risk assessment in different countries// Linkov I，Palma Oliveira J. Assessment and Management of Environmental Risks：Cost Efficient Methods and Applications. Dordrecht，The Netherlands：Kluwer Academic Publishers：17-27.

Costa L S，Huszar V L M，Ovalle A R. 2009. Phytoplankton functional groups in a tropical estuary：Hydrological control and nutrient limitation. Estuaries Coasts，32（3）：508-521.

Crossetti L O，de Bicudo C E M. 2008. Phytoplankton as a monitoring tool in a tropical urban shallow reservoir（Grarcas Pond）：The assemblage index appliaction. Hydrobiologia，610（1）：161-173.

Dickson J K，Maki A W，Cairns J J. 1979. Analyzing the Hazard Evaluation Process. Washington，DC，USA：American Fisheries Society.

Domene X，Ramirez W，Mattana S，et al. 2008. Ecological risk assessment of organic waste amendments using the species sensitivity distribution from a soil organisms test battery. Environmental Pollution，155：227-236.

Gupta A K，Gupta S K，Patil R S. 2005. Environmental management plan for ports and harbors projects. Clean Technology Environmental Policy，7（2）：133-141.

Hallegraeff G M，Bolch C J. 1992. Transport of dinoflagellate cysts in ships ballast water：Implications for plankton biogeography and aquaculture. Journal of Plankton Research，14（2）：

1067-1084.

Hayes E H，Landis W G. 2004. Regional ecological risk assessment of a near shore marine environment：Cherry Point，WA. Human and Ecological Risk Assessment，10：299-325.

Landis W G，Wiegers J K. 2007. Ten years of the relative risk model and regional scale ecological risk assessment. Human and Ecological Risk Assessment，13（1）：25-38.

Landis W G，Moore D R J，Norton S B. 1998. Ecological risk assessment：looking out. Pollution Risk Assessment and Management，17（3）：273-277.

Landis W G，Wiegers J A. 1997. Design considerations and a suggested approach for regional and comparative ecological risk assessment. Human and Ecological Risk Assessment，3（3）：287-297.

Li Y，Zhao Y，Peng S，et al. 2010. Temporal and spatial trends of total petroleum hydrocarbons in the seawater of Bohai Bay，China from 1996 to 2005. Marine Pollution Bulletin，60（2）：238-243.

Neff J M，Johnsen S，Frost T K，et al. 2006. Oil well produced water discharges to the North Sea. Part II：Comparison of deployed mussels（Mytilus edulis）and the DREAM model to predict ecological risk. Marine Environmental Research，62：224-246.

Nordhaus I，Hadipudjana F A，Janssen R，et al. 2009. Spatio-temporal variation of macrobenthic communities in the mangrove-fringed Segara Anakan lagoon，Indonesia，affected by anthropogenic activities. Regional Environmental Change，9（4）：291-313.

Norton S B，Rodier D J，Gentile J H，et al. 1992. A framework for ecological risk assessment at the EPA. Environmental Toxicology and Chemistry，11：1663-1667.

O'Brien G C，Wepener V. 2012. Regional-scale risk assessment methodology using the Relative Risk Model（RRM）for surface freshwater aquatic ecosystems in South Africa. Water SA，38（2）：153-166.

Peng S，Qin X，Shi H，et al. 2012. Ding D. Distribution and controlling factors of phytoplankton assemblages in a semi-enclosed bay during spring and summer. Marine Pollution Bulletin，64：941-948.

Peng S，Zhou R，Qin X，et al. 2013. Application of macrobenthos functional groups to estimate the ecosystem health in a semi-enclosed bay. Marine Pollution Bulletin，74（1）：302-310.

Semenzin E，Critto A，Carlon C，et al. 2007. Development of a site specific ecological risk assessment for contaminated sites: Part I. A multi2criteria based system for the selection of ecotoxicological tests and ecological observations. Science of the Total Environment, 379: 16-33.

Subashchandrabose S R, Megharaj M, Venkateswarlu K, et al. 2013. Interaction effects of polycyclic aromatic hydrocarbons and heavy metals on a soil microalga, *Chlorococcum* sp. MM11. Environmental Science and Pollution Research, 22 (12): 1-14.

Suter G W. 2001. Applicability of indicator monitoring to ecological risk assessment. Ecological Indicators, 1: 101-112.

Suter G W, Vaughan D S, Gardner R H. 1983. Risk assessment by analysis of extrapolation error, a demonstration for effects of pollutants on fish. Environmental Toxicology and Chemistry, 2: 69-78.

Suter G, Vermier T, Munns W, et al. 2003. Framework for the integration of health and ecological risk assessment. Human and Ecological Risk Assessment, 9 (1): 281-301.

Taylor K W, Chenier R. 2003. Introduction to ecological risk assessments of priority substances under the *Canadian Environmental Protection Act*. Human and Ecological Risk Assessment, 9: 447-461.

U.S. EPA. 1992. Framework for Ecological Risk Assessment. Report No. EPA (6301R-92/001). US Environmental Protection Agency, Risk Assessment Forum, Washington, D. C.

Victor B. 2002. Applying ecological risk principles to watershed assessment and management. Environmental Management, 29: 145-154.

Whelan M J, Davenport E J, Smith B G. 2007. A globally applicable location-specific screening model for assessing the relative risk of pesticide leaching. Science of the Total Environment, 377 (2): 192-206.

Wiegers J K, Feder H M, Mortensen L S, et al. 1998. A regional multipl-stressor rank-based ecological risk assessment for the fjord of port Valdez. Alaska Human and ecological risk assessment, 4 (5): 1125-1173.

Zhou S J, Griffiths S P. 2008. Sustainability assessment for fishing effects (SAFE): A new quantitative ecological risk assessment method and its application to elasmobranch by catch in an Australian trawl fishery. Fisheries Research, 91: 56-68.

第十五章　渤海湾海岸带生态系统的保护与恢复

海岸带地处海陆之交，凭借其自身丰富的自然资源和优越的地理位置成为国际竞争和开发的重要区域，海岸带的高度开发极大地促进了沿海地带的经济发展，是当今城市化快速发展的地区之一（李蓉等，2009）。然而，经济的快速发展远远超过了海岸带的生态承载力，导致大片耕地和海滨湿地丧失（孙贤斌，2009）、近海水域富营养化（Martin et al.，2013）、渔业资源退化（张起信等，2009）、海平面上升（Kopke and O'Mahony，2011）等，加之一系列海上污染事件，海岸带生态系统服务功能下降直接威胁着生态环境安全及区域的可持续发展（姚佳等，2014）。

经过几十年的开发建设项，特别是近十年来渤海湾大量的海岸工程建设，都对渤海湾的海洋环境产生了深远的影响。海岸工程建设的生态影响是多方面的，其中包括可逆的、短期的影响，如施工期机械噪声对区域动物生存环境的影响；也包括长期的和不可逆的影响，如围涂造地等建设活动将使涉及区域内滩涂全部被围填成陆地，在滩涂环境下生活的生物将无法在陆域环境中生存，港口建设对滩涂的占用将彻底改变滩涂原有的生态功能，这种环境影响是不可逆的。从前面的章节可以看出，海岸工程建设不仅对近海水体生态系统产生影响，也对沿岸的陆域产生了影响。因此，在海岸带工程建设中，要加强环境保护，同时开展相关的生态修复，以利于当地的可持续发展。

第一节　渤海湾海岸带生态系统健康调控的原则

港口开发建设大量开挖、毁坏海洋岸线资源，极大地改变了当地岸线利用格局及原有地形地貌。例如，码头施工及航道与锚地建设和维护过程中的爆破、挖掘、吹填、疏浚、抛泥等作业过程会扰动和释放水底淤泥、腐殖质及水下沉积物，水域悬浮物增加，引起水体腐败和浑浊，并且一部分泥沙与水体混合，形成含沙量很高的水团，大大增加了水中悬浮物质的含量，对水生生物产生诸多的负面影响。例如，使鱼类腮腺沉积泥沙微粒，严重损害鳃部的滤水和呼吸功能，影响鱼类的生长和存活，甚至导致窒息死亡，严重的将影响整个食物链和食物网，破坏生态平衡，对周围海域功能和海洋生态系统生产力造成改变和破坏，破坏生态多样性，最终导致滩涂开发利用与天然湿地保护矛盾加剧，生态系统发生退化，生物多样性保护与港口、临海工业发展的矛盾日益突出。

一个健康的海岸带生态系统应是结构合理、功能高效、环境洁净、生态关系和谐的生态系统，同时这个系统应有高的自我调节能力，或者人们可以通过生态学的方法调控和管理这个系统，促使其达到良性循环（曲格平，2002）。因此，渤海湾海岸带生态系统健康调控应该遵从以下原则。

（1）循环再生原则。生物圈的物质是有限的，原料、产品和废物的多重利用和循环再生是生态系统长期生存并不断发展的基本对策。为此生态系统内部必须形成一套完整的生态工艺流程。其中每一组分既是下一组分的“源”，又是上一组分的“汇”，没有“因”和“果”、“资源”和“废物”之分。物质在其中循环往复，充分利用。

海岸带环境污染、资源短缺问题的内部原因就在于系统缺乏物质和产品的这种循环再生机制，而把资源和环境完全作为外生变量处理，致使资源利用效率和环境效益都不高。只有将海岸带生态系统各条“食物链”接成环，在海岸带废物和资源之间、内部和外部之间搭起桥梁，才能提高海岸带的资源利用效率，改善海岸带生态环境。循环再生原则包括生态系统内物质循环再生、能量多重利用、时间生命周期、气候变化周期，以及信息反馈、关系网络、因果效应等循环。

（2）协调共生原则。对自然生态系统来说，良好的协调共生关系使生物种群构成有序组合的基础，也是生态系统形成具有一定功能的自组织结构的基础。对人工生态系统而言，共生的结果会使所有的组分都大大节约原材料、能量和运输，使系统获得多重效益。相反，单一功能的土地利用、单一经营的产业、条块分割式的管理系统，其内部多样性程度很低，共生关系薄弱，生态经济效益也十分低下。

（3）持续自生原则。海岸带生态系统是一个自组织系统，在一定的生态阈值范围内，系统具有自我调节和自我维持稳定的机制，其演替的目标在于整体功能的完善，而不是局部组分结构的增长。

（4）最小风险原则。海岸带密集的人类活动给社会创造了丰富的物质产品和精神产品，带来了高的效益，但同时也给人类的生产和生活的进一步发展带来了风险。实践证明，在长期的生态演替中，只有生存在距限制因子上下限最远的生态位中的那些物种生存机会最大，风险最小。李比希限制因子原理认为，任何一种生态因子在数量和质量上的不足和过多都会对生态系统的功能造成损害。所以，要使经济持续发展，生活稳步上升，海岸带生态系统也必须采取自然生态系统的最小风险对策，即各项人类活动应处于与上下限风险值相距最远的位置，使海岸带发展的机会更大。海岸带的人类活动如果超过某项资源或环境负载能力的上、下限，就会给系统造成大的负担和损害，从而降低系统的效益。若能通过调整内部结构，将该项活动控制到风险最小的值，则海岸带的总体效益和机会都会大增加。

第二节　湿地保护对策

渤海湾湿地是由环绕渤海湾周围的浅海水域、潮滩、河流、水库、盐田、鱼虾池、芦苇沼泽、水稻田等组成的复合型大面积连片湿地。这些湿地具有重要的生态功能，如调节气候、保护生物多样性、增加碳储存、净化水质、防止侵蚀等（Engle，2011），同时也是各种动物的重要栖息地（Suvorov et al.，2014）。例如，渤海湾是鸟类在我国东部从东北亚至澳大利西亚之间迁徙通道上的重要迁途停歇和觅食地，也是白腰杓鹬、遗鸥、灰鹤及雁鸭类的重要越冬地，以及黑嘴鸥、环颈鸻、反嘴鹬等的重要繁殖地。渤海湾湿地和栖息鸟类的保护在我国东部湿地鸟类保护工作中具有重要地位。因此，渤海湾湿地的保护显得非常重要，应该从以下几方面进行保护。

（1）渤海湾湿地和水鸟保护需要整体规划。环渤海地区是我国长三角、珠三角之后，又一个经济快速发展区域，大规模的经济建设和 GDP 的高速增长将是这一地区经济发展的主要特征，继之形成的环境和资源压力对渤海湾湿地与水鸟保护工作将带来前所未有的巨大冲击。有必要从国家生态战略的高度，统一制定并出台国家层面的环渤海湿地生态保护总体规划，并监督实施。

（2）对未建自然保护区的关键物种的重要栖息地尽快建立自然保护区。在渤海湾湿地和鸟类保护总体规划推进和实施前，可以优先采取有效措施，对面积较大，自然生态保护较好的鹤鹳类等关键物种的重要栖息地，尽快完成资源调查，加紧规划，因地制宜、抢救性地建立一批不同层次的自然保护区或自然保护小区，将其纳入自然保护区法的严格保护之下，实施抢救性保护战略。

（3）进一步完善湿地保护的法律和法规体系。各级政府和人大应进一步制定和完善湿地保护的法律法规，为湿地保护管理工作提供强有力的法律依据，将湿地保护工作纳入法制化轨道，依法保护。

（4）加强自然保护区对湿地保护管理工作的能力建设。强化对湿地人为活动的有效管理，国家应从政策、资金等方面加强保护区对湿地保护管理的能力建设。利用优惠政策，分流湿地内人口。加强保护区科研基础设施和科研队伍建设，增配专业技术人员，加强人才培训和交流学习活动，开展湿地可持续发展研究。强化对保护区内人为活动的有效管理，比如，冬季及初春的芦苇收割活动对鸟类干扰较大，可实行划定区域、控制强度、限定时间、计划收割的有效管理方式。

（5）开展湿地恢复工程，调整湿地周边农田种植结构，优化鸟类栖息环境。湿地管理部门，应充分抓住汛期河流上游来水较多的机会，积极向湿地引蓄生态用水，启动湿地恢复工程，实行退耕（牧）还湿，扩大湿地面积，改善生态环境，扭转湿地退化趋势，恢复湿地功能。地方政府和自然保护区应通过鼓励或给予经济补偿的方式，引导农民调整湿地周边农田种植结构，多种冬小麦、豆类和玉米，优化大雁、大鸨及鹤类的栖息环境。

（6）加强湿地和鸟类知识的科学普及和法律法规的宣传力度，提高公众保护意识。湿地主管部门应加强关键鸟类重要栖息地的巡查力度，减少人为伤害，开展鸟类救护，利用多种形式加大湿地和鸟类科学知识的普及和法律、法规的宣传力度，扭转“野鸟无主，谁猎谁有”的错误想法，增强湿地社区居民对湿地和鸟类的保护意识。

第三节　海岸带生态环境污染的调控对策

海岸带环境综合管理已成为各国海洋环境保护的主要内容之一。当前我国海岸带环境保护，控制污染的关键在于政府。国家应把海岸带资源开发、沿海地区经济建设一同考虑，把环境保护工作纳入我国社会经济持续发展的总体规划和目标中，提高全民族现代海洋管理及海洋环境意识。

海岸带环境保护与治理是一个系统工程，必须用系统的办法解决。净陆才能兴海，必须做到河海统筹，海陆兼顾。尽快建立健全近岸海洋环境综合管理体系。坚决严格地控制陆源污染，实行对陆源污染物总量的控制，重视控制污染排污大户。强化海上活动的控制与管理。健全海上污染监测系统，发展海岸、海面、空中立体监视监测能力。建立海上重大污染事故的预警和应急处理系统。

加强海洋环境科学体系的建设，深入开展海洋环境保护科学技术研究和加强示范工程建设。进一步开发研究高效陆源和海上污染控制技术，海上污染事故应急技术和装备及海洋生态自然保护技术。加强污水海洋处置的研究，完善海洋污水排放标准、陆源污染物总量控制、海上倾废环境影响评价及赤潮发生面积、预测、预报和防患措施的科学研究。此外还要尽快改善大气环境质量，控制农业污染源。

第四节　赤潮灾害防范措施

（1）控制污水入海量。实行排放总量和浓度控制相结合的方法，控制陆源污染物向海洋超标排放。在工业集中和人口密集区域及排污水量大的工矿企业，建立有效的污水处理装置，严格按污水排放标准向海洋排放，逐步改变近岸海域污染状况。制定相关的政策和措施，与相关环境管理部门一起，控制沿海地区和流域的氮、磷施用量和排放量；建立沿海陆域氮、磷和有机污染物的控制机制；加大污染源的治理和区域污染整治的力度。

（2）全面查清陆地排海污染源，严格控制污染物入海量。沿海工业集中、人口密集、生活和工农业污水的污染是破坏近岸海域尤其是海湾和河流入海口地区生态系统的重要原因之一。首先，全面清查陆地污染物排海物质、数量及时空分布；其次，制定陆地污染物排海总量，严格控制污染物入海量，采取总量控制和达标排放等措施，减轻海洋污染。从路源污染物数量和种类分析入手，研究赤潮的发生规律，为赤潮的预警预测提供科学依据。

（3）加强防止和控制沿海工业污染物污染海域环境，强化环境管理手段。完善沿海工业污染防治措施。一是通过调整产业结构和产品结构，转变经济增长方式，发展循环经济，"关停并转"小型污染企业，淘汰设备落后、治理无望的企业和生产线。二是加强重点工业污染源的治理，推行全过程清洁生产，采用高新使用技术改造传统产业，改变生产工业和流程，减少工业废物的产生量，增加工业废物资源再利用率。三是按照"谁污染，谁负担"的原则，进行专业处理和就地处理。四是加强沿海企业环境监督管理，严格执行环境影响评价和"三同时"制度。对新建项目，执行"环保第一审批制"，杜绝"先污染后治理"现象。五是建立并实施排污总量控制制度和排污许可证制度。渤海是我国的重点海区，根据《中华人民共和国海洋环境保护法》，配合环境管理部门尽力建立并实施重点区域排污总量控制制度，确定主要污染物排海总量控制指标，并对主要污染资源分配排放控制指标。全面实施排污许可证制度，使陆源污染物排海管理制度化、目标化、定量化，为实现渤海环境保护的理性管理奠定基础。

（4）加强研究发治理赤潮的新技术。目前，治理赤潮的主要方法包括：①喷洒化学药品直接杀死赤潮生物，或喷洒絮凝剂，使生物粘在一起，沉降至海底；②可通过机械设备把含赤潮海水吸到船上进行过滤，把赤潮生物分离；③用围栏把赤潮发生区域围隔起来，避免扩散，污染其他海域。

上述方面尽管有一定的效果，但仍然存在许多问题。一是药剂、絮凝剂用量过大，药剂具有毒性，破坏了近海生态系统，絮凝剂的淤渣量过大，其中一部分微絮凝剂悬浮在海水中，影响海水质量；二是药剂或絮凝剂在海水中不能分解、消失，长期伤害非赤潮生物；三是灭藻或絮凝时间过长，通常在20min ～ 24h，由于药剂或絮凝剂受到海浪冲击、稀散和扩散，使海水表面的药剂或絮凝剂的浓度大幅度降低。

治理赤潮难在海浪运动改变了被治理生物及药剂浓度的分布上，如何在极短的时间内、在药剂浓度尚能满足杀灭赤潮生物的浓度阀值时，既杀灭赤潮生物，又不对鱼虾等有任何伤害、不产生药剂本身的二次污染，是亟待解决的关键技术问题。因此，需要加强治理赤潮技术方面的研发，以便有效治理赤潮问题。

第五节 海洋石油污染修复

从前几章的结论来看，渤海湾的石油污染并非严重。然而，石油烃毒性大，特别是能被生物富集，最终通过食物链传给人类，危害人类的健康。更为重要的是，石油烃很多成分是难以自然降解的持久性有机污染物，可以在环境中长期存在，危害性较高。因此，仍需要加强渤海湾的石油污染的修复。

目前，对于海洋石油污染修复主要有两种。一种是物理法，主要包括吸附和沉淀作用，这两种方法可以使海洋中的石油进入沉淀物中，该途径通常有三种类型：①由于轻组分的挥发和溶解使残留物的密度增加，从而生成固态的小球下沉；②油膜或分散的油滴附着悬浮颗粒沉降至海底；③溶解的石油烃吸附在固体颗粒物上向下沉。这种向海底迁移的速度主要与海域的沉积速度有关。进入沉积物的石油烃又会受到底泥中微生物的降解。然而，由于沉积物中缺氧，又不易受到阳光的照射，降解的速率要比海水中的降解缓慢。另一种方法是生物修复。主要利用微生物降解石油，降解的速率主要与微生物的种类和数量及其介质的温度有关，还与石油组分的性质与分散的程度有关。为了提高微生物降解石油污染物，通常用以下三种方式进行：①投加表面活性剂，增加石油与海水中微生物的接触面积；②投加高效降解石油的微生物，增加微生物的种群数量；③投加 N、P 等营养源，促进土著微生物对石油的降解。

由于表面活性剂可能具有毒性并在环境中积累；引入高效降解菌不能对土著微生物保持长久的竞争优势，同时也会引起相应的生态和社会问题，不同学者对是否应该投入高效微生物以及高效微生物是否在生物修复中的作用意见不一、分歧较大，因此对投加营养盐进行石油污染海洋环境生物修复被认为是目前最好的方式之一。

第六节　淤泥质海岸退化生态系统的修复

淤泥质海岸是因为粉沙和淤泥堆积得低缓，海岸平坦，海岸线平直，岸坡平缓，浅滩宽广，受潮汐作用影响较大。其主要分布在泥沙供应丰富而又比较隐蔽的堆积海岸段，如大河的下游平原、构造沉降区、岸外有岛屿掩护的海岸段和有大量淤泥供应的港湾内。它是海岸演化历史中不同阶段的产物，可以反映重要的地质过程、生态系统过程、生物进化过程及人类与自然相互作用的过程。在我国渤海沿岸广泛发育有淤泥质海岸（夏正楷，1997）。

淤泥质海岸带生态系统的主要功能体现为：①控制该区域内的水分循环，调节区域乃至全球 C、N 等元素的生物地球化学循环；②具有生物生产力，分解进入该区域内的各种物质，作为生物栖息地。对于人类来说，这些功能体现价值包括：生物多样性的生境、过滤和分解污染物，改善水质，为人类提供食物（如海产品等）和旅游地点等（任海和彭少麟，2000）。

淤泥质海岸带生态系统退化的主要原因有物理、生物和化学等三个方面，具体表现为：围海造地用于工业、交通和城市建设等用地；人工修建防波堤和海防公路改变了潮汐和沿岸流的水动力条件；过度捕捞和滩涂资源过度开发；废弃物的堆积和污染物的排放等。

淤泥质海岸带生态系统修复是一项难度大、涉及范围广、因素诸多的复杂系统工程，既需要创新的技术措施，还要有当地强有力的行政组织管理行为的密切配合，技术措施才能得以实施。

（1）大力开展示范区的保护和实施淤泥质海岸生态资源管理责任制。首先，要向当地渔民进行广泛的宣传工作，使他们认识海岸滩涂退化的现状及可能造成的危害。然后，对示范区滩涂、海域大力开展自然资源的繁殖保护、休养生息，科学制定严格的禁捕期，禁捕区要有计划、有步骤地在较短时间内恢复区域天然资源，保证可持续发展。

（2）严格控制渔业自身污染、管好源头。随着海洋养殖业的发展，渤海湾滩涂已经遭到了较严重的污染。研究表明，生产 1t 对虾，在海洋环境中将要残留 1.3t 粗蛋白，这必将带来严重的有机污染（李秋芬和袁有宪，2000）。在海洋养殖区有大量的养殖废水，其中包括没有充分利用的残饵污染、抗生素、消毒剂、水质改良剂等，均是该区域的污染源。因此，必须严格控制海水养殖总量，所有养殖水面应实现高效生态型无公害养殖模式。

（3）大力开展浅海滩涂人工增殖和潮间带生物资源的生态修复技术研究。由于贝类为滤食性经济生物，食物链短，以浮游筑物为主食，且活动性不大，增值周期相对较短，是净化浅海滩涂水质的最好生物，也是修复该水域生物的最好的生物学手段。

首先开展该区域生物资源和沉积物特征调查，在准确掌握该区域生物资源、生物学现状及沉积物特征的基础上，对该区域进行科学划分，分出滩涂贝类增殖区、繁殖区、营养区、采捕区。在繁殖区人工投放亲贝、贝苗，并进行人工、半人工繁殖；营养区进行保护、繁殖；采捕区捕大留小、轮捕轮放。三个区域循环更替、自繁自生、繁衍生息，逐步形成规模资源，使该海域自然生态生产力得到明显恢复和提高。

依据海滩条件，人工增殖品种应移植经济附加值高的出口创汇品种，如河豚、文蛤、青蛤、菲律宾蛤仔等经济贝类。

（4）投放浅海人工生物礁，增值近海资源。人工鱼礁有多种作用：①人工鱼礁能改善环境，鱼礁上会附着很多生物，从而引诱很多小鱼、小虾形成一个饵料场；②鱼礁会产生多种流态，如上升流、线流、涡流等，从而改善环境，为鱼类，特别是产卵孵化、幼苗及大型藻类、贝类创造附着、栖息良好环境条件，这对该区域生物资源增殖有十分明显的作用；③鱼礁体内空间可保护幼鱼，从而使资源增殖；④在禁渔区设置鱼礁能真正起到禁捕作用。鱼礁区不能拖网，也不能围网和刺网，只能用手钓，而手钓产量有限。在国外，人工鱼礁对海域生物资源的增殖作用已取得十分显著的经济效益，被称为鱼、虾、蟹的“公寓”和“繁殖孵化场”。然而，对于人工鱼礁的位置却有一定要求。日本的濑户内海从 1963 年开始，平均每年投入鱼礁达 500 亿日元，但都在等深线 10m 以上区域，耗资巨大；而在等深线 2 ～ 5m 区间投放人工鱼礁，不仅耗资可大大降低，而且可以起到事半功倍的效果。

（5）浅海增殖放流。一方面可大力增殖放流地方性资源品种，如河豚、梭鱼、赤鲈等，这些品种人工繁育技术已相当成熟，为人工放流提供可靠物质基础（Mitsch and Wilson，1996）。另一方面可放流洄游性虾类，如中国对虾、日本对虾，因为这两个品种是一年生长的习性，可当年投苗回捕。在农业部主持下，该示范海区已在1997年、1998年投放日本对虾苗3000万尾，回捕率达10%，经济效益十分明显。如该海区污染得到控制，投放人工生态生物礁群体，增殖放流的仔虾，由于有附着栖息的良好场所，仔苗成活率将大大提高，经济效益将成倍增长。

第七节 建立景观生态保护区，实现生境的更新

景观生态保护区是指一个单独划定的有限保护和控制的区域，并不排除人为的有限利用。景观生态保护区有别于自然保护区，自然保护区采取传统的生物保护模式，将部分自然生境从周围环境分离出来，加以封闭保护，并假定能完全排除人为干扰的影响。景观生态保护区是为了保护那些具有一定结构，并占据一定面积比例的某种非生产或限制性生产景观元素，只要港口建设活动不影响保护区特定的生态功能发挥，则这种经济活动的是允许的。就渤海湾海岸带而言，景观生态保护区需要保护的景观元素，既包括原生生态系统如浅水海域，也包括人工生态系统，如盐田、人造绿地、季节禁渔区及防护林带等类型。

随着渤海湾海岸工程大面积建设用地的增加，肯定会进一步改变渤海湾海岸带的景观格局。港口建设的进程扰乱了正常演替序列，破坏了生境演替的动态平衡，因此陆地景观生态系统生境退化速度超过自然更新的速度。在加快港口建设的过程中，已经失去生物量的陆地生境是可以开发为建设用地的。因此，要想完全恢复原有的生境不太可能，矛盾的焦点在于：陆地生态系统将在建设用地日益扩大的情况下逐渐缩小领地，防潮堤及港口堤坝工程也促使海岸带滩涂理化环境发生变化，必须采取生境更新的手段以保持生境的稳定。生境更新作为生态管理的手段，是将陆地生境视作一种可更新资源，通过一定的生境恢复技术强化生境的自然更新机制，使处于不同演替阶段的自然生境，保持在一种稳定、平衡的状态，最大限度地保护不同演替阶段生境所具有的生物多样性资源，并使被人类经济活动所侵占、破坏的生境，能通过更新机制得到充分的补偿，从而缓解生物保护与经济开发的矛盾。

渤海湾目前陆地生境处于逆向次生演替阶段，生境恢复措施要在建设用地划定之时确定下来；建设用地之外的区域，如已围垦的滩涂、潮间带新生的湿地等早期演替系列生境，应将这类生境包括在核心区范围之内，即使这类生境不是保护物种重要的栖息地，直接的生物保护价值不大，但却是整个生境演替的动力和源泉，是构成未来保护物种栖息生境的潜在生境，对其的破坏将有可能从根本上改变、损坏生境更新机制，进一步加速生境的退化。因此，在适当的区域设立景观生态保护区，既可满足生态保护又可兼顾港口建设的需要。

参考文献

李秋芬，袁有宪 . 2000. 海水养殖环境生物修复技术研究展望 . 中国水产科学，7（2）：90-92.

李蓉，李俊祥，李铖，等．2009. 快速城市化阶段上海海岸带景观格局的时空动态．生态学杂志，28（11）：2353-2359.

曲格平 . 2002. 关注生态安全之一：生态环境问题已经成为国家安全的热门话题 . 环境保护，5：3-5.

任海，彭少麟 . 2000. 恢复生态学导论 . 北京：科学出版社 .

孙贤斌 . 2009. 湿地景观演变及其对保护区景观结构与功能的影响——以江苏盐城海滨湿地为例 . 南京：南京师范大学 .

夏正楷 . 1997. 第四纪环境学 . 北京：北京大学出版社 .

姚佳，王敏，黄沈发，等 . 2014. 海岸带生态安全评估技术研究进展 . 环境污染与防治，36（2）：81-87.

张起信，慈国文，刘光穆．2009. 浅论近海荒漠化与渔业资源衰退的关系．齐鲁渔业，26（4）：51-52.

Engle V D. 2011. Estimating the provision of ecosystem services by Gulf of Mexico coastal wetlands. Wetlands，31（1）：179-193.

Kopke K，O'Mahony C. 2011. Preparedness of key coastal and marine sectors in Ireland to adapt to climate change. Marine Policy，35（6）：800-809.

Martin G D，Jyothibabu R，Madhu N V，et al. 2013. Impact of eutrophication on the occurrence of Trichodesmium in the Cochin backwaters，the largest estuary along the west coast of India. Environmental Monitoring & Assessment，185（2）：1237-1253.

Mitsch W J，Wilson R F. 1996. Improving the success of wetland creation and restoration with know-how，time，and self-design. Ecological Applications，6（1）：77-83.

Suvorov P，Svobodová J，Albrecht T. 2014. Habitat edges affect patterns of artificial nest predation along a wetland-meadow boundary. Acta Oecologica，59（8）：91-96.